优质页岩测井识别与评价

赵俊峰◎编著

中国石化出版社

图书在版编目（CIP）数据

优质页岩测井识别与评价 / 赵俊峰编著 . —北京：中国石化出版社，2020.7

ISBN 978-7-5114-5875-9

Ⅰ . ①优… Ⅱ . ①赵… Ⅲ . ①页岩－油气测井－研究 Ⅳ . ① TE151

中国版本图书馆 CIP 数据核字（2020）第 111295 号

中国石化出版社出版发行

地址：北京市东城区安定门外大街 58 号
邮编：100011　电话：（010）57512500
发行部电话：（010）57512575
http：//www. sinopec-press. com
E-mail：press@ sinopec. com
北京科信印刷有限公司印刷
全国各地新华书店经销

*

787 × 1092 毫米　16 开本　11 印张　258 千字
2020 年 8 月第 1 版　2020 年 8 月第 1 次印刷
定价：66.00 元

序

PREFACE

能源是社会经济重要的物质基础，也是人类赖以生存的基本条件，经济的发展速度和人类生活水平的提高都有赖于能源。历史上，每一次新能源的开发和利用，都必然引起世界能源结构的变化，促进经济的大发展。页岩油气尤其是页岩气具有清洁高效的特点，将对我国未来能源结构优化和清洁能源的发展发挥关键作用。

有地质家“眼睛”之称的地球物理测井，始终贯穿于油气勘探开发的全过程，在页岩油气勘探开发中更是如此。目前乃至今后十年，页岩油气将持续成为全球油气勘探开发的热点，近年我国页岩油气发展迅速，截至2019年底，页岩气产量已逾$1\times10^{10}m^3$，但在国际油价震荡低迷、开发成本居高不下的情形下，如何寻找优质页岩（或叫Ⅰ类页岩油气）以获得高产工业油气流至关重要，测井技术在优质页岩识别中发挥着重要作用。

《优质页岩测井识别与评价》是赵俊峰博士长期从事复杂油气层尤其是页岩油气层测井评价的成果提炼，是测井技术在页岩油气勘探开发尤其是在优质页岩发现方面的总结与提升。该书不但包括页岩识别与优质页岩划分、优质页岩关键参数定量评价、页岩油气测井系列优选等内容，而且作者本着开放共享，最大限度地公开了页岩油气藏测井评价软件的源代码，适合从事页岩油气勘探开发的专业人员阅读学习。为了便于非测井专业的技术人员研读使用，作者颇费苦心，从测量原理、探测范围、测量参数和主要用途4个方面简明扼要地介绍了主要测井系列。同时该书给出了大量翔实的页岩油气勘探开发实例，便于现场工程师学习使用。该书的完成有助于促进测井技术在页岩油气勘探开发中与其他专业深入融合应用，有助于推动我国测井技术的发展，有助于推进我国页岩油气的长足发展。

前言

PREFACE

2018年，习近平总书记做出“大力提升勘探开发力度，保障国家能源安全”重要批示，我国油气勘探开发迎来了发展的重大机遇，加强页岩油气在内的非常规油气勘探开发意义重大。但是，我们要清醒地看到，一方面，我国页岩油气与美国、加拿大等北美地区地质差异较大，国内页岩气年产量$1\times10^{10}m^3$的规模，与美国近$7\times10^{11}m^3$的产量相差甚远；另一方面，国际油价长期处于低位，页岩油气开发成本过高。在此情形下，如何寻找优质页岩以获得更高油气产能，如何突破海相、进军陆相实现资源的有效接替至关重要。实践证明，测井技术在优质页岩识别中发挥着重要作用。在这样的背景下，研究总结一套优质页岩测井识别与评价技术，对于推进页岩油气勘探开发意义重大。

测井资料是识别和评价页岩油气的重要手段，不同于常规油气，除孔隙度、渗透率、饱和度及主要矿物组分外，页岩油气应着重评价有机碳含量、脆性指数、吸附气含量、游离气含量、破裂压力等关键参数。只有这样，才能从地质与工程两个方面把握储层的品质，为优质页岩获得高产油气提供数据支撑。目前，我国在四川盆地海相龙马溪地层已获得页岩气的规模开发，而陆相页岩油气尚无获得高效规模开发。本书从渤海湾盆地到松辽盆地，从修武盆地到南华北地区，翔实介绍了陆相（或海陆过渡相）的页岩油气的测井解释实践，有助于技术人员全面了解我国页岩油气勘探开发现状、学习掌握新区块、新对象的工作思路与研究方法。

本书立足开放、力促技术交流学习，最大限度地公开发布了页岩油气藏测井处理软件的源代码，并以我国页岩油气勘探开发获得突破的地区为例，详细介绍了测井资料在页岩油气评价中的作用，方便各类人员阅读学习；同时考虑到非测井专业技术人员的阅读难度，专门增加了“页岩油气测井系列及其响应特征”一章，简明介绍了各种测井系列的测井原理与测量对象，最大限度地满足非测井专业技术人员的阅读。

全书共分七章，第一章为页岩油气勘探开发现状、第二章为页岩油气成藏特点、第三章为页岩油气测井系列及其响应特征、第四章为页岩划分与优质页岩识别、第五章为页岩关键参数测井定量评价、第六章为页岩油气藏测井处理软件、第七章为应用实例。

本书有三个鲜明特点：一是创新性强，如在计算有机碳含量（TOC）方面除常用方法外，还给出了多参数拟合法；二是使用性强，通过列举海相、陆相、页岩气、页岩油的应用实例，使石油技术工作者能快速掌握页岩油气测井评价技术；三是开放性强，页岩油气测井处理软件实现国产化，且公开了主要源代码。

本书不局限于页岩油气测井评价，增加了页岩气测井系列及其响应特征，不仅适用于有一定测井基础的技术人员使用，也适用于没有测井基础的石油地质人员阅读。

在本书编写过程中，李增莲、侯立云等同志参加了校对工作，在此一并致谢。

作者　赵俊峰

2020年6月

目录
CONTENTS

第一章 页岩油气勘探开发现状

页岩气是指赋存于富有机质泥页岩及其夹层中，以吸附和游离状态为主要存在方式的烃类气体，属于非常规天然气，成分以甲烷为主，是一种清洁、高效的能源资源和化工原料。具有典型的“自生自储”成藏模式，在页岩的天然裂缝和孔隙中以游离方式存在、在干酪根和黏土颗粒表面以吸附状态存在，甚至在干酪根和沥青质中以溶解状态存在，但总体以吸附和游离状赋存方式为主。是目前我们面对的孔隙度直径最小、孔隙度最低、渗透率最小的储层。页岩气的形成和富集有着自身独特的特点，往往分布在盆地内厚度较大、分布广的页岩烃源岩地层中。较常规天然气相比，页岩气的生产过程中一般无须排水，具有开采寿命长和生产周期长的优点，这使得页岩气井能够长期地以稳定的速率产气，一般为30~50年，且勘探开发成功率高，具有较高的工业经济价值。

对于页岩油的定义，学者有不同的认识，有些学者认为，页岩油的定义应当从岩性出发，严格区分储层岩性，只有页岩储层中赋存的石油才能定义为页岩油，其他致密层系的石油应当定义为致密油；也有学者认为应当采用广义的概念，即页岩油与致密油的概念相同；还有学者认为，页岩油是致密油的一种，包括页岩在内的所有致密层系的石油资源均应称为致密油，致密油包括页岩油和其他致密层系油；甚至还有学者认为，油页岩也是页岩油的一种，即富有机质页岩中赋存的石油和多类有机物统称页岩油。目前，将以游离、吸附或溶解等多种形式附存于泥页岩生油层层段及与之毗邻的砂岩、粉砂岩、碳酸盐岩等夹层、互层中具有工业开发价值的石油聚集，都定义为页岩油，包括泥页岩孔隙和裂缝中的石油，也包括泥页岩层系中的致密碳酸岩或碎屑岩邻层和夹层中的石油资源，是以孔隙、裂缝等为储集空间，无运移或运移距离极短的特低孔、特低渗、连续型油藏。页岩油或页岩油气藏有机质类型以腐泥型和偏腐泥型干酪根为主，热演化处于成熟和高成熟演化阶段（镜质体反射率R_o值为0.6%~2.0%），即生油窗和湿气阶段。

页岩油与页岩气的主要区别在于页岩气演化程度相对较高，以气体形式存在，而页岩油则以液态烃为存在方式。一般页岩油、页岩气为共生关系，当R_o大于1.1%时，以形成页岩气为主，当R_o小于1.1%时，以形成页岩油为主。

第一节 国外页岩油气资源与开发现状

一、全球页岩气分布与勘探开发现状

全球对页岩气的开发并不普遍，仅美国和加拿大在这方面做了大量工作，美国已进入页岩气开发的快速发展阶段，而且早已进入商业性运营阶段。据预测，全球页岩气储量有$4.56 \times 10^{14}m^3$，主要分布在北美、中亚和中国、中东和北非、拉丁美洲、俄罗斯等地区，其中35%在美洲、35%在亚太地区、其余15%在中东地区（表1-1-1），与常规天然气相当，页岩气的资源潜力甚至还可能大于常规天然气。

表1-1-1 世界页岩气资源前景

地区（国家）	页岩气/$10^{12}m^3$	地区（国家）	页岩气/$10^{12}m^3$
北美	108.7	中亚＋中国	99.8
拉丁美洲	59.9	太平洋地区(经合组织)	65.5
西欧	14.4	其他亚太地区	8.9
中欧＋西欧	1.1	南亚	—
俄罗斯	17.7	中亚＋中国	99.8
中东＋北非	72.1	太平洋地区(经合组织)	65.5
撒哈拉以南非洲	7.8	其他亚太地区	8.9
世界	456.23		

二、美国页岩气分布及勘探开发历程

美国已在多个盆地中发现并开采了页岩气（图1-1-1），美国的页岩气主要发现于中—古生界（D—K）地层中，勘探开发由东北部地区的盆地（阿巴拉契亚、密西根、伊利诺斯等盆地）向中西部地区的盆地（威利斯顿Bakken页岩），以及圣胡安丹佛（Niobrara白垩岩）、富特沃斯、阿纳达科（Woodford页岩）等盆地扩展。

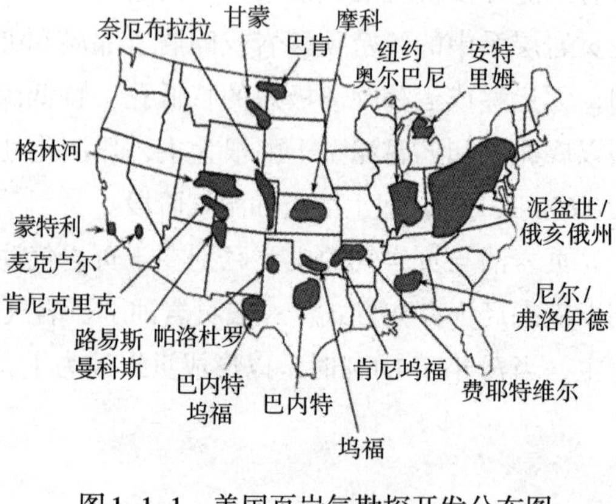

图1-1-1 美国页岩气勘探开发分布图

美国页岩气的勘探开发经历了如下发展过程：

1821年在纽约州Fredonia附近富泥盆纪有机质的Dunkirk页岩完钻的页岩气井，是美国第一口商业生产的页岩气井（Curtis，2002）。

1926年，泥盆系页岩（东肯塔基和西弗吉尼亚气田）形成了当时世界上最大的天然气田。

1980年开始，天然气研究所（GRI）开始对东部页岩气进行系统研究，页岩气产量及储量进一步提高。页岩气的研究全面展开。

1989年美国页岩气产量仅$4.2\times10^9m^3$。

1998年，美国的页岩气产量达$8.5\times10^9m^3$，占美国天然气产量的1.6%；页岩气储量$1.104\times10^{11}m^3$，占全国天然气探明总储量的2.3%。

1999年，美国页岩气产量$1.08\times10^{10}m^3$（Shirley，2001）。

2006年，美国页岩气井增至4×10^4余口，页岩气产量达到$3.11\times10^{10}m^3$，占全国天然气总产量的5.9%（图1-1-2）。

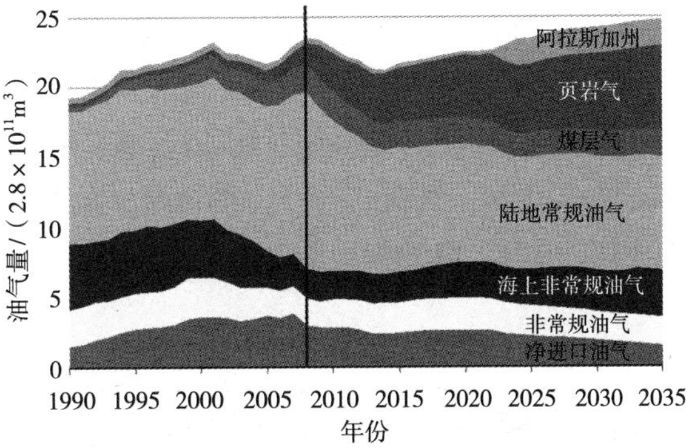

图1-1-2　1990–2035年美国天然气能源结构变化图

2007年，美国页岩气产量$3.35\times10^{10}m^3$，其中Barnett/Newark East气田和Antrim气田的产量分列美国第2位和第13位。

2008年，美国页岩气产量达到$5.72\times10^{10}m^3$，比上年增长了71%（EIA，2009b），页岩气产量占到美国干气总产量的10%（EIA，2009c）。其中70%的页岩气产量来自得克萨斯州的Barnett页岩。

2009年，美国页岩气生产井数增至98590口，产量超过$8.78\times10^{10}m^3$。其中，仅Barnett页岩的产量就高达$5.6\times10^{10}m^3$。页岩气快速勘探开发使得美国天然气储量增加了40%。

2010年美国页岩气产量超过$1.379\times10^{11}m^3$，占全国天然气年总产量的23%，超过俄罗斯成为全球第一大天然气生产国。

2011年美国页岩气产量为$1.8\times10^{11}m^3$，占美国天然气总产量的34%。

随着水平井+分段压裂技术应用于页岩气开发，美国页岩气产量呈指数级增长，2018年美国页岩气产量达到$5.67\times10^{11}m^3$，正是凭借应用先进的页岩气关键技术，美国页岩气开采的大规模经济性产量继续稳步提升，实现了油气复兴、能源自主。据美国能源信息署（EIA）预测，未来二十多年，页岩气产量还会大幅上涨，到2035年页岩气产量将占到美国天然气总产量的24.3%。

三、全球页岩油分布与勘探开发现状

根据美国能源信息署（EIA）和美国先进资源国际公司数据，截至2017年底，全球页岩油地质资源总量为9.36835×10^{11}t，技术可采资源量为6.1847×10^{10}t，其中美国页岩油资源量最大，技术可采资源量达1.5375×10^{10}t，约占全球总量的21%。美国页岩油资源量占比高的原因主要是勘查程度较高，远高于世界其他各国，页岩油生产直接使美国从石油净进口国变成了石油出口国。随着页岩油开发的兴起，其他国家的技术可采资源量将有大幅上升，排名第二的国家是俄罗斯，技术可采资源量1.0177×10^{10}t，约占全球14%，中国排名全球第三，技术可采资源量4.393×10^{9}t，约占全球的6%。

四、美国页岩油分布及勘探开发历程

从区域位置来看，美国页岩油区带主要分布在5个地区（表1-1-2），分别为西海岸地区、落基山地区、墨西哥湾沿岸地区、西南地区和中陆地区，发育于San Joaquin盆地、Los Angeles盆地、Williston盆地、Denver盆地、Powder River盆地、Big Horn盆地、Maverick盆地、San Marcos凸起、East Texas盆地、Permian盆地、Fort Worth盆地和Anadarko盆地等。美国页岩油区带主要集中在中西部地区，盆地类型涵盖了前陆盆地、克拉通盆地和断陷盆地。

表1-1-2　美国页岩油分布特点统计

区域位置	页岩油区带	发育盆地	盆地类型	发育地层	沉积相
西海岸地区	Monterey/Santos	San Joaquin盆地 Los Angeles盆地	新生代断陷盆地	中新统	海陆过渡相、海相
落基山地区	Bakken	Williston盆地	早古生代克拉通盆地	上泥盆统—密西西比系	海相
	Niobrara	Denver盆地	中生代前陆盆地	白垩系	海陆过渡相
	Mowry	Powder River盆地 Big Horn盆地	中生代前陆盆地	白垩系	海相
	Heath	Central Montana地槽	中生代前陆盆地	密西西比系	海相
墨西哥湾沿岸地区	Eagle Ford	Maverick盆地、 San Marcos凸起 East Texas盆地	中生代裂谷盆地	白垩系	海相
西南地区	Avalon/Bone Spring	Permian盆地	晚古生代前陆盆地	二叠系	海相
	Barnett Combo	Fort Worth盆地	晚古生代前陆盆地	密西西比系	海相
中陆地区	Cana Woodford	Anadarko盆地	晚古生代前陆盆地	密西西比系	海相

美国页岩油开发始于20世纪50年代的威利斯顿盆地，但产量一直较低。页岩气革命带来的技术突破，给页岩油开发提供了技术基础，在天然气价格持续低迷的大背景下，美国页岩气开发公司大量转向页岩油开发。2005年左右，美国页岩油开发取得重大突破，2009年

左右开始进入快速增长期，到2015年3月，美国页岩油日产量已达6.673×10^5t，占当月美国原油日总产量1.1288×10^6t的59.12%。根据美国EIA统计数据，2017年美国页岩油总产量为2.03×10^8t，比2016年总产量增加2×10^7t。美国页岩油探明储量约占美国原油总探明储量的47.57%，主要分布在二叠系盆地、威利斯顿盆地、西墨西哥湾盆地3个大页岩油盆地内，其他页岩油盆地探明储量相对较小，美国主要页岩油盆地储量分布如表1–1–3所示。

表1–1–3 美国主要盆地页岩油证实储量

盆地/地区	区带	2015年储量/10^8t	2016年储量/10^8t
威利斯顿盆地	巴肯	50.3	52.26
二叠纪盆地	沃尔夫坎普与傅恩斯普林	7.82	49.6
墨西哥湾盆地西部	伊戈尔福特	42.95	41.63
阿纳达科盆地	伍德福特	3.84	3.89
丹佛盆地	奈厄布拉勒	4.60	2.25
阿巴拉契亚盆地	马塞勒斯	1.43	1.39
沃斯堡盆地	巴奈特	0.33	0.22
其他		4.75	4.31
美国总计		116.02	155.55

按照盆地统计的页岩油产量，二叠系盆地产量增长明显，增速接近40%。据EIA最新数据，2018年美国全年页岩油产量已达3.29×10^8t（图1–1–4），占原油总产量的59%。截至2019年5月1日，美国页岩油日产已达1.018×10^6t，约占美国3月原油日总产量1.6241×10^6t的62.68%。其中，二叠系盆地页岩油日产量为4.77×10^5t，占美国页岩油总产量的46.86%。预测到2040年页岩油日产量将达1.29×10^6t。

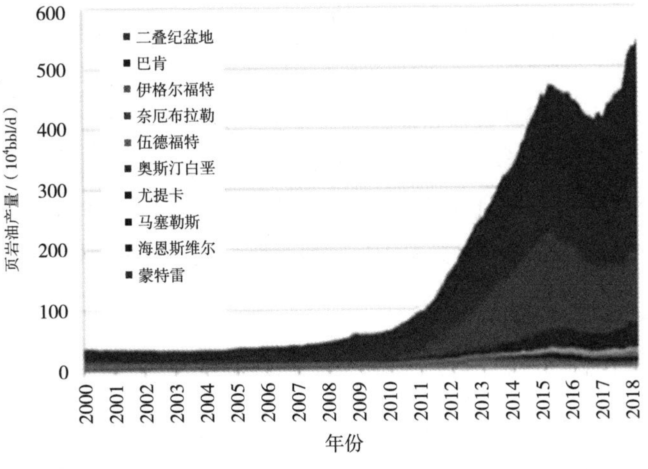

图1–1–4 2000～2018年美国主要页岩区带页岩油产量变化
（据EIA，2018年8月）

第二节 中国页岩油气资源与开发现状

我国页岩地层在各地质时期均发育很好，海相广泛沉积，分布面积多达$3\times10^6km^2$，海陆交互相沉积约$2\times10^6km^2$，陆上海相沉积面积约$2.8\times10^6km^2$。页岩在南方、北方、西北和青藏等广大地区均有分布，既有有机质含量高的古生界海相页岩、海陆交互相页岩，也有有机质丰富的中、新生界陆相页岩，在油气、煤炭勘探中，甚至固体矿产勘探时已在油气盆地及盆地外的沉积地层中发现多处页岩气显示。据专家估算，我国页岩气可采资源量约为$2.6\times10^5m^3$，与美国大致相当。以四川盆地为例，仅评价的寒武系和志留系两套页岩，页岩气资源量就相当于该盆地常规天然气资源量的1.5~2.5倍，具有加快勘探开发的资源基础，从现有资料看，页岩气除分布在四川、鄂尔多斯、渤海湾、松辽、江汉、吐哈、塔里木和准噶尔等含油气盆地外，在我国广泛分布的海相页岩地层、海陆交互相页岩地层及陆相煤系地层也都有分布。

一、我国页岩气有利区研究

2005年以来，中国石油、中国石化、原国土资源部油气研究中心、中国地质大学、中国石油大学等单位借鉴北美成果经验，相继以老井复查、区域地质调查为基础，开展了中国页岩气形成条件和资源潜力评价，中国石化于2006年设立科技前瞻性项目“中国页岩气早期资源潜力分析”，通过与北美典型页岩气形成条件对比，以页岩厚度、有机质丰度、热演化程度、埋藏深度和硅质矿物含量为主要评价参数，以页岩气的富集规律为指导，开展选区评价，优选出南方海相（寒武系、志留系、二叠系）和四川盆地（志留系、寒武系、侏罗系）为页岩气勘探有利区。估算结果认为，四川盆地南部下寒武统筇竹寺组页岩气资源量为7.14×10^{12}~$14.6\times10^{12}m^3$，而整个四川盆地现有常规天然气资源量为$7.2\times10^{12}m^3$。中国石油于2007年与美国新田石油公司签署了《威远地区页岩气联合研究》，2009年又与壳牌公司在重庆富顺—永川区块启动合作勘探开发项目。2009年，针对南方海相寒武系、志留系和二叠系实施钻井4口，启动了页岩气勘探评价，宣页1井和河页1井仅见到页岩气测显示，黄页1井和湘页1井直井压裂分别试获日产$418m^3$和$2409m^3$低产气流。实钻证实南方海相构造复杂、保存条件差、热演化程度高，认识到有页岩不一定就有页岩气，有页岩气不一定就能富集高产。

二、我国页岩气开发过程

2009年12月，中国石油在四川盆地威远构造钻探了我国第一口页岩气井——威201井，加砂压裂后日产气量为$1.08\times10^4m^3$。2010年5月，大型压裂改造的方深1井，标志着中国石化页岩气勘探开发工作迈出了实质性的重要一步。

基于保存条件和热演化程度新认识，页岩气勘探方向由南方海相向四川盆地海、陆相转变。通过烃源岩评价及老井复查，针对陆相层系，先后在四川盆地建南、涪陵、元坝和新场地区部署实施探井9口、评价井6口，7口井测试获低产工业气流，其中涪页HF-1井日产气$1.73 \times 10^4 m^3$、建页HF-1井日产气$1.23 \times 10^4 m^3$。但陆相页岩相变快、砂泥互层，地质条件复杂，初期有产量但递减快，受技术成本限制，商业开发难度大。针对海相页岩，先后在彭水地区桑拓平向斜、涪陵地区焦石坝背斜实施钻探。

2012年11月28日，中国石化在重庆焦石坝地区部署的焦页1HF井，在上奥陶统五峰组—下志留统龙马溪组试采获$2.03 \times 10^5 m^3/d$高产页岩气，实现了页岩气勘探重大战略突破，页岩气勘探开发重点向川东南海相志留系领域聚焦。

2013年4月10日，焦页1HF井被重庆市政府正式命名为“页岩气开发功勋井”，该井自2013年1月9日投入商业试采以来，保持日产$6 \times 10^4 m^3$左右，持续生产超过两年，累计生产页岩气突破$5 \times 10^7 m^3$。2013年，在焦页1井获得商业发现的基础上，优选$28.37 km^2$有利区开展井组开发评价试验，落实不同水平井参数、压裂规模、压裂工艺对单井产能的影响，17口开发评价井均试获高产工业气流，单井无阻流量为（15~155.8）$\times 10^4 m^3/d$，单井配产可达（6~35）$\times 10^4 m^3/d$，建成$5 \times 10^8 m^3/a$产能开发试验井组。同年9月，国家能源局批准设立了重庆涪陵国家级页岩气示范区。2013年底，基于开发试验认识，开发试验进一步落实涪陵气田开发技术政策，启动了涪陵页岩气田焦石坝一期$50 \times 10^8 m^3/a$产能建设方案。

2014年3月，涪陵页岩气田提前进入商业化开发阶段，标志着中国页岩气勘探开发实现重大突破，加速进入商业化大规模开发阶段；同年第五届世界页岩油气峰会授予中国石化“页岩油气国际先锋奖”。

2015年底，焦石坝一期$50 \times 10^8 m^3/a$产能建成投产，借鉴焦石坝的开发经验，2016年启动二期江东及平桥产能建设，2018年启动焦石坝主体开发调整。

通过获取页岩气远景区地质浅井、参数井和地震勘探的关键参数，指导钻探有利页岩气区带钻探页岩气评价井和页岩气开发先导试验井，国内以五峰—龙马溪组为主要层系，建成长宁—威远，涪陵页岩气国家示范区，涪陵、长宁、威远三大产气区，探明储量超$5 \times 10^{11} m^3$，产能约$7.5 \times 10^9 m^3/a$。中国石化重庆涪陵气田探明地质储量为$3.80598 \times 10^{11} m^3$，累计产气为$3.5 \times 10^9 m^3$，建成产能为$5 \times 10^9 m^3/a$，中国石油长宁、威远气田探明地质储量为$1.6353 \times 10^{11} m^3$，累计产气为$4.24 \times 10^8 m^3$，建成产能为$2.5 \times 10^9 m^3/a$。截至2018年12月底，长宁—威远国家级页岩气示范区累计产气量突破$1 \times 10^{10} m^3$，重庆涪陵页岩气田累计产气为$2.142 \times 10^{10} m^3$，成为北美之外最大的页岩气田。

2019年末，中国石化累计探明地质储量为$7.489 \times 10^{11} m^3$，年产气量达$7.38 \times 10^9 m^3$，累计产气$2.946 \times 10^{10} m^3$，涪陵气田累计探明地质储量为$6.008 \times 10^{11} m^3$，累计投产井479口，日产气$2.067 \times 10^7 m^3$，年产气$7.14 \times 10^9 m^3$，累计产气$2.924 \times 10^{10} m^3$（图1-2-1）。

借鉴涪陵页岩气田成功经验，中国石化持续加大页岩气勘探，重点聚焦四川盆地志留系深层、常压及新区新层系页岩气勘探，进一步拓展资源阵地。2017年，通过优质储层钻遇率、深层压裂的技术攻关，威页23-1HF井测试获日产气$2.6 \times 10^5 m^3$高产气流，发现了威荣页岩气田（图1-2-2）。该气田地层压力系数为1.94~2.06，气田埋深达3550~3880m，属于深层高压

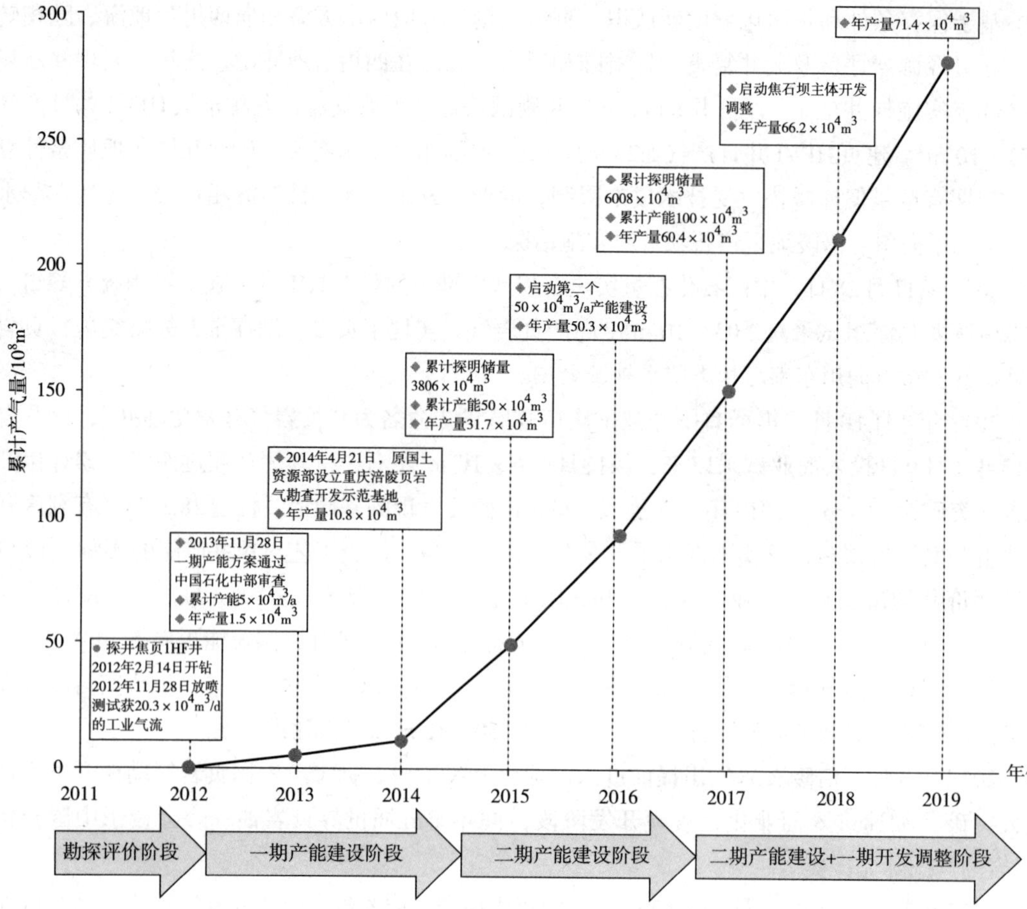

图1-2-1　中国石化涪陵气田开发历程

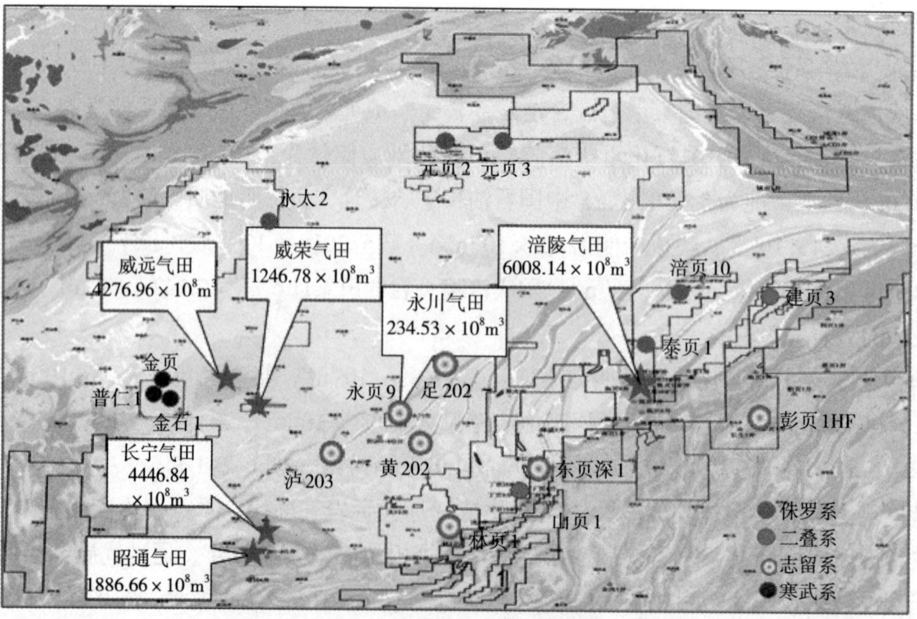

图1-2-2　四川盆地页岩气主要分布区域

页岩气藏，2018年提交探明地质储量$1.24678\times10^{11}m^3$，同步启动产能建设。与此同时，永川、南川、丁山—东溪、武隆、彭水等深水陆棚优质页岩分布区均实现勘探突破，成为下步实现商业增储上产的潜力区。

三、我国页岩油资源及开发现状

美国页岩油在海相获得巨大突破，而中国陆相页岩油是潜力最大、最具战略性的石油接替资源。据自然资源部估算，中国陆相页岩油分布面积约为$8.5\times10^4km^2$，地质资源潜力为$3.9746\times10^{10}t$，可采资源潜力为3.498×10^9t，重点分布在准噶尔、鄂尔多斯、松辽、渤海湾等陆相盆地，纵向上页岩油主要分布在古近系、白垩系、侏罗系、三叠系和二叠系5套层系中，在岩性组合、有机地化、储集物性、岩矿、地层压力及流体特点等方面具有个体的特殊性和组合的多样性。但总体看来，鄂尔多斯盆地三叠系、四川盆地中—下侏罗统、松辽盆地白垩系、海湾盆地古近系、江汉盆地古近系、南襄盆地古近系和准噶尔盆地二叠系等领域具备页岩油形成与富集的条件且资源规模较大，为我国页岩油勘探的主要前景领域。

借鉴北美页岩油气勘探开发成功的经验，自2009年以来，中国石化、中国石油等大公司启动开展了页岩油气资源评价及选区研究工作，开展了页岩油老井复试等相关工作，取得了重要进展，国内石油公司钻探了安深1井、泌页HF-1井、濮深18-1井、文古4井、曙古165井、渤页HF-1井等，取得良好的效果。

中国石化2011年在河南油田泌阳凹陷部署的第一口陆相页岩油水平井——泌页HF1井，水平段长1044m，经过15级分段压裂，获最高日产油$23.6m^3$，日产气$1000m^3$的工业油气流，使得泌阳凹陷率先取得中国陆相页岩油勘探的重要突破。

2012年部署在泌阳凹陷的第二口陆相页岩油水平井——泌页2HF井，水平段长度1408m，经21级分段压裂，获最高日产油$28.6m^3$工业油流，进一步拓展了陆相页岩油的勘探成果，证实了中国陆相页岩油具有良好的勘探开发前景。据估算，中国石化页岩油资源量达6.476×10^9t，其中，东部为$4.617\times10^9m^3$，西部为$1.859\times10^9m^3$。

截至2016年底，松辽盆地北部钻遇青山口组的井有1330口，见油气显示井68口，试油井31口，获工业油流井6口，最高日产油可达3.931t。

2017年底，中国石化在页岩油老井复查复试和评价工作中，有1559口井页岩层段见油气显示，103口井获得工业油流。

中原油田近年来对渤海湾盆地东濮凹陷沙河街组三段进行老井复查复试，油气显示井74口，工业油流井7口。经预测，东濮凹陷沙三段Ⅰ类、Ⅱ类、Ⅲ类储层的页岩油资源量分别为$6.7\times10^8m^3$、$1.95\times10^8m^3$、$2.02\times10^8m^3$，页岩油资源总量为$1.067\times10^9m^3$。东濮凹陷沙三段泥页岩厚度大，含油率高，盐岩广泛发育，有机质类型好，丰度高，热演化程度适中，这些都为页岩油富集提供了良好的保存条件。

第二章 页岩油气成藏特点

与北美相比，中国页岩气形成与富集条件具明显特殊性，我国广泛发育海相、海陆过渡相、陆相三大套富有机质黑色泥页岩，均具备形成页岩气的基本地质条件。它们有共性，也有特殊性，勘探开发实践与研究中要注意区别对待。盆地内古生界页岩以海相沉积为主，区域稳定分布，厚度大，有机质丰富，演化程度高，已见大量气显示，是页岩气勘探开发的现实领域。

第一节 页岩气藏特征

我国南方是最大的海相沉积岩分布地区，地层时代较老，经历的构造活动期次多，热演化程度高，发育多套厚度大、分布稳定、有机质丰富的海相硅质页岩地层，研究与勘探结果均已证实，这些页岩地层不仅是优质的烃源岩，而且已大量生成油气，尤其是在相对稳定的向斜区、隆起底部位等处的页岩烃源岩里，具有优质页岩气藏形成的基本地质条件。

南方扬子盆地古生界发育震旦系—三叠系海相沉积，沉积岩厚度为4000~7000m。其中，二叠系龙潭组、泥盆系罗富组、志留系龙马溪组、奥陶系五峰组、寒武系筇竹寺组和震旦系陡山沱组6套黑色富有机质页岩最为成熟，整体区域分布稳定，埋藏深度浅，此外，四川盆地、华北和塔里木盆地也都存在多套古生界海相页岩，都具备页岩气资源形成的基本地质条件。

我国中、新生界陆相沉积发育成熟，并已被勘探开发实践证实其中的绝大部分富有机质泥页岩为含油气盆地中的优质烃源岩，如松辽盆地下白垩统的青山口组黑色泥页岩、渤海湾盆地古近系沙河街组的泥页岩、鄂尔多斯盆地上三叠统延长组的张家滩、李家畔页岩等。这些地区泥页岩地层厚度大，有机碳含量平均值普遍较高，有机质热演化程度适中，是页岩气发育很有前景的地区。此外，松辽盆地白垩系页岩，准噶尔盆地南缘上二叠统、中—下侏罗统页岩，陕甘宁盆地上三叠统页岩以及吐哈盆地中—下侏罗统碳质页岩是有利的页岩气形成的层系和地区。与海相页岩相比，陆相页岩一般形成于深湖—半深湖相带，形成时代晚，有机碳含量（TOC）差异大，有机质类型多样，镜质体反射率R_o较低，石英含量相对较低，黏土矿物及碳酸盐矿物含量相对较高，仅总脆性矿物（石英+长石+碳酸盐）含量与海相页岩相当（表2-1-1）。

表2-1-1 中国主要盆地发育的泥页岩地质特征

盆地名称	地层年代	厚度/m	TOC/%	R_o/%
柴达木	第四系	0~800	0.3~0.6	0.2~0.5
渤海湾	古近系	230~1800	0.3~33.0	0.3~1.0
松辽	白垩系	＞100	2.2	0.7~3.3
松辽	白垩系	100~350	0.7~1.5	1.5~3.9
羌塘盆地	中侏罗统	400~600	0.3~6.2	1.4
吐哈	中下侏罗统	50~600	1.3~20.0	0.4~1.1
准噶尔	中侏罗统	350~400	0.2~6.4	0.6~2.5
四川	上三叠统	150~1000	1.0~4.5	1.0~2.2
鄂尔多斯	三叠统	50~120	0.6~5.8	0.7~1.1
南方（扬子）	上二叠统	20~2000	0.4~22	0.8~3.0
鄂尔多斯	石炭—二叠统	60~200	2.0~3.0	＞1.3
南方（扬子）	下志留统	30~100	0.5~3.0	2.0~3.0
南方（扬子）	下寒武统	20~700	1.0~4.0	3.0~6.0

尽管页岩分布十分广泛，但在进行页岩气选区之前，要综合确定天然气成因、页岩气分布面积、有效厚度、可能的生产机质以及基本控制影响经济效益的不利因素之后，才可能有效动用页岩气储量。通过分析认为页岩气成藏受泥页岩厚度及分布、有机地化特征、孔渗条件、裂缝发育程度、盖层条件等综合控制。

页岩气的成藏过程和成藏机理与煤层气极其相似，吸附气成藏机理、活塞式气水排驱成藏机理和置换式运聚成藏机理在页岩气的成藏过程中均有体现，进行页岩气的勘探开发研究，可以在基础地质条件研究的基础上，借助煤层气的研究手段，解释页岩气成藏的特点及规律。

页岩气在成藏过程中无运移或只有很短的运移，具有典型的过渡性成藏机理，即自生、自储、自封闭的成藏模式，其成藏特征、产出机理上介于煤层气、根缘气（或称深盆气）和常规天然气三大类气藏之间（图2-1-1），页岩气成藏具有以下基本特征：

（1）早期成藏。页岩气的生烃条件及生烃过程与常规天然气藏相同，泥页岩的有机质丰度、有机质类型和热演化特征决定了其生烃能力和时间，但是页岩气边形成边赋存聚集，不需要构造背景，为隐蔽圈闭气藏。

（2）自生自储。泥页岩既是气源岩层，又是储气层，页岩气以多种方式赋存，使得泥页岩具有普遍的含气性。

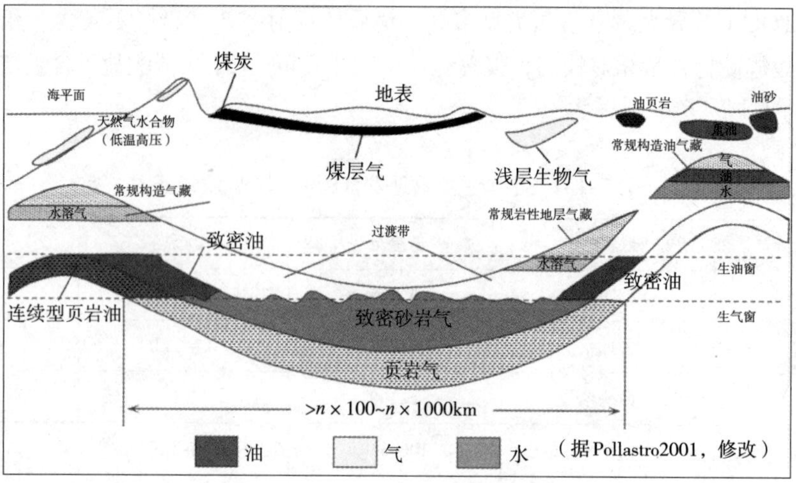

图2-1-1　非常规油气资源赋存方式

（3）近源运移。页岩气运移距离较短，具有“原地”成藏特征。

（4）对盖层条件要求没有常规天然气高。

（5）赋存方式多样。吸附方式（有机质、黏土颗粒表面微孔隙）、游离方式（天然裂缝和孔隙）或溶解方式（在干酪根和沥青质中）均可。

（6）气水关系复杂。

（7）孔隙小、裂缝发育。储层孔隙度较低（通常小于5%）、孔隙半径小（以微孔隙为主），其含气量较低，裂缝发育程度不但控制游离状页岩气的含量，而且影响着页岩气的运移、聚集和单井产量。

（8）存在生物成因、热成因和混合成因3种成因，以热成因为主。

（9）大面积连续成藏（Barnett页岩面积15500km^2）。

（10）在开发过程中，页岩气井表现出日产量较低，生产年限较长的特点。

第二节　页岩气成藏有利因素

页岩气的自然扩散作用和页岩气藏形成后所遭受的构造作用、水动力作用都会影响页岩气的保存。但无论是气体的自然扩散、储层后期改造作用，还是温度、压力、水动力等外界条件的改变，抑或是构造活动、热演化程度的变化等都无疑受控于构造演化作用。在烃类气体的运移方面，页岩气成藏体现出无运移或短距离运移的特征，泥页岩中的裂缝和微孔隙成了主要的运移通道，而常规天然气成藏除了烃类气体在泥页岩中的初次运移以外，还需在储集层中通过断裂、孔隙等输导系统进行二次运移；在赋存方式上，二者差别较大，首先，储集层和储集空间不同，常规天然气储集于碎屑岩或碳酸盐岩的孔隙、裂缝、溶孔、溶洞中，页岩气储集于泥页岩黏土矿物和有机质表面、微孔隙中；其次，常规天然气以游离赋存为主，页岩气以吸附和游离赋存方式为主。在盖层条件方面，鉴于页岩气的赋存方式，其对上覆盖层条件的要求比常规天然气要低，地层压力的降低可以造成页岩气解吸和散失。

一、页岩气的形成条件

页岩气从成因上看包含了生物化学成因、热解裂解成因以及混合成因等几乎所有有机质生气作用方式，并且从未熟到高成熟各个阶段均可成藏。生物成因气主要形成于有机物的埋深较小，地层温、压相对较低的成岩作用初期，但其生化作用是有限的，它只能将一部分有机物转化成甲烷气，剩余的有机物则在漫长的地质演化过程中，伴随着上覆沉积物不断加积，埋深加大，温度与压力的升高，先转化为干酪根，进而转化为沥青再转化为液态的碳氢化合物，最后当埋藏条件达到高、过成熟阶段后，干酪根的短侧链直接热裂解成气或者由已生成的液态油进一步裂解成气。页岩气的形成是一个漫长而复杂的过程，主要与有机碳含量、干酪根类型和有机质成熟度有关。

1. 生烃条件

暗色泥页岩为页岩气的主要物源，而且这种暗色泥页岩必须富含沥青质或富有机质，也就是高炭泥页岩。泥页岩有机地化特征不但影响着岩石的生气能力，而且对岩石的储集能力（尤其是吸附能力）有重要的控制作用。

干酪根类型或有机质类型是基于不同沉积环境、不同来源的有机质所具有的成分和结构进行的分类。根据美国主要页岩气盆地的资料，产气页岩中的干酪根类型Ⅰ型、$Ⅱ_1$型、$Ⅱ_2$型和Ⅲ型均存在，总体来看，以Ⅰ型和Ⅱ型为主，也有部分Ⅲ型（图2-2-1）。

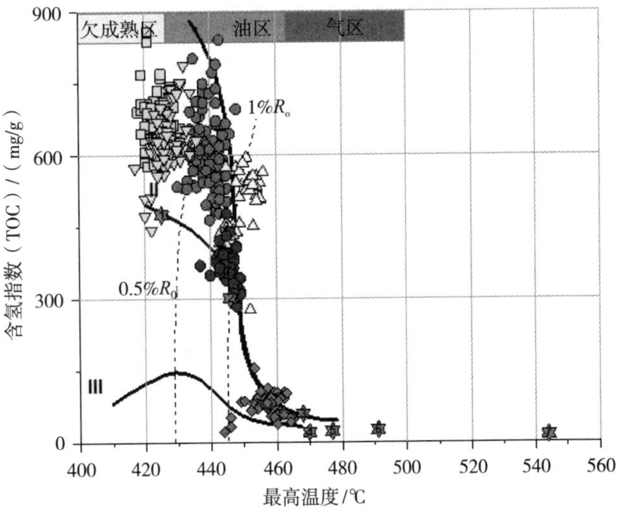

图2-2-1 美国主要页岩气盆地产气层干酪根类型

我国南方型海相黑色页岩为Ⅰ～$Ⅱ_1$型干酪根为主；北方型陆相含煤炭质页岩则以Ⅲ型为主，均具有较好的资源潜力。我国不同盆地、不同地质时代的泥页岩有机质类型不同，总体上表现为随着沉积环境由海相到海陆过渡相再到陆相的演化过程，泥页岩中有机质类型也从古生界以Ⅰ型、$Ⅱ_1$型为主，演化到中、新生界以$Ⅱ_2$型和Ⅲ型为主。

页岩气成因主要有三大类，一是生物成因，二是热解成因，三是热裂解成因。在地质条件下，页岩气成因不仅要经历一种成因类型，可能会经历多种成因类型。由于泥页岩埋深较浅，生成的页岩气受热演化程度较低等影响，即形成生物成因气，密执安盆地的Antrim页岩气，就属于典型的生物成因气。而圣胡安盆地、福特沃斯盆地等地的页岩气碳同位素统计规律不明显，在这些盆地中，受热演化程度较高、部分埋深较大等因素影响，会产生热解成因页岩气，属于残留型的天然气藏，其甲烷气碳同位素偏低。目前，许多商业性开发的页岩气藏，主要都是热解成因类型，或者是热裂解成因的类型，页岩气藏生物成因类型开采较少，生物成因泥页岩生气量较少，很难有充足的气源，因此也很难生成页岩气藏。

有机质丰度是指岩石当中有机质的相对含量，用以评价岩石的生烃潜力，主要指标包括有机碳含量（TOC）、氯仿沥青“A”和总烃以及岩石热解生烃潜量等。页岩气的工业聚集需要有丰富的有机质，研究表明黑色页岩和碳质页岩有机质丰度高，是页岩气藏形成的最有利岩石类型，其有机质含量在3%~15%或者更高。有机质作为页岩产气的物质基础与泥页岩的生烃潜力正相关，同时有机质还具有吸附天然气的能力，可以作为页岩气的赋存介质之一，因而页岩中有机质的含量越高，吸附气的含量也就越多。有机碳含量（TOC），是反映页岩有机质丰度的最重要指标，对页岩气的生成与聚集都有着重要的控制作用。美国含气页岩的TOC含量通常在1.5%~25%，其中生物气页岩TOC平均为6%。中国页岩的TOC含量分布范围更广，在0.2%~30%。关于页岩气聚集的有机碳下限问题，业界尚无统一定论，但随着开采技术的进步该下限值可能会降低。

有机质热演化程度即沉积有机质向油气转化的程度，是烃源岩评价的重要指标，常用参数包括镜质体反射率（R_o）、最高热解峰温（T_{max}）、黏土矿物混层比、孢粉颜色等。成熟度是页岩生烃的重要控制因素，页岩中丰富的有机质是生成油气的物质基础，但只有在有机质达到一定的热演化程度才能开始大量生烃。按照Tissot模型，干酪根的热演化阶段分为：R_o<0.5%，属未熟~低熟的成岩作用阶段；R_o在0.5%~1.3%之间，为生油窗内的深成热解阶段；R_o在1.3%~2.0%时处于深成热解作用阶段的湿气和凝析油相带；R_o＞2%时便进入干气带后成岩阶段（图2-2-2）。当然，成熟度高低不是制约页岩气成藏的主要因素，通过对美国主要页岩气盆地的研究，页岩气藏可以是高成熟度的（如Lewis和Barnett页岩气藏），可以是低成熟度，还可为二者混合型的。美国大规模商业开发的五大含气页岩系统R_o=0.4%~2.2%（Haynesville页岩、Fayetteville页岩、Marcellus页岩R_o=0.6%~4.9%），其中页岩气单井产量和

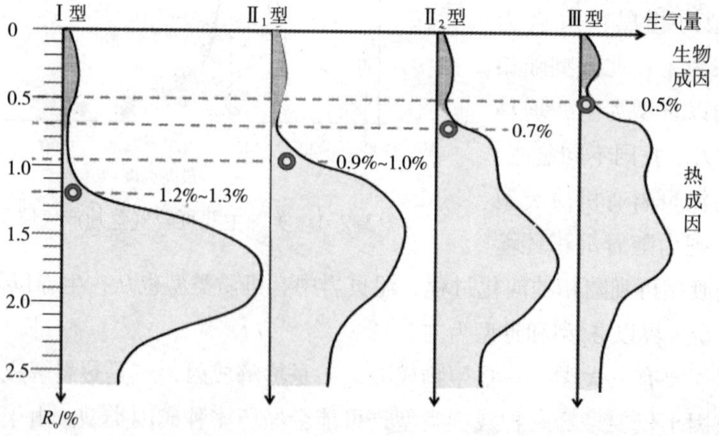

图2-2-2　干酪根的演化过程

年产量较高的Barnett页岩系统R_o=1.1%~2.2%。由于我国泥页岩的有机质热演化程度受到埋深的影响，总体上，自古生界到中生界，再到新生界，有机质的热演化程度逐渐降低，自高过成熟至未熟、低熟都有分布，镜质体反射率（R_o）最大3.5%，最小0.4%。

2. 储集条件

储集性能是指岩石的孔隙发育程度及渗透性能，即岩石能够储集和运输油气的能力，通常用孔隙度和渗透率表征。孔隙度是确定游离气含量和评价页岩渗透性的主要参数。作为储层，含气页岩显示出低的孔隙度，孔隙度多小于10%；低渗透率，渗透率多在0.2×10^{-6}~$36.3\times10^{-6}\mu m^2$之间，一般小于$1\times10^{-5}\mu m^2$。对于商业聚集页岩气来说，仅单一页岩孔隙是达不到所需的储集空间，然而由于受页岩裂缝弥补作用的影响，在页岩规模发育下，页岩气储集空间就极为充足。

3. 运聚条件

页岩气具有极短的运移距离，近源聚集或者原地聚集的特点，多具有自生自储特点。在页岩气初次运移过程中，气体如果生成于有机母质，那么在页岩气运移后，就需要向孔隙及裂缝进入。到了二次运移时候，成藏就能够完成，不需要进行任何操作。页岩气藏存在形式比较特殊，页岩气藏存体系相对独立，以扩散与渗滤形式散失部分页岩气，但在页岩内部会滞留大部分气体，这是异常压力存在于多数页岩气藏之中的直接因素，是否存在异常压力，是一个重要的识别页岩气藏标志。在浅埋藏阶段，页岩生气量比较小，直接形成较少的气，大大小于外部气源岩生物化学生气量。尤其是在异常低压状态下生气量就更容易形成较少的生气。在深埋藏阶段，往往会出现高热演化程度的状况，在此阶段，页岩增大生气量，并且内部形成异常高压，产生一些急剧膨胀的气体。在深埋藏阶段，烃类流体在页岩气藏外部会出现大量热解成气状况，此时，可以产生压力升高或者出现页岩气藏异常低压等情况，抬升或沉降构造运动发生在页岩气藏时，可能会出现滞留其地层压力的情况，此时就会产生相对高或低的异常压力。

4. 保存条件

在页岩内部裂缝之中，由于会大量储集页岩气，出现四周结构被致密泥页岩包围的现象，导致在特定圈闭条件下，可能会出现页岩气成藏不具备条件的问题，如果再出现页岩裂缝发育过度等问题，独立封闭体系就很容易遭到破坏。通过裂缝页岩气就会散失，这也是某些地区页岩气裂缝相当发育，但很难成藏的根源所在。当然，如果封盖层条件良好，就可有效抑制页岩气逸散作用。

二、页岩气成藏的有利因素

从影响页岩气藏聚集和开采的具体因素来考虑，页岩气藏的有利因素主要包括气体成因类型、热演化程度、埋藏环境、沉积背景和岩性特征、有机质类型和丰度、矿物成分和结构、孔隙特征等。

1. 有机碳含量

页岩气的成藏与总有机碳含量也有密切的关系。在烃源岩的丰度评价当中，一个重要的指标是有机碳含量，其也是对生烃强度和生烃量做具体衡量的重要参数。研究结果表明，有机质含量会随着岩性的变化而产生变化，泥页岩的黏土富含比较明显，吸附量比较大，所以有机碳含量最高，因此其作为潜力源岩的有机含量下限值就越高，而当烃源岩的有机质含量越好，热演化程度越高的时候，相应的有机碳含量下限值就会越低。

2. 有机质成熟度

干酪根的热成熟度也影响页岩中能够被吸附在有机物质表面的天然气量。含气页岩的热成熟度通常用R_o来表示，对于质量相同或相近的烃源岩，一般来说R_o越高表明生气的可能越大（生气量越大），裂缝发育的可能性越大（游离态的页岩气相对含量越大），页岩气的产量越大。热成熟度控制有机质的生烃能力，不但直接影响页岩气的生气量，而且影响生烃后天然气的赋存状态、运移程度、聚集场所。适当的热成熟度配合适宜的生烃条件使生气作用处于最佳状态。

3. 岩性及矿物组成

页岩作为岩石通常被定义为“细粒的碎屑沉积岩”，矿物组成主要包括页岩的矿物组成包括一定数量的碳酸盐、黄铁矿、黏土质、石英和有机碳。岩石组成一般为30%~50%的黏土矿物、15%~25%的粉砂质（石英颗粒）和1%~20%的有机质，多为暗色泥岩与浅色粉砂岩的薄互层。硅质、钙质矿物成分越高，脆性大，页岩储层加砂压裂时，越容易被压开，易于储层改造，造缝能力强。北美地区页岩开发要求脆性矿物含量一般大于40%。

4. 页岩气富集带以裂缝发育为特征

裂缝发育在大部分页岩中，以多种成因的网状裂缝系统为特征。在页岩中裂缝、溶蚀页理缝是主要的储集空间。次要储集空间为钙质条带中的溶孔、生物体腔孔、晶间孔、粒间孔等。在钙质泥页岩互层为主的夹薄层砂岩的地层中，具有泥页岩裂缝、层理缝和薄层砂岩孔隙等储集空间。裂缝发育带不但提供了游离态页岩气赋存的空间，而且为页岩气的运移、聚集提供了输导通道，并且对页岩气的开发十分有利。美国商业开采的页岩气藏或者是天然裂缝发育、抑或者是需要压裂，因此裂缝的发育程度应是页岩气藏产能的主控因素之一。裂缝既是页岩气短距离运移的通道，又是页岩气成藏的储集空间。页岩中极低的基岩渗透率，开启的、相互垂直的或多套天然裂缝能增加页岩气储层的产量。那些低泊松比、高弹性模量、富含有机质的脆性页岩才是页岩气资源的首要勘探目标。在美国的大约3×10^4口钻井中，钻遇具有自然工业产能的裂缝性甜点的井数只有大约10%，表明裂缝系统是提高页岩气钻井工业产能的重要影响因素。除了页岩地层中的自生裂缝系统以外，构造裂缝系统的规模性发育为页岩含气丰度的提高提供了条件保证。因此，构造转折带、地应力相对集中带以及褶皱—断裂发育带通常是页岩气富集的重要场所。

5. 泥页岩厚度及埋深

泥页岩的厚度和埋深也是控制页岩气成藏的关键因素。形成工业性的页岩气藏，泥页岩必须达到一定的厚度，才能成为有效的烃源岩层和储集层。泥页岩的埋深不但影响页岩气的生产和聚集，而且还直接影响页岩气的开发成本，泥页岩埋深达到一定的深度（一定的温度、压力条件）才能形成烃类气体（包括生物成因气、热成因气）；随着埋深的增加，压力逐渐增大，孔隙度减小，不利于游离气富集，但有利于吸附气的赋存。

6. 构造作用

构造作用对页岩气的生成和聚集有重要的影响，其影响作用主要体现在以下几个方面：构造作用能够直接影响泥页岩的沉积作用和成岩作用，进而对泥页岩的生烃过程和储集性能产生影响；构造作用还会造成泥页岩层的抬升和下降，从而控制页岩气的成藏过程。构造作用可以产生裂缝，可以有效改善泥页岩的储集性能，对储层渗透率的改善尤其明显。因为页岩较为致密，孔隙度、渗透率都比常规储层岩石低，使得页岩的含气量较低，页岩的含气量变化幅度较大，从$0.4m^3/t$到$10m^3/t$，一般小于$5m^3/t$，同时，由于页岩的孔隙半径小，所以大分子烃饱和度含量较低。

7. 页岩气藏具有异常高压特征

常规储层由于其孔隙度大，渗透率高，对压力的传导有利，是一个相对开放的压力系统，因此压力系统与地层压力接近。对较厚页岩储层孔隙度小、渗透率低，是一个相对封闭的压力系统，由于欠压实作用和天然气量的增多、生气膨胀力等作用容易形成高压异常带，平均压力梯度在7.75×10^3Pa/m。原生页岩气藏以高异常压力为特征，当发生构造升降运动时，其异常压力相应升高或降低。因此页岩气藏可为高异常、正常或低异常压力特征（据张金川等，2003）。从美国已发现页岩气的统计规律来看，页岩气藏既有高异常地层压力，也有低异常地层压力。产生理论分析与统计结果不相符合的主要原因在于构造的抬升或沉降运动，由于页岩气储层为致密的地层所构成，其间的孔隙地层水无法进行有效的流动，因此地层压力的封闭性相对较强。当已经成藏的页岩气发生相对的构造抬升或沉降运动时，原始的页岩气藏地层压力得到了一定程度的滞留，从而产生了更高或相对降低的异常地层压力。根据这一特点，页岩气藏的发育通常与高异常地层压力保持一致，除非在页岩气成藏后发生了较大幅度的构造沉降运动。但在使用这一原理进行异常地层压力分析时，需要对是否具有良好的封闭性条件进行确定，否则可能产生恰好相反的分析结果，统计资料表明，页岩气藏的地层压力系数可有较大幅度变化。除此之外，水平方向的构造挤压作用亦对页岩气藏地层压力的发育产生重要影响，这种作用可以通过势场分析方法予以考虑，通常情况下，页岩气藏存在于流体的高势能区。

第三节 页岩油成藏有利因素

页岩油与常规油藏和致密油的最显著区别在于页岩油是源内成藏，是指那些生成之后没有运移出来而滞留在生油岩中的油气。页岩油藏特征总体表现为：源储一体、储层致密、脆性矿物含量高、异常高压、热演化程度较高、油质轻、产量递减先快后慢、生产周期长等特征。

目前，北美开采的页岩油储层主要形成于海相盆地的陆棚及半深海—深海环境，大面积连续分布，有机碳含量高（多数大于4%，一般介于3%~13%），脆性矿物含量较高（大多在50%以上，脆性矿物中硅质含量高，大多大于30%），热演化程度较高（R_o一般1.1%~2.1%），原油密度0.76~0.82g/cm^3，埋深一般小于3000m，地层压力系数一般大于1.1。

中国陆相页岩油与北美地区页岩油的基本特征存在较大差异，具有平面上有利区分布面积相对偏小、纵向上主力层薄且分散，储层岩石类型多、物性较差、非均质性强，含油饱和度差异大，原油密度、气油比、压力系数分布范围宽，岩石脆性、地应力变化大等特点（表2–3–1）。

表2–3–1 国内和北美典型页岩油油藏主要特征对比

油藏名称	有利面积/10^4km^2	资源量/10^8t	厚度/m	孔隙度/%	渗透率/10^{-3}μm^2	岩性	储集层宏观分布特征
美国Bakken	7.0	566.0	5~55	5~13	0.1~1.0	白云质—泥质粉砂岩	平面分布范围广、纵向分布层系集中
美国Eagle ford	4.0	—	30~90	2~12	<0.1	泥灰岩	
鄂尔多斯盆地延长组（长7段）	2.0~5.0	35.5~40.6	20~80	2~12	0.01~1.0	粉细砂岩	分布范围整体较广、但单层厚度薄、纵向不集中、横向不连续
松辽盆地扶余油田	1.5~2.0	19.0~21.3	5~30	2~15	0.6~1.0	粉细砂岩	
准噶尔盆地芦草沟组	0.7~1.5	15.0~20.0	80~200	3~178	<0.1占90%	灰质粉砂岩 灰质白云岩	

近些年来，中国的石油地质家通过研究国内陆相页岩油的形成条件、赋存形式、成藏机理、资源潜力与有利发育区，对页岩油的评价体系大致分为：一是有没有页岩油，包括烃源岩发育环境、有机质类型、有机质丰度（TOC）、有机质成熟度（R_o）、烃源岩埋藏深度等；二是有多少页岩油，包括页岩岩相、孔隙类型、基质与夹层孔隙度等；三是有多少可流动页岩油，包括渗透率、原油密度、气油比、压力系数等；四是有多少技术可动页岩油，包括构造背景、脆性指数、脆性矿物含量等。

在有利区优选方面，相关学者依据页岩层的深度、厚度、TOC和热演化程度优选有利区。因此，充分利用页岩油相关地质资料，综合分析页岩油发育的有利参数和条件，优选盆地内页岩油甜点区，是我国页岩油勘探开发的必经阶段。评价页岩油的形成条件不同于常规油气藏，一般不需要对圈闭条件、输导条件进行评价，通常根据页岩储层展布特征、生烃条件、储集条件、保存条件、脆性矿物含量、裂缝发育情况、含油气性等方面来评价陆相页岩油的形成条件。页岩油在聚集机理、储集空间、流体特征、分布特征等方面与源储分离的常规石油和近源聚集的致密油具有明显差异，与页岩气则有更多相似之处。有利页岩油分布区主要有以下特征。

（1）源储一体，滞留聚集。页岩油是典型的源储一体、滞留聚集、连续分布的石油聚集。富有机质页岩既是生油层，也是储集层。与页岩气不同，页岩油主要形成于有机质演化的液态烃生成阶段。在富有机质页岩持续生油阶段，石油在页岩储集层中滞留聚集，只有在页岩储集层自身饱和后才向外溢散或运移。因此，处在液态烃生成阶段的富有机质页岩均可能聚集页岩油。

（2）富有机质，成熟度较高。富含有机质是页岩富含石油的基础，高产富集页岩油层TOC值一般大于2%，R_o值一般为0.7%~2.0%，形成轻质油和凝析油，有利于开采。

（3）发育纳米级孔喉、裂缝系统。一般页岩发育毫米到厘米级的纹层。页岩油储集层中广泛发育纳米级孔喉，孔径主要为50~300nm，局部发育微米级孔隙，孔隙类型包括粒间孔、粒内孔、有机质孔、晶间孔等。微裂缝在页岩油储集层中也非常发育，类型多样，以未充填的水平层理缝为主，干缩缝次之，近断裂带处发育直立或斜交的构造缝。大部分页岩发育较好的片状结构，有黏土矿物片状结构、碳酸盐片状结构、有机质片状结构、黄铁矿等多种类型，页岩油广泛赋存于这些片状层理面或与其平行的微裂缝中。

（4）脆性指数较高。脆性矿物含量是影响页岩微裂缝发育程度、含油性、压裂改造方式的重要因素。页岩中高岭石、蒙脱石、水云母等黏土矿物含量越低，石英、长石、方解石等脆性矿物含量越高，岩石脆性越强，在外力作用下越易形成天然裂缝和诱导裂缝，利于页岩油开采。中国的湖相有机质页岩脆性矿物含量总体较高，可达40%以上，如鄂尔多斯盆地延长组长7段湖相页岩石英、长石、方解石、白云石等脆性矿物含量平均达41%，黏土矿物含量低于50%，长7^2亚段和长7^3亚段的页岩中黄铁矿的含量较高，平均为9.0%。

（5）地层压力大、油质轻。页岩油富集区位于已大规模生油的成熟富有机质页岩地层中，一般地层能量较高，压力系数可达1.2~2.0，也有少数低压地层，如鄂尔多斯盆地延长组压力系数仅为0.7~0.9；油质一般较轻，原油密度多为0.70~0.85g/cm^3，黏度多为0.7~20.0mPa·s；高气油比，在纳米级孔喉储集系统中更易于流动和开采。

（6）大面积连续分布，资源潜力大。页岩油分布不受构造控制，无明显圈闭界限，含油范围受生油窗富有机质页岩分布控制，大面积连续分布于盆地坳陷或斜坡区。页岩生成的石油较多地滞留于页岩中，一般占总生油量的20%~50%，资源潜力较大。如鄂尔多斯盆地中生界长7段页岩中富集页岩油层段（集中分布于长7^2下段和长7^3大部）初步估算页岩油可采资源量达10×10^8~15×10^8t。北美海相页岩分布面积大、厚度稳定、有机质丰度高、成熟度较高，有利于轻质和凝析页岩油的生成。

第三章 页岩油气测井系列及其响应特征

第一节 常规测井系列

一、自然伽马测井及自然伽马能谱测井

1. 测量原理

（1）*地层中的放射性核素*。地层的自然伽马放射性是由地层中放射性核素的种类及其含量决定的，放射性核素发生衰变时能发射 α、β 和 γ 射线。α 粒子是氦核、β 粒子是电子，α、β 射线容易被物质吸收；而 γ 射线是波长很短的电磁波，不易被物质吸收，其穿透性极强，容易被测量，是自然伽马测井的主要探测对象，自然伽马测井的名称源于 γ 射线。地层的放射性主要由铀（U）、钍（Th）、钾（K）等放射性元素，即由^{40}K、^{238}U、^{232}Th以及后两者的衰变产物所产生的伽马射线决定。

（2）*主要放射性核素的伽马能谱*。主要放射核素的能量小于0.1MeV的光子在穿过地层和仪器外壳时被吸收，故不予考虑。实验室发现，钾放射的是单色伽马射线，其能量为1.46MeV；铀系和钍系的伽马能谱成分太多，但在铀的高能区，1.76MeV的峰值明显，便于测量识别铀；在钍的高能区，2.62MeV的峰值明显，便于测量识别钍（图3-1-1）。通过实验建立起岩石铀、钍、钾含量分别与这三种能量伽马射线强度的关系，则可根据自然伽马能谱测量得到岩石铀、钍、钾含量。

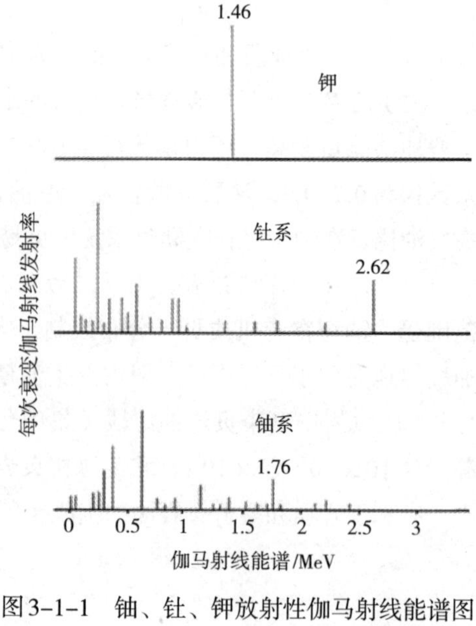

图3-1-1 铀、钍、钾放射性伽马射线能谱图

（3）*伽马射线的探测*。伽马射线是波长很短（10^{-8}~10^{-11}cm）的电磁波，能量一般在0.5~5.3MeV。当伽马光子的能量大于两个电子的静止质量能（$2m_0C^2$=1.022MeV、m_0为电子的静止质量，C为

光速）时，伽马光子可转化为一对正负电子，而伽马光子全部被吸收，这一过程叫作电子对效应；当伽马光子的能量较低，不足形成电子对，其与物质原子核外的电子发生作用，将一部分能量传给并使电子射出，伽马光子损失部分能量后被射出，这一过程称为康普顿效应；当伽马光子能量很低（0.01~0.1MeV）时，它将其能量全部转移给原子中的束缚电子，使电子脱离原子核成为一个光电子，伽马光子则被完全吸收，这一过程称为光电效应。这3种效应产生的次级电子，引起物质的原子电离和激发，一般采用闪烁计数管伽马射线探测器利用这两种物理现象来探测伽马射线。闪烁计数器由光电倍增管和NaI晶体组成（图3–1–2），它被用来探测伽马射线。当伽马射线进入NaI晶体时，从NaI晶体的原子中打出能量较高的电子，这些电子在晶体中运动又使被它们碰撞的原子激发，激发态的原子在回到稳定的基态时，就放出闪烁光即光子。这些光子射到光阴极上，发生光电效应，而产生光电子，光电子在电场的作用下趋向阳极。在到达阳极的途中，要经过聚焦电极和若干个打拿极。由聚焦电极将电子聚焦在第一个打拿极上，从打拿极上打出较入射电子多的电子来，由极性相同，电压递增的几个打拿极逐渐加快电子的速度，并从打拿极上打出数量逐级倍增的电子来，倍增后的大量电子进入阳极，形成脉冲电流，使阳极电压下降，产生电压负脉冲信号。这些脉冲信号经遥测通信短节数字化处理，与仪器的地址信息及仪器的状态信息一起形成上传数据。上传数据在一定的指令作用下经过电缆系统传送给井上的计算机，经计算机处理后形成自然伽马测井曲线。

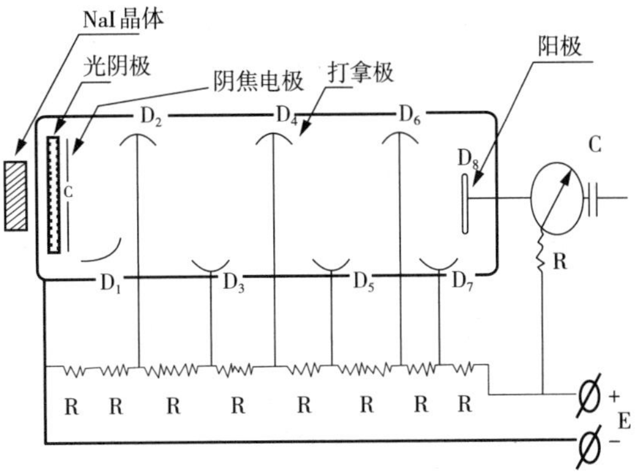

图3–1–2 闪烁计数器工作原理

自然伽马能谱测井仪的探测器部分与自然伽马测井仪的探测器基本相同，都是使用NaI晶体闪烁计数器，只是前者增加了多道脉冲幅度分析器，能分别不同幅度的脉冲数，从而得出不同能量的伽马射线能谱，用以测定铀（U）、钍（Th）、钾（K）等放射性元素。

2. 探测范围

由于地层和泥浆对伽马射线的吸收，地层中放射性元素发射的伽马射线是不能全部到达探测器、为探测器所测到的。在无限均匀地层中，探测范围是以探测器中点为球心的球体，球体半径就是探测半径。设探测范围内的地层产生总自然伽马强度的90%，则计算的探测半径小于25cm。实际上，它的大小和伽马射线能量、地层和泥浆密度有关。能量降低或密度增加，探测半径减小。

3. 测量参数

自然伽马测井是通过闪烁计数器测量伽马射线引起的电压负脉冲，形成反映地层放射性的自然伽马测井曲线（GR），其单位为API，自然伽马能谱测井测得自然伽马测井曲线外，还可以测定地层的铀、钍、钾等含量，它们的单位分别为ppm、ppm、%，同时形成无铀自然伽马测井曲线。API是美国石油学会（American Petroleum Institute）英文的简称，它是根据美国休斯敦大学建立的自然伽马刻度井来确定的，设定高放射性地层与低放射性地层读数之差为200API，作为标准刻度单位。

4. 主要用途

自然伽马测井曲线主要用于地层对比、储层划分、岩性识别、泥质含量及粒度中值计算、统一勘探开发的深度等。一般优质页岩自然伽马测井值高值，铀异常高值。

（1）地层对比。高放射性的岩石，如果在一个地区有稳定的分布，可以作为地层对比标准层，如塔里木盆地三叠系上统哈拉哈塘组的炭质泥，呈现高自然伽马、低电阻率的特征，在整个塔里木盆地都有发育，是地层对比的标志层，再如玉门油田海绿石砂岩就是典型的标准层，其特征明显，横向对比十分方便。当泥浆非导电或高矿化度、干井、下套管井，自然电位测井不能使用时，自然伽马测井是代替SP测井的最好方法。在砂泥岩剖面中，自然伽马低值一般是砂岩储层，异常半幅点即为储层界面。

（2）储层划分。在碳酸盐岩剖面中，自然伽马低值只指示岩石纯、泥质含量少，需结合较大的孔隙度和低的电阻率特征判断否为储层。当地层不含泥质以外的放射性物质时，自然伽马曲线是指示地层泥质含量的最好方法，地层的自然伽马异常随泥质含量增加而减小，可用自然伽马异常计算地层泥质含量。

（3）粒度与泥质含量计算。自然伽马测井曲线的变化与粒度中值曲线的变化有较好的对应性，有些油田统计两者的相关系数很高。这是因为砂岩粒径大小与沉积环境、沉积速度及颗粒吸附放射性物质的能力有关，颗粒愈细，沉积愈慢，吸附放射性愈强，黏土矿物本身还有自然放射性。

（4）岩性识别。沉积岩的自然伽马放射性一般低于岩浆岩和变质岩。沉积岩一般不含放射性矿物，岩浆岩及变质岩则含有较多的放射性矿物，如长石和云母含有地层中大部分钾，其中$_{19}K^{40}$有放射性，而长石占岩浆岩矿物59%，云母占4%；角闪石及辉石有更高的放射性，占岩浆岩矿物17%。泥质砂岩、砂质泥岩、泥岩、深海沉积的泥岩，以及钾盐层等，其自然伽马测井读数约100API以上，属于高自然放射性岩石；砂岩、石灰岩和白云岩，其自然伽马测井读数介于50~100API之间，属于中等自然放射性岩石；盐岩、煤和硬石膏的自然伽马读数一般在50API以下，属于低自然放射性岩石。无铀自然伽马更能准确反映泥质含量。砂泥岩和碳酸盐岩的铀、钍、钾含量一般随其泥质含量增加而增加，但水流作用也可造成铀含量很高。由于黏土矿物中钾、钍含量最多，铀含量低，加之砂岩或碳酸盐岩很高的铀含量同水流作用有关，与泥质含量无关，故常用无铀自然伽马计算泥质含量。

（5）沉积环境。含钍化合物难溶于水，是母岩风化产物，地层含钍量少表明其沉积环境离母岩区较远。钍铀比（Th/U）与沉积环境有关，$Th/U > 7$为陆相氧化环境；$Th/U < 2$为海相还原沉积环境；$2 < Th/U < 7$为海陆过渡沉积环境。

（6）烃源岩丰度及沉积水流分析。四价铀U^{4+}难溶于水，而六价铀U^{6+}溶于水，岩石铀含量与沉积环境或成岩后的水流作用有关，当含U^{4+}的原生铀矿物露地表时，逐渐氧化成U^{6+}，以铀酰络离子（UO_2）$^{2+}$的形式存在。后者易溶于水，小部分原地形成次生铀矿物，而大部分被地表水带入沉积盆地中央，在有机质的还原作用下及有机质、黏土等吸附作用下沉淀；还有一部分被地下水沿含水层或断裂带带到地下深处，U^{6+}在还原条件下变成U^{4+}，并沉淀下来。

二、自然电位测井

1. 测量原理

1）自然电场的产生

在早期的电阻率测井中，常发现在供电电极不供电时，仍可在井内测量到电位差，这个电位差是自然存在的，不是人工产生的，所以叫作自然电位。这种自然电位主要包括扩散电动势、扩散吸附电动势、过滤电动势等，而且常常以前两种占绝对优势。

扩散电动势。纯砂岩的地层水与井内泥浆之间（假设地层水矿化度C_w大于泥浆矿化度C_{mf}），相当于不同浓度的两种NaCl溶液呈直接接触。溶液中Cl^-和Na^+将从高浓度地层水一侧朝低浓度泥浆扩散。由于Cl^-的移动速度比Na^+快，于是扩散之后，在低浓度一侧将出现过多的Cl^-，泥浆带负电；而在高浓度一侧，则将出现移动速度慢的Na^+离子，地层水带正电。正负离子在不同浓度的溶液两方相对集中的结果，便产生了电位差。随着扩散的继续，形成的电场使原来移动速度快的Cl^-离子减慢，而使移动速度慢的Na^+加快。当溶液两侧电荷积累到一定程度，两种离子以相等的速度继续扩散，达到所谓动态平衡，于是在不同浓度的地层水和泥浆之间形成了固定电动势。这种由于溶液直接接触，并通过离子的自由扩散所形成的电动势，称为扩散电动势E_d，可由下式决定：

$$E_d = K_d \lg \frac{C_w}{C_{mf}} \tag{3-1-1}$$

式中，C_w、C_{mf}分别为地层水和泥浆的矿化度，单位为ppm；K_d为扩散电动势系数，单位为毫伏，对于NaCl溶液，在温度为18℃的情况下，根据理论计算得出的K_d为11.6mV。

当$C_w > C_{mf}$时，砂岩的自然电位测井曲线呈现出负异常；当$C_w < C_{mf}$时，砂岩的自然电位测井曲线呈现出正异常。

扩散—吸附电动势。由于黏土颗粒表面带有较多的负电荷而具有阳离子吸附能力，其吸附一部分阳离子而形成吸附层，其他一部分阳离子松散地分散在吸附层之外形成扩散层，即在岩石颗粒表面形成离子双电子层。当黏土将两种不同浓度的溶液分开时，在浓度大的一侧，黏土颗粒表面扩散层中将有更多的阳离子，而在浓度低的一侧则较少，两侧溶液出现了电位差，且浓度大的一侧电位高，使得高浓度溶液一侧扩散层中的阳离子往低浓度溶液一侧移动。这样高浓度溶液一侧的阳离子不断从溶液进入扩散层，而低浓度溶液一侧又将从扩散层中得到的阳离子离解到溶液中。如此下去，低浓度溶液一侧的阳离子将不断增多而带正电。形成电场使溶液两侧的扩散和离解达到动平衡时，便形成一稳定的电动势，称为扩散—吸附电动势E_{da}，它是阳离子被岩石颗粒表面吸附情况下，离子由高浓度向低浓度扩散作用产生。

$$E_{da} = K_{da} \lg \frac{C_w}{C_{mf}} \tag{3-1-2}$$

式中，K_{da}为扩散吸附电动势系数，mV。它只与溶液中正离子的离子价和迁移率以及溶液温度有关，对于NaCl溶液，在温度18℃时，通过计算得出K_{da}=58mV。

过滤电动势。因井控需要，一般钻时泥浆柱压力略大于地层压力，在渗透性地层（如砂岩），不同程度的有泥饼存在。泥饼颗粒表面扩散层的阳离子，在压力差的作用下，随着泥浆滤液的渗入向压力低的地层移动，地层一侧方出现了过多的阳离子而带正电，井内泥浆一侧正离子相对减少而带负电，从而产生的电动势叫过滤电动势，其计算方法如下：

$$E_f = K_f \frac{\Delta P \cdot R_{mf}}{\mu} \tag{3-1-3}$$

式中，K_f为过滤电动势系数，mV；E_f为过滤电动势，mV；ΔP为泥浆柱与地层压力差，atm；R_{mf}为泥浆滤液电阻率，Ω·m；μ为泥浆滤液黏度，10^3Pa·s。

2）自然电位的测量

将一个稳定电极M放入井中，另一个电极N放在地面上接地，在不存在任何人工电场的情况下，用测量电位差的仪器测量M电极相对于N电极之间的电位差，便可以进行自然电位测井［图3-1-3（a）］。实际测井中，当电极在井内连续移动时，即可测得井内自然电位沿井轴剖面的变化曲线，即自然电位曲线［图3-1-3（b）］，由于固定在地面上的N电极的电位是一个恒定值，因此，当M电极在井内移动时，所测得的M、N之间的电位差的变化，即自然电位测井曲线（SP）。

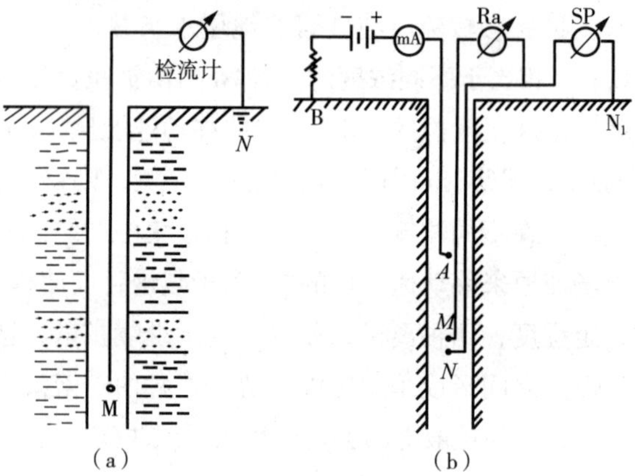

图3-1-3　自然电位测井原理示意图

2. 探测范围

自然电位是地层水、泥浆及黏土阳离子吸附能力的综合反映，因此它是泥浆与地层水矿化度交换的结果，而这种交换主要发生在侵入带，过渡带极少，因此自然电位的横向探测深度一般不超过过渡带，由于各类储层的渗透性不同，其侵入带及过渡带不尽相同，因此自然电位的横向探测深度不是某一确定值。一般其探测深度不大于50cm。

3. 测量参数

因地层水与泥浆矿化度差异、黏土阳离子吸附、泥浆柱与地层压差分别引起扩散、吸附、过滤电动势，因此自然电位测井是这三种电动势的综合反映，单位为mV。值得一提的是，自然电位测井测的是相对电位值，即井内不同深度上的自然电位与地面上某一点的固定电位值之差，而不是井中自然电位的绝对数值。因此，自然电位测井曲线图上，只用每单位格偏转所代表的毫伏数和正负方向来表示井内自然电位数值的相对高低。

4. 主要用途

自然电位可用来划分储集层、判断岩性、识别油气层、评价水淹层，计算泥质含量、估算地层水电阻率、研究沉积相。一般渗透性性好的页岩层自然电位呈现负异常。

（1）划分储集层。自然电位曲线上一切偏离泥岩基线的明显异常是孔隙性和渗透性较好的储集层的标志。一般有明显异常的地层都是储集层，而在泥岩基线上或在其附近变化的地层是非储集层，是泥岩或其他孔隙性和渗透性很差的地层，后者常称为致密层。岩性均匀、厚度较大、界面清楚的储集层，通常用SP异常幅度的半幅点（泥岩基线算起1/2幅度处）确定储集层界面。

（2）判断岩性。借助地区解释经验和其他测井曲线，在划分储集层与非储集层的基础上，依据本地岩性剖面的组成情况，可划分岩性。如简单的砂泥岩剖面，储集层是砂岩；非储集层是泥岩，甚至于泥质砂岩或砂质泥岩。

（3）识别油气层。SP异常可帮助区分油气水层，一般来说，油气层的SP异常略小于水层；岩性较纯、厚度较大的纯水层SP异常最大，下部含水饱和度明显升高的油水同层，SP异常由上往下有渐大的趋势；注入淡水水淹后的油水同层，被水淹的底部或顶部的SP异常明显小于未被水淹部分的SP异常，使该层上下部泥岩基线发生明显偏移。

（4）评价水淹层。油层被水淹后，原始地层水矿化度将会变化，加上油层内部的非均质性，大多数水淹层都具有局部水淹的特点。因此，自然电位曲线的基线会发生偏移。基线偏移的大小，主要取决于水淹前后地层水矿化度的比值。二者的比值愈大，则基线的偏移也愈大，表明油层被水淹程度也愈高。

（5）计算泥质含量。碎屑岩泥质含量增加，将使其自然电动势减小，从而使SP幅度减小。可类似自然伽马测井曲线计算方法求取地层的泥质含量。

（6）估算地层水电阻率。既然自然电位测井曲线是地层矿化度及泥浆矿化度等因素的反映，在已知泥浆矿化度的情况，可以计算地层水矿化度，进而查图版估算地层水电阻率。

（7）研究沉积相。沉积相是一个沉积单位中所有原生沉积特征的总和，它是某一特定沉积环境中的沉积作用的产物，具有该环境特有的特征。

三、井径测井

1. 测量原理

井径测井是测量井眼（或井筒）直径的一种测井，目前裸眼井使用的井径仪，一种是进行单独测量井径的张臂式井径仪，另一种就是利用密度、井壁中子、微侧向等测井时的推靠臂，在这些仪器测井同步测量井径。不论哪种井径仪，其测量原理基本相同，将井径变化转通过机械传递转变为电阻变化，进而转化为电位变化。图3–1–4为张臂式井径仪结构示意图，其主要包括受弹簧力作用而伸张的井径臂将井径臂的张缩转换成电阻变化的电位器组成。测井时，互成90°的4个井径腿便在弹簧力的作用下向外伸张，其末端紧贴井壁。随着仪器的向上提升，井径腿就会由于井径的变化而发生张缩，并带动连杆作上下运动。如果将连杆同一个电位器的滑动端相连，则井径的变化便可转换成电阻的变化。当给该滑动电阻通以一定强度的电流时，滑动电阻的某一固定端与滑动端之间的电位差将随着其间电阻值的变化而变化，测量这一电位差，便可间接反映井径的大小。

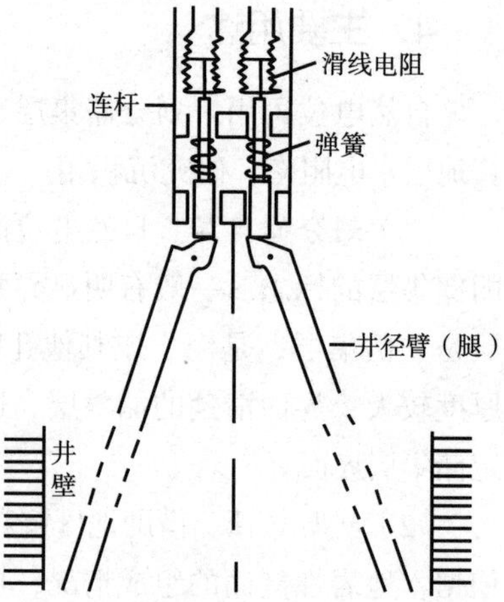

图3-1-4　张臂式井径仪结构示意图

2. 探测范围

由于其探测为井壁（筒）内侧面，谈其横向探测深度没有意义，但其测量范围一般为15.24~40.64cm，即井眼（或井筒）直径在这范围可以测量，纵向分辨率为0.1m。

3. 测量参数

井径测井的测量参数是井眼（或井筒）直径，测量时，是将记录的电位变化转化为电阻变化，进而转变为井径变化。

4. 主要用途

划分储层与岩性、计算井眼体积及井径扩大率、检查套管内壁腐蚀损伤情况。

（1）划分储层与岩性。泥岩层和某些松散的岩层，常常由于钻井时泥浆的浸泡和冲刷造成井壁坍塌，使井径大于钻头直径，出现扩径现象。在渗透性岩层，由于泥浆滤液向岩层渗透，在井壁上形成泥饼，使井径小于钻头直径，出现缩径现象。根据扩井或缩径现象可以辅助划分储层与岩性。

（2）计算井眼体积及井径扩大率。通过计算井眼体积可估算固井水泥量，通过计算井径扩大率，可以直观了解井眼的大小，为页岩油气的优化选层提供参考。在井径扩大率大的地方，固井后的水泥环较厚，一般不选这些地层射孔；在井径扩大率大的地方，密度、中子等测井资料会失真，往往要进行井眼环境校正，以消除井眼扩井的影响。

$$V = \pi \cdot H \cdot \left(\frac{\mathrm{CAL}}{2}\right)^2 \tag{3-1-4}$$

$$B = \frac{\mathrm{CAL} - \mathrm{BIT}}{\mathrm{BIT}} \times 100\% \tag{3-1-5}$$

式中，V为井眼体积，m^3；π为常数3.1415926；H为计算的井段长度，m；CAL为井眼直径，m；B为井径扩大率，%；BIT为钻头直径，m。

（3）套管检查。由于注水泥时的挤压、地层的挤压、地层流体的腐蚀、不均匀的磨损等，容易造成套管的变形、磨损或腐蚀。通过测量套管的内径，可以帮助判断这些情况。主要使用的仪器有微井径仪、磁测井井径仪、多臂井径仪等。

四、声波测井

声波测井是通过测量井壁介质的声学性质来判断井壁地层的性质及井眼工程状况的一类测井，包括声速测井、声幅测井和全波列测井，由于人能听到的声波频率为20Hz~20kHz，而声波测井的工作频率为15~30kHz，故声波测井也成为超声波测井。

1. 测量原理

地层声波速度与地层的岩性、孔隙度及孔隙流体性质等因素有关。因此，根据声波在地层中的传播速度，就可以确定地层孔隙度、岩性及孔隙流体性质。

1）岩石的声学特性

作为弹性介质的岩石，其弹性力学参数有：杨氏模量（E）为弹性体发生单位应变时弹性体产生的应力大小。其大小标志着沉积岩的刚性，杨氏模量越大，沉积岩越不容易发生形变；泊松比（σ）为弹性体在形变时横向形变和纵向形变之比，它越大，表示沉积岩的延展性越好，对于沉积岩σ介于0~0.5之间；切变模量（μ）为弹性体所受切应力与其方向上的切应变之比为，它表征材料抵抗切应变的能力；体积形变弹性模量（K）为物体体积相对变化与应力之比；拉梅系数（λ）是表征应力和应变方向一致相互垂直的2个系数。从表3-1-1可以看出不同物质的弹性参数并不相同，就决定了声波在不同物质中的传播速度并不相同。

表3-1-1 常见材料及岩石的几种弹性模量

介质	杨氏模量/10^4MPa	体积形变弹性模量/10^4MPa	切变模量/10^4MPa	拉梅系数/10^4MPa	泊松比	密度/(g/cm^3)
钢	20	17	8	11	0.30	7.7
铝	7	7.5	2.6	5.5	0.35	2.7
玻璃	7	5	3	3	0.25	约2.55
花岗岩	7	3	2	2.5	0.25	约2.67
石灰岩	5.5	3.5	2	3.5	0.20~0.32	约2.65
砂岩	4.5	3	1.5	2.5	0.23~0.28	约2.45
页岩	3	2	1	1	0.22~0.40	约2.35
煤	1.45	—	0.55	—	0.294	1.40
石膏	3.6	—	1.27	—	0.338	2.26
玄武岩	6.99	—	2.68	—	0.304	2.70

2）声波在岩石中的传播特性

弹性波在介质中的传播实质上是质点振动的依次传递，当波的传播方向和质点振动方向一致时叫纵波（P波），由于介质发生了压缩和扩张的体积形变，故纵波也叫压缩波。当波的传播方向和质点振动方向相互垂直时叫横波（S波），由于介质产生剪切形变，故横波也叫切变波。通常这两种波是同时在地层中传播的，但横波不能在液体和气体中传播。声波在弹性介质中的传播速度主要取决于介质的弹性模量和密度，纵波速度V_p及横波速度V_s分别为：

$$V_p=\sqrt{\frac{\lambda+2\mu}{\rho}}=\sqrt{\frac{E}{\rho}}\cdot\sqrt{\frac{1-\sigma}{(1+\sigma)(1-2\sigma)}} \tag{3-1-6}$$

$$V_s=\sqrt{\frac{\mu}{\rho}}=\sqrt{\frac{E}{\rho}}\cdot\sqrt{\frac{1}{2(1+\sigma)}} \tag{3-1-7}$$

由于不同矿物的弹性模量、密度及泊松比不同，所以由不同矿物组成的岩石，其声速也不同。一些常见沉积岩的纵波速度见表3–1–2。

3）滑行纵波与滑行横波

声波通过波阻抗（即声速与密度的乘积）不同的两种介质的分界面时，会发生反射和折射，并遵循光的反射及折射定律（图3–1–5），折射定律的数学表达式是：

$$\frac{\sin\alpha}{\sin\beta}=\frac{v_1}{v_2} \tag{3-1-8}$$

式中，α为入射角，(°)；β为折射角，(°)；v_1为入射波速度，m/s；v_2为折射波速度，m/s。

当v_1、v_2确定时，折射角β随入射角α的增大而增大，在$v_1<v_2$的情况下，$\beta>\alpha$。即当入射角增大到某一角度θ时，折射角可达到90°。此时，折射波将在第二介质中以v_2的速度沿界面传播，这种折射波在声波测井中叫滑行波，对应的入射角θ叫临界角。

由于泥浆不传播横波，记录的横波是PSP波，即井内发射的P波，在井壁折射形成S波，然后又折射到井内形成P波到达接收器；二纵波是PPP波。

4）声波时差的测量

声波下井仪器包括声系、电子线路和隔声体。图3–1–6为单发双收声波测井示意图，由

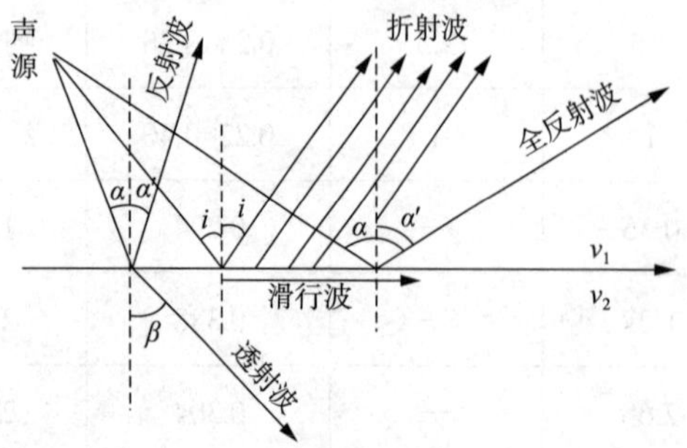

图3–1–5　声波在介质分界面上的反射及折射

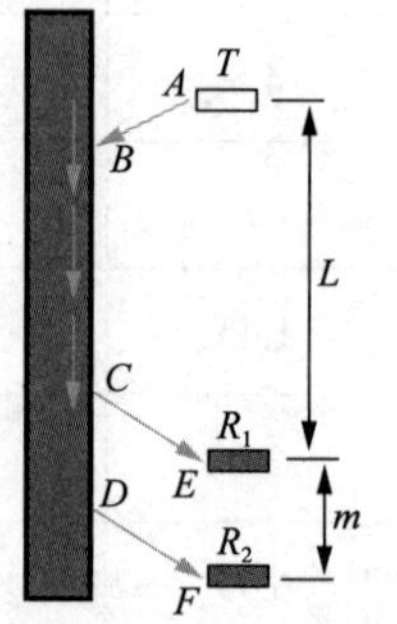

图3–1–6　声波测井示意图

一个发射换能器T和2个接收换能器R_1、R_2组成，换能器可以实现声能与电磁能的相互转换。发射器和接收器之间的距离称为源距L，2个接收器的间距为m。如果发射器在某一时刻t_0发射声波，根据几何声学理论，声波经过泥浆、地层、泥浆传播到接收器，其传播路径沿ABCE路径传播到接收换能器R_1，经ABCDF路径传播到接收换能器R_2，到达R_1和R_2的时刻分别为t_1和t_2，设泥浆中声波的速度为V_f，那么到达2个接收换能器的时间差ΔT为：

$$\Delta T = t_2 - t_1 = \left(\frac{AB}{V_f} + \frac{BC}{V_p} + \frac{CD}{V_p} + \frac{DF}{V_f}\right) - \left(\frac{AB}{V_f} + \frac{BC}{V_p} + \frac{CE}{V_f}\right) \quad (3\text{-}1\text{-}9)$$

如果设定CD=1即两接收器间距为1m，则测量的时差Δt，即为地层纵波速度的倒数。

2. 探测范围

滑行纵波是一种非均匀波，并非只沿井壁表面传播，而是在从井壁到地层内部的一定径向范围内波动，能量主要集中距分界面2~3个波长内，1个波长内聚集的能量占63%，因此声波测井的探测深度大约是一个波长，约0.2~0.3m，因此它的探测深度很浅；其纵向分辨率为0.1524m。

3. 测量参数

声波测井的测量参数是声波时差（也叫声波慢度），即速度的倒数，单位为μs/m或μs/ft。

4. 主要用途

主要用于计算孔隙度、确定岩性、判断气层和识别裂缝（周波跳跃）、检测压力异常和断层、合成地震记录，在页岩油气评价中主要用于确定矿物成分及有机碳含量。

（1）*计算孔隙度*。在固结、压实的纯地层中，地层孔隙度和声波时差存在线性关系，即威利时间公式：

$$\Delta t = (1 - \phi)\Delta t_{ma} + \phi \Delta t_f \quad (3\text{-}1\text{-}10)$$

式中，Δt为由声波时差测井值，μs/m；Δt_f为孔隙中流体的声波时差，μs/m；Δt_{ma}为岩石骨架的声波时差，μs/m。

（2）*识别岩性*。由于不同地层具有不同的声波速度，所以根据声波时差曲线可以划分不同岩性的地层（表3-1-1）。

（3）*判断气层*。油、气、水的声速不同，气和油水的声速差别很大。因此在高孔隙度和泥浆侵入不深的条件下，声波测井可以较好地确定含气疏松砂岩。

（4）*裂缝检测*。由于声波通过裂缝时，其幅度都会减小，表现在波形图上就是声波幅度减小。声波幅度衰减程度取决于波的性质（类型、频率）、裂缝倾角（水平裂缝、低角度缝、高角度缝）、裂缝张开度等因素。

（5）*异常地层压力预测*。在半对数坐标系上做泥岩时差与深度关系。在正常压力下，数据点都落在正常压实趋势线上；高压异常地层的数据点落在趋势线的右侧，时差增大；低压异常地层的时差小于正常值，数据点落在趋势线的左侧。

五、密度测井

1. 测量原理

1）康普顿效应是补偿密度测井的物理基础

自然伽马测井章节已经论述，伽马射线与物质之间发生三种作用，即伽马光子能量在0.01~0.1MeV时，发生光电效应；伽马光子能量在0.1~1.022MeV时发生康普顿效应；伽马光子能量大于1.022MeV时发生电子对效应。选用合适能量和强度的源，以及合适的源距和探测器，使伽马光子能量处于0.1~1.022MeV，促成康普顿效应占绝对优势，而光电效应和电子对效应几乎不发生。如阿特拉斯公司的密度测井仪器使用Cs^{137}伽马源，它发射能量为0.662 MeV的伽马射线。

一般说来，康普顿散射程度正比于单位体积中的电子数，即电子密度，而与物质的原子序数Z无关，电子密度可表示为：

$$\rho_e = N \cdot (Z/A) \cdot \rho_b \tag{3-1-11}$$

式中，ρ_e为电子密度，电子数/cm^3；N为阿伏伽德罗常数；Z为原子序数，一个原子中的电子数；A为质量数，核中质子和中子数之和；ρ_b为体积密度，g/cm^3。

可以认为电子密度正比于体积密度，伽马射线对物质的穿透能力是地层电子密度的函数，电子密度越高可穿透性越小，伽马射线被物质吸收为一负指数关系。

$$I = I_0 \cdot e^{-\mu_m \cdot h \cdot \rho_b} \tag{3-1-12}$$

式中，I为探测器处的辐射强度，计数/min；I_0为Cs^{137}源辐射强度，计数/min；μ_m为地层质量吸收系数，cm^{-1}；h为源距，cm；ρ_b为地层的体积密度，g/cm^3。

探测器测到的散射伽马射线强度随岩石体积密度的增高而降低。探测系统的低计数率表明密度高，反之则低。

2）岩性密度测井原理

岩性密度测井是在密度测井的基础上发展起来的，在利用康普顿效应测量地层的体积密度的基础上，利用光电效应测量光电吸收截面指数Pe。

$$P_e = \frac{10^{-3.6} \sum n_i Z_i^{4.6}}{\sum n_i Z_i} \tag{3-1-13}$$

式中，P_e为光电吸收截面指数，b/e；n_i为第i种原子的个数；Z_i为第种i原子的原子序数。由表3-1-2可知，不同物质的光电吸收截面指数不同，因此可以利用岩性密度测井识别岩性。

表3-1-2　几种常见岩石、矿物和流体参数表

物质	声波时差/（μs/m）	体积密度/（g/cm^3）	补偿中子/p.u	光电吸收截面指数/（b/e）
白云岩	143	2.87	1~3	3.14

续表

物质	声波时差/(μs/m)	体积密度/(g/cm³)	补偿中子/p.u	光电吸收截面指数/(b/e)
石灰岩	156	2.71	0	5.08
砂岩	182	2.65	−2~−4	1.81
硬石膏	177	2.98	−0.7	5.06
石膏	174	2.33	57.6	3.99
盐岩	220	2.03	−1.8	4.65
高岭石	695	2.61	45.1	1.49
重晶石	226	4.09	0.20	266.8
黄铁矿	125	5.00	−1.9	16.97
淡水	620	1.0	100	0.36
盐水	610	约1.1	100	−

2. 探测范围

横向探测深度17.8cm，主要探测范围为冲洗带；纵向分辨率为0.381m。

3. 测量参数

主要是测得地层的体积密度及吸收截面指数。由于该种测井贴井壁测量，受井眼影响较大；井内为重晶石泥浆，且重晶石含量较高时，对密度曲线影响较大，曲线数值会部分失真。

4. 主要用途

计算矿物成分和地层孔隙度、确定岩性、识别气体和裂缝。页岩油气层测井识别中主要计算各种矿物含量、求取孔隙度及有机碳含量。

（1）计算孔隙度。基于岩石物理体积物理模型，根据最为简单砂岩的密度测井响应方程，可以求取地层孔隙度。雷同的，可以通过建立含泥质、油气的密度响应方程来求取复杂储层的孔隙度，以消除泥质及油气对孔隙度的影响。

$$\rho = (1-\phi)\cdot\rho_{ma}\cdot\phi\cdot\rho_f \quad (3\text{-}1\text{-}14)$$

（2）确定岩性。根据体积密度值及岩石吸收截面指数可以快速准确识别各种岩性；也可和声波时差、中子测井相结合，确定地层的矿物组分、孔隙度等。

（3）识别裂缝和气层。如果地层裂缝发育，则体积密度应有相对降低的显示，而$\Delta\rho$有明显的正校正量；如果是重晶石泥浆，而且重晶石含量较多，则Pe曲线会在裂缝处出现局部的高异常。由于相对于沉积岩，天然气有很低的密度值，在气层上密度测井数值一般很低。

六、中子测井

1. 测量原理

（1）热中子与超热中子。中子（$_0n^1$）是质量数为1，不带电的中性微粒，按其能量分为高能中子（能量大于10MeV）、快中子（能量在0.01~10MeV）、中能中子（能量在100~0.01MeV）、慢中子（能量在0.03~100eV），其中慢中子包括超热中子（能量约为1eV）、热中子（能量为0.025eV）。

（2）含氢指数。单位体积物质的氢核数与同体积淡水氢核数的比值称为该物质的含氢指数，用HI表示。按此规定，淡水（纯水）含氢指数为1；对分子式为CH_m（相对分子量为$12+m$），密度为ρ_h的烃，其含氢指数为$12m\rho_h/(12+m)$；若盐水密度为ρ_w，C为盐水的浓度，则盐水的含氢指数为ρ_w（1–C），矿化度的增大，盐水的含氢指数减小。热中子或超热中子计数率决定于地层减速能力，主要决定于地层含氢量。地层中各矿物成分不含氢，氢基本分布在岩石孔隙的流体中，即水和油气中。因此，热中子或超热中子计数率直接与地层孔隙度和孔隙流体性质有关，为了寻求地层含氢量与地层孔隙度的关系，在中子孔隙度测井中引进了含氢指数的概念。

（3）热中子测量。中子源向地层发出中子，在源的周围形成超热中子，超热中子向地层进一步减速，最后扩散变为热中子。在均匀无限大介质中，距离点状快中子源r处的热中子通量$\phi_t(r)$，由中子扩散方程的双组扩散法解出：

$$\phi_t(r) = \frac{Q \cdot L_t^2}{4\pi D_t (L_e^2 - L_t^2)} \left(\frac{e^{-\frac{r}{L_e}}}{r} - \frac{e^{-\frac{r}{L_t}}}{r} \right) \qquad (3\text{–}1\text{–}15)$$

式中，Q为源强，Ci；L_t为热中子扩散长度，m；D_t为热中子扩散系数，常数；L_e为快中子减速为超热中子的减速长度，取决于介质的含氢指数。

从上式可见，热中子通量的空间分布不仅取决于地层的减速特性（L_e），而且也与俘获特性（D_t、L_t）有关。当下井仪器在井内取居中或仪器偏心状态时，对于单探测器，井眼影响比较大，为了补偿井眼影响采用双源距。由于热中子的扩散长度L_t比快中子的减速长度小，所以当源距r足够大时，含有L_t的指数项与含有L_e的指数项相比可以忽略，则双探测器的热中子计数率比值为：

$$\frac{N_t(r_1)}{N_t(r_2)} = \frac{r_2}{r_1} e^{-\frac{r_1 - r_2}{L_e}} \qquad (3\text{–}1\text{–}16)$$

该式表明，当源距r_1、r_2选定后，计数率比值近似之与减速长度L_e有关，而地层的减速长度主要取决于含氢指数（孔隙度）。热中子在扩散过程中，主要受地层的含氢指数（含氢量）影响，含氢指数越高，热中子扩散的长度越短、热中子的密度就越小，中子探测器的计数率就越低，反映的孔隙度越大。根据这一原理，通过刻度、转换，就可以通过中子测井测量地层的孔隙度。补偿中子测井是双源距热中子测井，它探测热中子，所以也称为热中子测井。

2. 探测范围

补偿中子探测深度约为22.8cm，主要探测范围为冲洗带；纵向分辨率为0.685m，单位为p.u。

3. 测量参数

中子测井测量地层对中子的减速能力，通过地层含氢量的关联测井地层孔隙度。由于贴井壁测量,受井眼影响较大；同时，泥质及流体性质对其影响较大。

4. 主要用途

类同密度测井，中子测井资料可以判断岩性、计算孔隙度、识别气层、确定泥质含量。在页岩油气层测井识别中主要计算各种矿物含量、求取孔隙度及有机碳含量。值得一提的是，对于气层中子存在挖掘效应，即与饱含淡水的地层相比，地层含有天然气时（含氢指数远小于1），一部分孔隙空间的水被气代替，不仅含氢指数减小，而且还会造成岩石对快中子的减速能力减小，即天然气使孔隙度中含氢指数减小并对快中子的减速能力比淡水小，相等于挖掘了一定体积的骨架，生成了一个负的含氢指数附加值，这一效应称为挖掘效应。对于含气地层如不考虑“挖掘”效应,则求得的孔隙度值将偏低,求得的冲洗带饱和度将偏高。利用这一点很容易识别气层。

七、感应电阻率测井

1. 测量原理

感应测井的基础理论为电磁感应理论和趋肤效应几何因子理论，其原理如图3-1-7所示。振荡器提供20kHz正弦波交变电流I_T。一方面，当发射线圈T中通有恒定的交流电流时，通过电磁感应的作用，在接收线圈R中将产生一个感应电动势V_x。该电动势和发射电流的频率相同，而相位滞后90°。V_x的大小与互感系数及发射电流强度有关，与地层电阻率没关系，因此在感应测井中，V_x叫作无用信号。另一方面，发射线圈中的交变电流I_T，将在其周围形成一个交变电磁场Φ_1。在交变电磁场的作用下，在均匀各向同性的导电介质中，将形成以井轴为中心的涡流电流I_L。由于I_L也是交变的，因此它也可以形成一个交变电磁场Φ_2。该二次交变电磁场作用到接受线圈R，就可以产生与地层电导率有关的感应电动势V_R，V_R叫作有用信号。

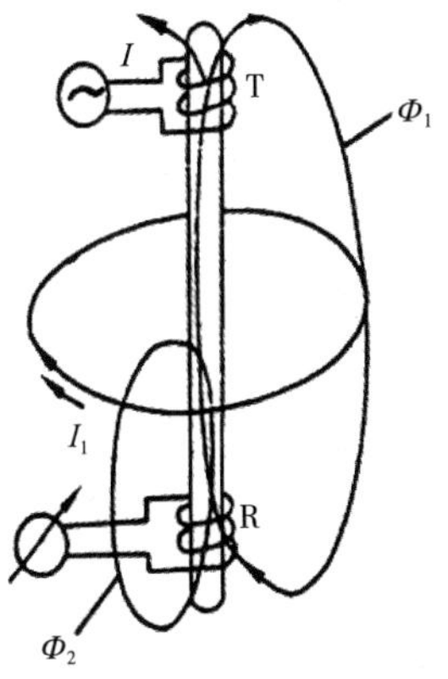

图3-1-7 感应测井原理图

2. 探测范围

深感应探测深度为1.63m，可以测得原状地层电阻率；中感应探测深度为0.81m，探测的是过渡带电阻率；而八侧向探测深度为0.24m，主要反映的是冲洗带电阻率。纵向分辨率为1.3m。

3. 测量参数

感应测井测量地层电导率。发射线圈形成的电磁场在地层中产生环井眼感应电流（涡流），涡流形成二次电磁场，在接收线圈中产生感应信号，其大小与地层电导率成正比。影响因素有泥浆电阻率、地层水矿化度、孔隙结构、渗透性、层厚、测井时间、井眼。

4. 主要用途

获得地层电阻率、计算含油饱和度、对比地层、判别油气、水层。页岩油气层识别和评价中重要用于识别优质页岩、计算饱和度、有机碳含量等。

八、侧向电阻率测井

1. 测量原理

双侧向测井是在三侧向和七侧向测井的基础上发展起来的，具有较好的聚焦特性，并可以同时测量深、浅两种探测深度的电阻率曲线。双侧向的电极系如图3-1-8所示。双侧向电极系有9个电极。主电极A_0位于中央，在A_0上下对称排列4对电极，每对电极分别用短路线连接。电极M_1、M'_1和N_1、N'_1为两对监督电极，电极A_1、A'_1和A_2、A'_2为两对聚焦电极（也称屏蔽电极）。深侧向的回流电极B和测量参考电极N在“无限远处”。进行深探测时，屏蔽电极A_1与A_2（A'_1和A'_2）保持等电位，屏流I_1与主电流I_0为同极性。由于屏蔽电极A_2、A'_2较长，加强了屏流对主电流的聚焦作用，因此主电流层进入地层深处后才逐渐发散。由于探测深度深，它所测的视电阻率接近地层的真电阻率。进行浅探测时，电极A_2、A'_2起回路电极的作用，即电极A_1与A_2（A'_1和A'_2）为反极性，削弱了屏流对主电流的聚焦作用，主电流层进入地层不远的地方就发散了。由于探测深度浅，所测得的视电阻率受侵入带的影响较大。

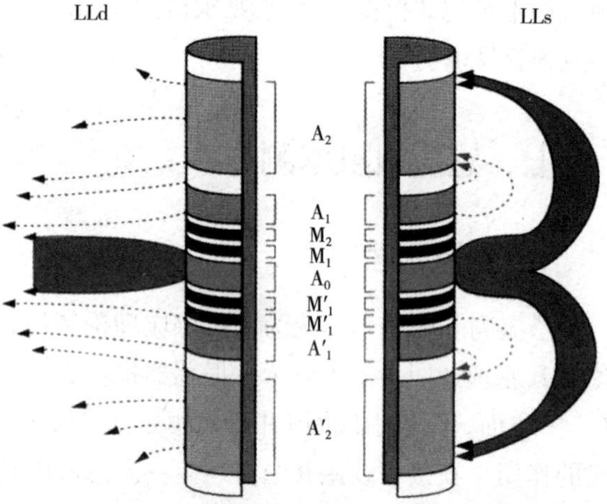

图3-1-8　深浅双侧向电极系及电流线分布

2. 探测范围

深侧向探测深度为1.5~2.1m，可以测得原状地层电阻率；浅侧向探测深度为0.6~0.9m，只能测量过渡带电阻率；而微球探测深度为0.03~0.1m，只能测量冲洗带的电阻率。双侧向纵向分辨率为0.61m，测量范围为0.2~2000Ω.m，甚至更高，适合于高阻地层测量。

3. 测量参数

侧向测量地层的电阻率。在屏蔽电极的作用下，主电流依次经过泥浆、侵入带、过渡带、原状地层（串联）。其大小与地层电阻率成正比。

4. 主要用途

获得地层电阻率，含油饱和度计算、地层对比、油气水判别。影响因素：泥浆电阻率、地层水矿化度、孔隙结构、渗透性、层厚、测井时间、井眼。

电阻率测井作为测井识别油气层的重要手段，有必要介绍钻时泥浆侵入对电阻率的影响及各类储层被侵入后的电阻率响应特征。钻井过程中，泥浆侵入渗透性储集层是一种常见现象，而这种侵入又是一个复杂的物理过程，它涉及泥浆的滤失性质(静、动滤失与泥饼渗透率)、井液柱与地层的压力差、油水相渗透率、钻井液滤液与地层水的密度差和矿化度差以及钻井液浸泡地层的时间等因素。

泥浆的侵入，在储集层的径向上产生了几个特殊区带（图3-1-9）。①泥饼（R_m）：在不断地渗透过程中，泥浆中的固体颗粒逐渐在井壁沉淀下来形成泥饼，其厚度约0.5~2.5cm，因泥饼渗透性很差，一旦泥饼形成，可认为泥浆径向侵入停止，而后油气水按重力分异进行纵向的渗滤作用。②冲洗带：为井壁附近受到泥浆滤液强烈冲刷的部分，其径向厚度约10~50cm，冲洗带的电阻率（R_{xo}）比较均匀。③过渡带：冲洗带后面的地层。④原状地层：未侵入地层，其电阻率为R_t。而一般说的侵入带包括冲洗带和过渡带，其外径用侵入带直径D_i表示。D_i大小取决于地层的孔隙度和渗透率、泥浆性能、泥浆柱压力和地层压力之差，以及地层被钻开后所经历的时间。

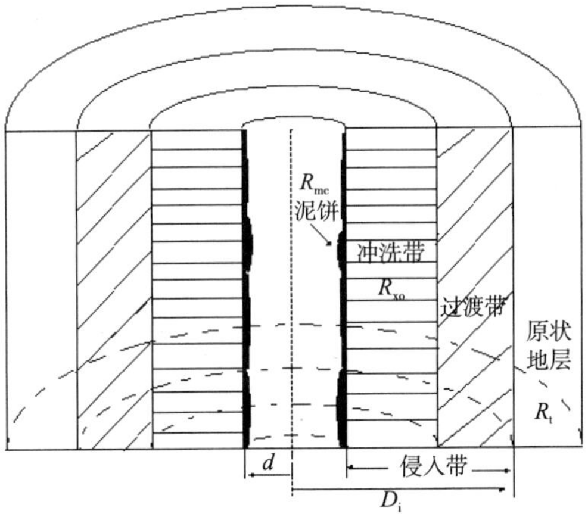

图3-1-9　储集层侵入特征示意图

根据R_{xo}与R_t的大小关系，可把储集层的侵入特性分为高侵、低侵和无侵入三种情况。

（1）高侵剖面：R_{xo}明显大于R_t，称为泥浆高侵，高侵地层电阻率的径向变化成为高侵剖面。一般在泥浆滤液电阻率大于地层水电阻率（$R_{mf}>R_w$）时，发生泥浆高侵［图3-1-10（a）］。

（2）低侵剖面：R_{xo}明显低于R_t，称储集层受泥浆的侵入由强到弱的过渡部分，其电阻率由$R_{xo}\rightarrow R_t$。假设泥饼一经形成，泥浆侵入

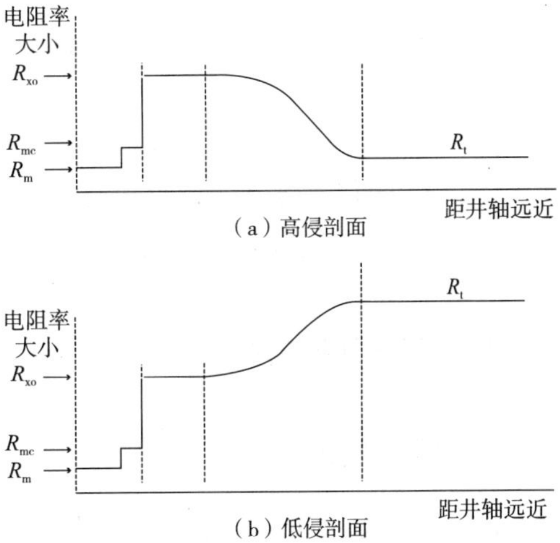

图3-1-10　储集层高/低侵示意图

就基本停止，而单位厚度地层上形成一定厚度的泥饼所需要的泥浆滤液量是一定的，那么，地层孔隙度和渗透率愈低，泥浆侵入愈深，D_i越大。为泥浆低侵，低侵地层电阻率的径向变化成为低侵剖面。一般在泥浆滤液电阻率小于地层水电阻率（$R_{mf}<R_w$）时，发生泥浆低侵［图3-1-10（b）］。

中（高）渗油层的侵入特征：①泥饼形成前：以泥浆滤液的径向渗滤为主，电阻率径向特性曲线与低侵剖面相似。但因处于径向渗滤过程中，冲洗带和过渡带的径向厚度将逐渐扩大，直到泥饼形成［图3-1-11（a）］。②泥饼形成时：在轻质油层中，由于油的相对渗透率大于地层水，在滤液的径向渗滤过程中，油会被排挤得更快些，以致会在未侵入带之前形成一个地层水饱和度相对较高的环形空间，其电阻率比R_{xo}、R_t都低，即出现一个低阻环带。原生地层水饱和度低，即含油饱和度高，低阻环带比较明显。同时泥饼的形成使泥浆侵入速度迅速降低，泥浆滤液由径向渗滤转为纵向渗滤。在纵向渗滤中，滤液将向下移动，可动油向上去替代它们，这就可能在前述低阻环带之前形成一个含油饱和度相对高、地层水较少、滤液较多的环带，即高阻环带［图3-1-11（b）］。③纵向渗滤期间：最厚泥饼形成后，径向渗滤几乎完全转为纵向渗滤。侵入带中的滤液和低阻环带中的地层水都向下移动，可动油将代替它们，以致低阻环带逐渐消失，冲洗带范围逐渐缩小，而高阻环带将向冲洗带方向扩大，直到最后达到平衡［图3-1-11（c）］。④固井以后：井眼周围所有可以移动的地层水和滤液将继续向下、往油水接触面分散，可动油向上代替它们，并逐渐恢复到泥浆侵入前的状态，但这时的水不是原始的地层水，而是它与滤液的混合物。

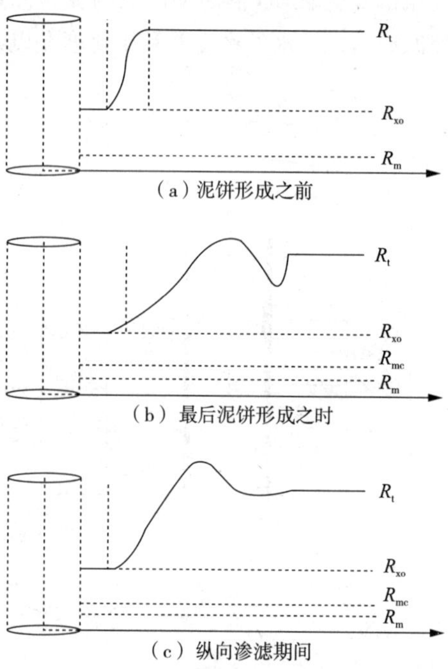

（a）泥饼形成之前

（b）最后泥饼形成之时

（c）纵向渗滤期间

图3-1-11　中（高）渗油层侵入剖面随时间变化

由于泥浆的侵入，改变了井壁周围地层流体的饱和度和矿化度，使得深感应电阻率测井由于受其影响而不能准确反映出地层的真电阻率，尤其是盐水泥浆侵入，对电阻率测井的影响更为严重，这无疑增加了测井评价油气水的难度。

九、地层倾角测井

1. 测量原理

1956年斯仑贝谢公司在连续地层倾角测井仪器CDM-T的基础上增加了连续井斜测量，1963年发展成四臂地层倾角测井仪器（HDT），20世纪80年代开始使用高分辨率地层倾角测井仪（SHDT），90年代推出成像测井仪。目前使用的仪器主要有：斯伦贝谢公司的HDT、SHDT、FMI，哈里伯顿公司的SED、EMI、XRMI，阿特拉斯公司的HDIP、STAR等。不同的地层倾角仪器可能结构略有不同，但其测量原理基本相同。测井过程中，液压系统使极板紧贴井壁，极板和测量电极向地层发射同极性的电流，电流通过井筒内钻井液柱及地层回到仪器上部的回路电极。极板测量电极电位是恒定的，回路电极距离供电电极较近，测量电极的电流主要反映井壁附近地层电阻率的大小。

要测量地层的倾角和方位角，即地层层面在空间的位置，至少需要三个以上空间点的坐标，通过计算就可以求出地层倾角和倾斜方位角，当为斜井时，要进行井斜角和井斜方位角的校正。四臂倾角测井仪的测井信息包括：①四条微电导率曲线：四臂倾角测井仪有四个贴井壁的极板，每个极板上有一个微电极，可以测出四条微电导率曲线。②两条井径曲线：四个贴井壁的极板，在测得四条微电导率曲线的同时，可以测得四条井眼半径，生成两条井径曲线。③1号极板方位角曲线：用磁针罗盘测量1号极板相对磁北极得到方位角。④井斜角：井轴铅垂线之间的夹角。⑤井斜方位角：1号极板开始逆时针方向到井斜方向的角度，称之为相对方位角。

2. 探测范围

电阻率测量范围在0.1~1000Ω·m间，横向探测深度可达到冲洗带；井径测量范围在11.43~53.34cm，探测深度无意义。两者的纵向分辨率为0.76cm。

3. 测量参数

地层倾角测井提供微电阻率、井径、井斜、井斜方位等曲线数据来计算地层的倾角和倾斜方位。比如SHDT地层倾角仪，互相垂直联动的4个极板提供2条井径曲线，极板上8个测量电极测量8条微电导率曲线，1#和2#极板上的校速电极提供2条校速曲线，三轴加速度计和磁力数据计算DEV（井斜角）、AZIM（井斜方位角）、P1AZ（1号极板方位角）、RB（1号极板相对方位角）等曲线，并进行加速度校正。仪器还提供电缆张力、自动调节的测量电流和电压信号等数据。

4. 主要用途

地层倾角测井是一种用来测量地层倾角和倾斜方位角的测井方法，其测井信息可以用来研究构造、沉积、裂缝及地应力等方面的问题，对油气田勘探、开发具有重要作用。

（1）倾角基本矢量模式及对应地质体指示。地层倾角矢量点有4种基本模式，即红模式、蓝模式、黄模式、绿模式（图3-1-12）。红模式为地层倾角随深度增加而增大、倾斜方位角大体一致的一组矢量，是由沉积在斜坡表面的沉积物或由倾斜发生变化的沉积岩形成，大都由下倾方向地层增厚所致。蓝模式为地层倾角随深度增加而减小、倾斜方位角大体一致的一组矢量，主要是由前积层上的地层产生，指示沉积期水流方向。黄模式为地层倾角和倾斜方位角随机变化的一组矢量，也称为乱模式，是高能环境中的沉积物所形成，如浅水区、生物扰动、断层破碎带等。绿式为地层倾角和倾斜方位角随深度增加相对稳定的一组矢量，由平行

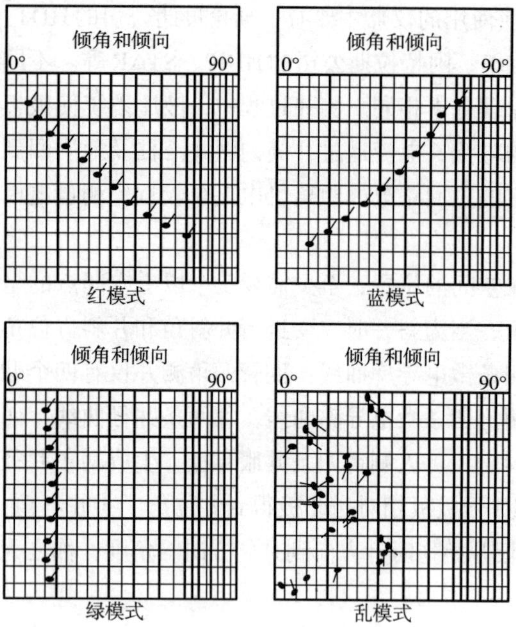

图3–1–12　倾角基本矢量模式图

交互层或水平地层构造抬升后所致。

（2）地层倾角测井资料在地质构造方面的应用。地层倾角测井最基本、最重要的应用就是计算地层产状，了解地层在空间产出的状态和方位，确定构造位置的高低，修正完善构造，为新井部署提供依据。根据地层对比及地层倾角处理结果，结合区域构造特征综合分析，可以研究判断井段内是否有断层、地层是否倒转和其他细微的构造变化，恢复井周构造形态，进而指导生产。

（3）地层倾角测井资料在沉积方面的应用。利用古水流方向可以分析砂体的加厚及展布方向，沿着砂体走向部署钻井井位可以提高钻井成功率。层理是沉积岩最典型、最重要的特征之一，是沉积物沉积时水动力条件的直接反映和沉积环境的重要标志。地层倾角资料沉积处理后，消除了叠加在纹层上的构造倾角，可以进行层理构造的分析，倾角矢量的角度反映了水运力能量，蓝模式指示水流方向。如图3–1–13所示，自然电位曲线和地层倾角沉积倾角矢量成果显示，砂层楔状交错层理发育，沉积时水动力条件较高，水流方向在频繁变化，进而可综合其他资料分析其沉积环境。

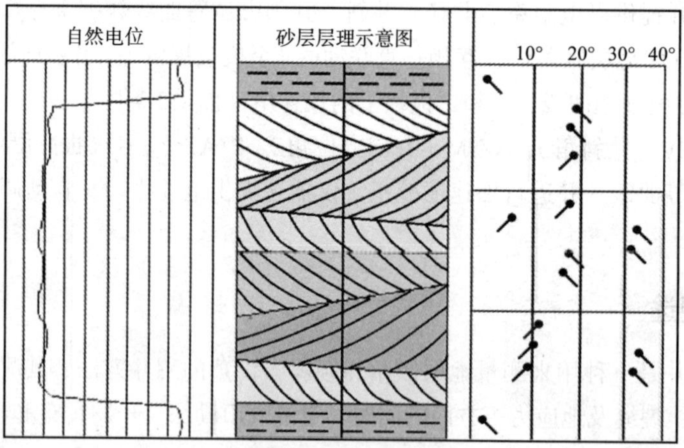

图3–1–13　地层倾角资料分析沉积层理

（4）工程方面的应用。最大水平地应力方向和区域裂缝走向关系密切，可以为定向射孔压裂、注采井网的合理部署等工程提供依据。钻井中应力崩塌形成的椭圆井眼通常是由切向正应力作用于井壁形成的，椭圆井眼的长轴方向为最小应力方向，井眼表面上有拉应力，径向拉伸破坏岩石，造成在最大水平主应力方向上形成钻井诱导缝。可以利用地层倾角的双井径曲线确定椭圆井眼的短轴方向和钻井诱导缝走向，进而确定现今水平主应力的方向。

第二节 成像测井系列

一、微电阻率扫描成像测井

1. 测量原理

微电阻率成像测井是一种高分辨率的电阻率测井仪器，电成像测井仪器EMI（Electronic Micro Imaging）为哈里伯顿公司研制的井壁微电阻率扫描成像测井仪，有六个极板，每个极板有25个电极（图3–2–1），测井仪共装有150个微电极。测量时，极板被推靠在井壁岩石上，由地面仪器车控制向地层中发射电流，每个电极所发射的电流强度随其推靠的岩石及井壁条件的不同而变化。记录的每个电极的电流强度及所施加电压反映了井壁四周微电阻率的变化。密集的采样数据经一系列校正处理，如深度校正、加速度校正、均衡处理等，则可以形成用彩色或灰度所反映出来的电阻率图像，图像的颜色代表着电阻率的高低，一般采用电阻率越低，颜色越暗的成像显示，但成像颜色不反映岩石的真实颜色。成像色彩的细微变化可说明岩性和物性的变化，如在砂泥岩剖面，一般颜色亮者反映砂岩含量较大，而颜色越暗，反映泥质含量越大。在20.32cm的井眼中，图像对井壁的覆盖率为60%，为一以北方向为基准的、0~360° 展开的图形。由于具有较高的周向和垂向分辨率（均为0.51cm），因此，利用该成像图可对井周地层进行精细的描述（包括对层理、岩性、裂缝、孔洞及井眼状况进行描述），从而进行构造、裂缝发育程度及地应力等丰富地质信息的分析。

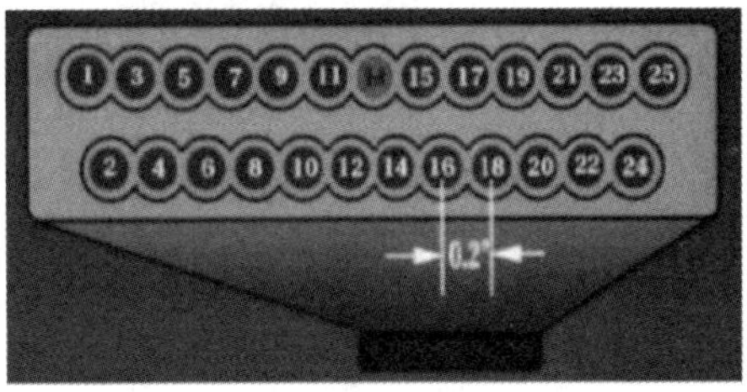

图3–2–1 电成像极板结构示意图

2. 探测范围

微电阻率的探测深度取决于地层的渗流特性，一般不超过侵入带，测井范围在0.2~10000Ω·m；方位测量范围在0~360°，井斜角测量范围在0~90°，井径测量范围在6~21in；对于方位、倾角及井径来说，其探测深度没有意义。

3. 测量参数

主要测量参数是150条微电阻率测井曲线、三条井径曲线（C_{14}、C_{25}、C_{36}），其他辅助测量参数有自然伽马测井曲线（GR）、相对方位（RB）、井斜角（DEV）、一号极板方位（AZI1）。

4. 主要用途

利用电成像测井资料可以进行裂缝识别与定量评价、地层产状与断层分析、地应力评价和岩性识别。

（1）裂缝的有效识别。通过对天然裂缝与各种伪裂缝（诱导缝、层理、断层、缝合线等）的比较，得出天然裂缝与各种伪裂缝的电成像测井响应特征，通过“去伪存真”可有效识别裂缝。图3–2–2为利用电成像测井资料识别出的高导天然缝与高阻充填缝。

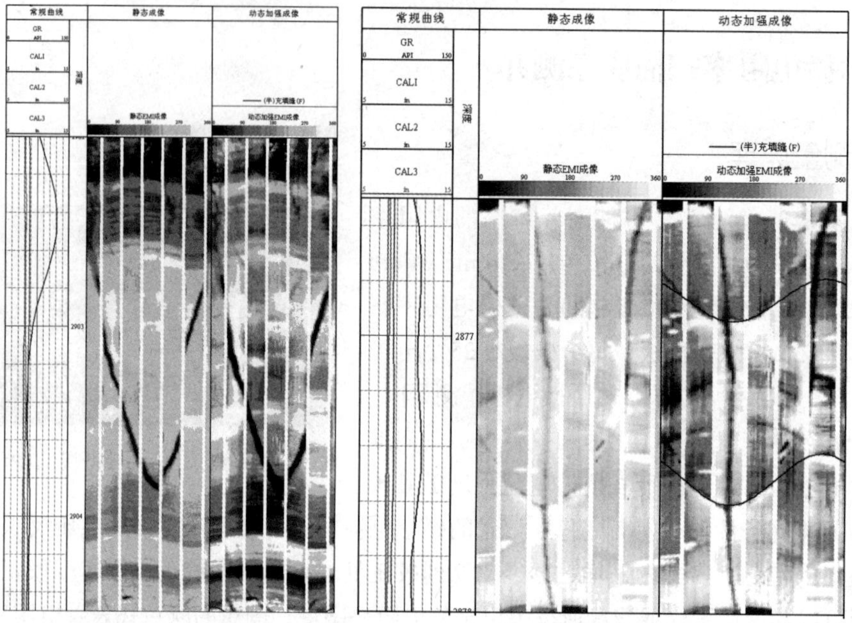

图3–2–2　高导缝（左图）、高阻缝（右图）电成像特征（W77–3）

（2）裂缝参数的定量评价。电成像测井资料可定量评价储层裂缝参数，如裂缝产状、裂缝发育程度、裂缝视孔隙度、裂缝走向、裂缝的有效性等。对于裂缝性油藏的勘探开发来说，准确评价这些参数至关重要。

（3）地层产状评价。电成像测井是通过提取层理产状来评价地层产状，进而根据地层产状变化情况分析井旁构造，因此对地层产状评价是进行井旁构造分析的基础。电成像图上断层处有地层错动，这一点与裂缝有明显差别。图3–2–3是文23–40井三叠系地层的电成像图，图中在3190.2m有一正断层，断层面十分规则，断层面的倾角为80°、倾斜方位为40°、断距为1.1m。利用电成像测井资料可准确确定三叠系顶界面并指示其顶部剥蚀面厚度，从而解决了长期以来沙四下“红层”与中生界地层划分不清的问题。图3–2–4给出了利用电成像蝌蚪图识别中生界顶与沙四底剥蚀面的一个实例

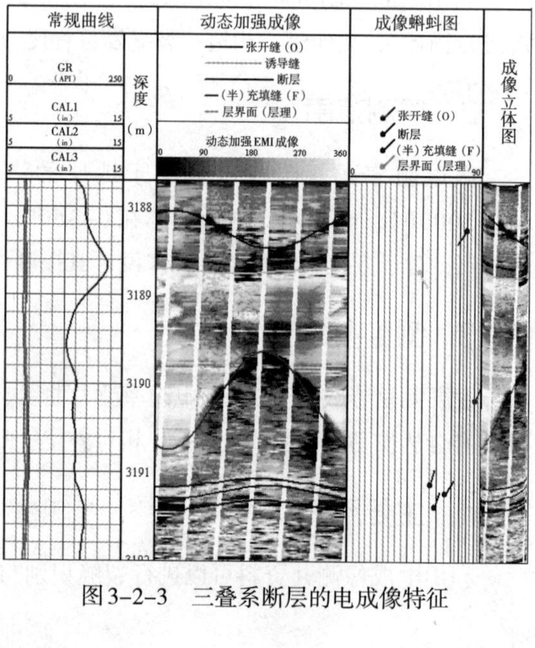

图3–2–3　三叠系断层的电成像特征

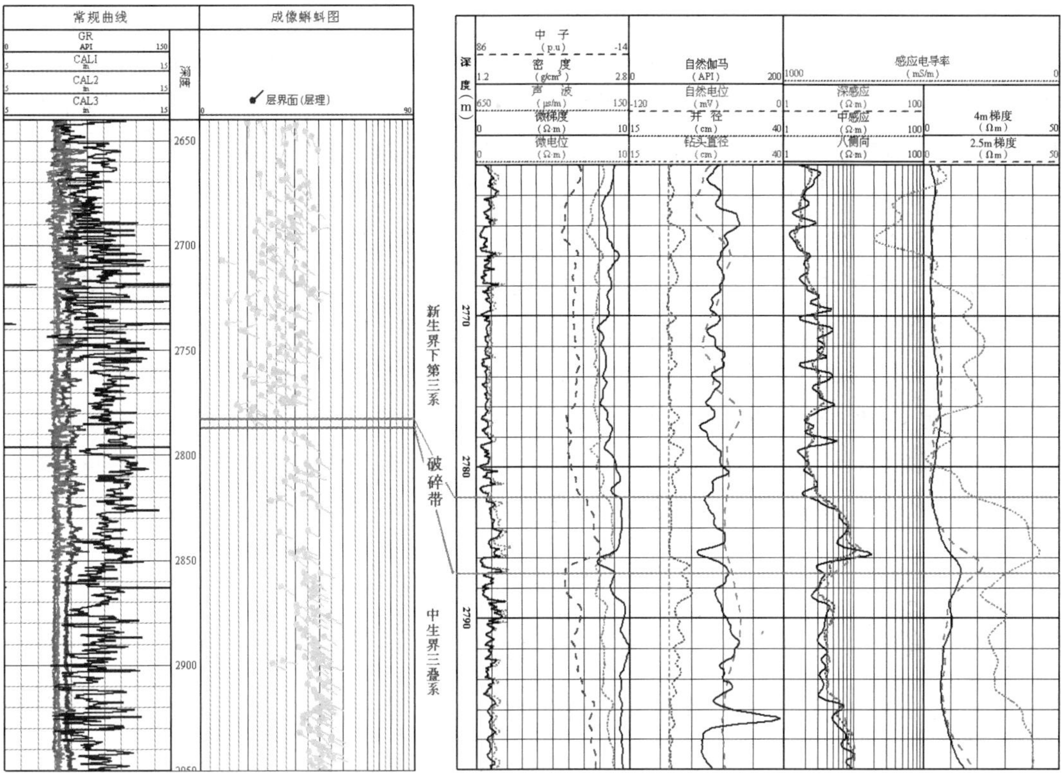

图3-2-4 电成像测井资料识别三叠系顶部剥蚀面

（W77-3井），图中左为电成像蝌蚪图，从中可看出：在2782.0~2787.0m井段为一明显破碎带，具体表现为蝌蚪点零碎而无序；在破碎带的上下，地层产状发生明显变化，该井表现为破碎带以下地层倾角明显比破碎带以上变大、而地层的倾向基本不变。

（4）地应力分析。钻井中应力崩塌形成的椭圆井眼通常是由切向应力作用于井壁形成，切向应力的最大值出现在最小主应力方向上，在这一方向上最易引起应力崩塌造成椭圆井眼，椭圆井眼的长轴方向为最小水平主应力方向，其垂向则代表地层最大水平主应力方向；另一方面，在切向应力的最小值方向上，由于井眼表面有拉应力的存在，可发生径向拉伸破坏，从而在该方向上产生走向为最大水平主应力方向的钻井诱导缝。

（5）岩性识别。如砾石在电成像图上表现为椭圆亮斑。砾石一般指示高能沉积环境（如浊流），因此借助电成像资料可对三叠系的沉积环境进行分析。

二、核磁共振测井

1. 测量原理

核磁共振测井是利用地层中的氢核在外加磁场中会发生共振这一物理现象来探测地层中氢核的含量。目前核磁共振测井主要利用氢核的横向弛豫特性，对于地层孔隙来说，处于大孔隙中的氢核有较长的横向弛豫时间T_2，处于小孔隙中的氢核具有较短的横向弛豫时间，因此弛豫时间的长短也就反映了地层孔隙的大小。具体实现是先用外加静磁场对地层进行极化，之后再施加一个交变的脉冲序列（交变磁场），在扳转90° 方向上多次采集被极化的核子弛豫过程中的信号（称为回波串）。采集的首波信号的大小与地层孔隙中氢核的含量成正比。MRIL-P型核磁测井的PR组测量采用0.6ms的回波间隔，用来探测黏土中氢的含量，所以MRIL-P型仪器可以测量到地层的总孔隙度。运用信号处理技术将所采集的回波串转换为T_2分布谱，该谱也就反映了地层孔隙大小的分布，T_2分布谱的包络面积为核磁共振测井所测得的地层的孔隙度的大小，假定存在某一弛豫时间，称为T_2截止值，假设大于这个截止值的孔隙流体全部可动，这样小于该截止值的T_2分布区域面积对应为束缚流体的体积，大于该截止值的T_2分布区域面积等于自由流体的体积。横向弛豫时间T_2由体积弛豫、表面弛豫及扩散弛豫等三部分组成。由于油气水的弛豫特征不同（表3-2-1），在亲水岩石中，油以体积弛豫为主并受扩散弛豫影响，气体主要表现为扩散弛豫，水则表现为表面弛豫，因此不同流体具有不同的核磁共振特征参数，利用这些差异性可有效地识别油气、水层。

表3-2-1　不同流体的核磁共振特征参数

流体类型	T_1/ms	T_2/ms	含氢指数	D/（$10^{-5}cm^3/s$）	$D\cdot T_1/cm^3$
盐水	1~500	0.67~200	1	7.7	0.0077~4.0
油	5000	460	1	7.9	40
天然气	4400	40	0.38	100	440

MRIL-P核磁共振测井是当今最先进的核磁共振测井，它采用九个不同频率测量，一次下井，可得到不同等待时间和不同回波间隔的五组回波信号，大大缩短了测井时间，提高了测井效率。另外，MRIL-P型核磁仪采用定位切片观测，探测区域是一个预先知道的固定形状，井眼、泥饼等区域，只要不在这个固定区域内，就不会对观测结果产生影响。其测得信号与岩性无关，因而在孔隙（结构）分析、油干界限有效性划分等方面有其他测井系列无法比拟的优势，尤其在储层流体性质识别方面，核磁共振测井是公认的有效手段之一。对于不同地区、不同沉积环境下的地层，T_2截止值不同，它是通过岩芯实验的方法来得到的，通常砂岩采用33ms。

2. 探测范围

MRIL-P型核磁测井仪是哈里伯顿公司推出的核磁测井仪器，采用5个频带共9个不同的频率进行测量，仪器在井内居中测量，在井眼周围地层中形成以井轴为中心，直径为35.56~40.64cm，厚度1mm，高60.96cm，彼此之间相距1mm的9个圆柱壳。仪器最高耐温177℃、最高耐压137.93MPa，仪器长度16.12m，仪器质量699kg，仪器外径12.24cm。适合测量的井径范围为17.18~40.64cm，需要泥浆电阻率大于0.02Ω·m。核磁共振测井的纵向分辨率为2.29m，横向探测深度与温度和工作频率有关（图3-2-5），当地层温度为5070℃、工作频率为900kHz时，核磁共振测井的探测深度为35.56cm。

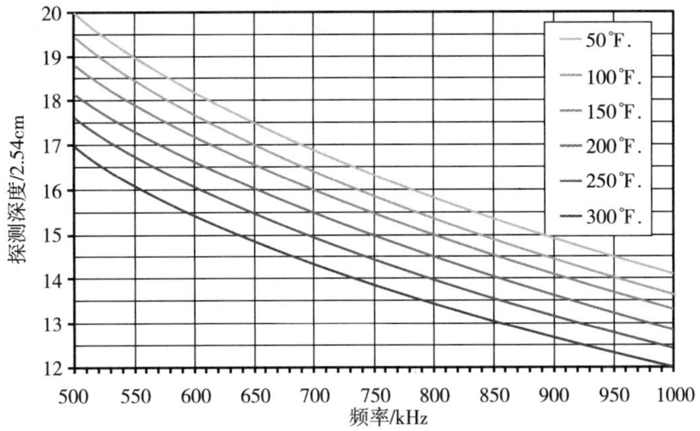

图3–2–5　核磁共振探测深度与工作频率、温度的关系

3. 测量参数

核磁共振测井测量的主要是地层中流体的横向弛豫（T_2），孔隙流体横向弛豫时间T_2是体积弛豫、表面弛豫和扩散弛豫的叠加。因数值较大，要求测速很慢，故而孔隙流体的纵向弛豫时间T_1一般不作为测量对象，但不同T_1对测量结果会产生一定的影响，T_1由体积弛豫、表面弛豫两种弛豫叠加。

4. 主要用途

核磁共振测井可研究岩石的孔隙结构，估算岩石孔隙度、渗透率，求取自由流体孔隙度与束缚流体孔隙度从而划分产层与非产层，还可以区分储层流体类型，识别油气层。

（1）孔隙度及孔隙结构分析。计算的区间孔隙度进而反映的地层孔隙结构分布与压汞实验结果一致（图3–2–6），此外还能提供黏土水孔隙度、束缚流体孔隙度、可动流体孔隙度（包括可动水孔隙度、含油孔隙度、含气孔隙度）、有效孔隙度和总孔隙度。

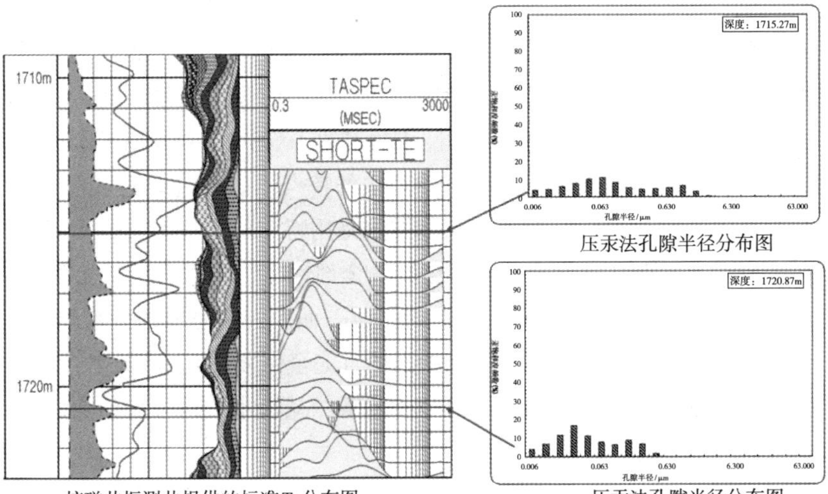

核磁共振测井提供的标准T_2分布图　　压汞法孔隙半径分布图

图3–2–6　核磁共振测井标准T_2谱孔隙分布与压汞实验结果对比

（2）渗透率估算。渗透率作为动态参数，准确计算十分困难，根据岩芯建立的经验公式不能适应千变万化的地下情况。而核磁共振资料由于其T_2分布与孔隙大小密切相关，采用Coates模型能准确地计算渗透率。

（3）流体性质识别。核磁共振测井识别流体性质的方法有三种。一是标准T_2法。由于不同流体的核磁共振特征不同，标准T_2分布特征也有一定差异，特别是天然气受扩散影响较大，具有较短的T_2时间，在T_2分布谱图上表现为自由流体峰向T_2减小的方向迁移，即气层一般呈现“单峰”特征或“双峰”紧靠；而轻质油是非润湿相，在孔隙中处于被水包围的状态，弛豫保持其固有的T_2特征值，分布在T_2增大的方向，并且随含油量的增多，峰值幅度也会增加，因此，油层一般呈现“双峰”特征；水层的含氢指数高，测得的回波信号幅度较大，T_2时间变长，呈“双峰”特征，即束缚流体峰与自由流体峰分布在不同的时间区域上。典型的油气水分布特征如图3-2-7所示。二是移谱法。利用扩散系数差异来识别储层流体性质，双TE测井设置足够长的等待时间，使$T_W>(3\sim5)T_{1h}$（T_{1h}为轻烃的纵向弛豫时间），每次测量时使纵向弛豫达到完全恢复，利用两个长短不同的回波间隔TEL和TES，测量两个回波串（双TE测井方式）。由于气与水、油（中等黏度）的扩散系数差异较大（天然气的扩散系数要比油和水大得多），使得各自在T_2分布上的位置发生变化，由此对油、气、水进行识别。在长回波间隔TEL得到的T_2分布上，能观测到水与轻质油的信号，而气的信号却消失了。这是因为气体的扩散太快，还没有观测到就衰减掉了，这便是所谓的移谱分析法（图3-2-8）。三是差谱法。油、气与水的纵向弛三是差谱法。油、气与水的纵向弛豫时间（T_1）差异大，可以采用长、短等待时间（恢复时间）测量方式来观测油气层与水层的T_2分布差异，达到识别流体性质的目的。双T_W测井利用了水与烃(油、气)的纵向弛豫时间T_1相差很大，水的纵向恢复远比烃快的特点。如果选择不同的等待时间，所测到的回波串中将包括不一样的信号分布。具体方法是用特定的回波间隔采集回波数据，等待一个比较长的时间T_{WL}，使水与烃的纵向磁化矢量全部恢复；再采集第二个回波串，等待一个比较短的时间T_{WS}，使水的纵向磁化矢量完全恢复，而烃的信号只部分恢复。T_{wL}回波串得到的T_2分布中，油、气、水各项都包含在其中，而且完全恢复；T_{WS}回波串得到的T_2分布中，水的信号完全恢复，油气信号只是很少一部分；两者相减，水的信号被消除，剩下油与气的信号，即差谱分析法（见图3-2-9）。

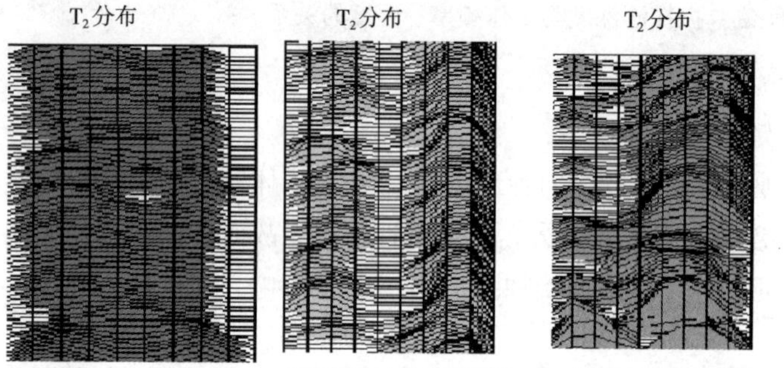

A天然气（T_2分布呈单峰或双峰紧靠，信号幅度低）　B轻质油（T_2分布呈分离状双峰）　C地层水（T_2分布呈双峰，信号幅度大）

图3-2-7　油气水不同流体的T_2分布特征

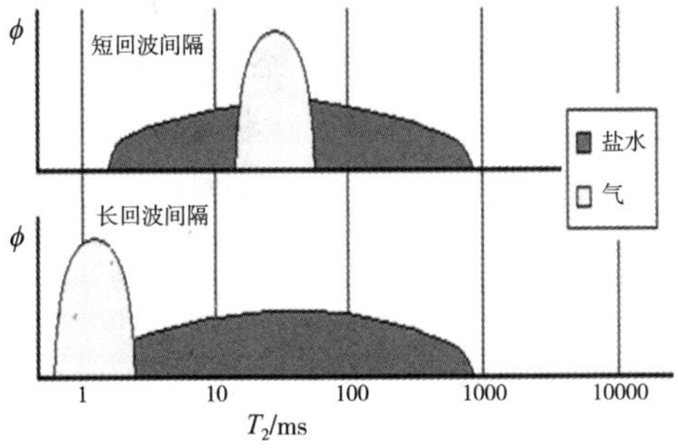

图3-2-8 移谱法判别流体性质

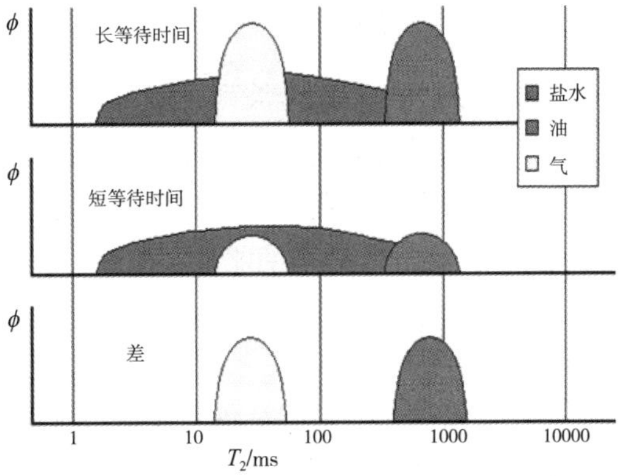

图3-2-9 差谱法判别流体性质

三、多极子阵列声波测井

1. 测量原理

新一代多极子阵列声波测井仪器（WaveSonic）主要由发射器、接收器、隔声体和仪器程序控制等4个部分组成。发射器包括1个全方位的单极发射器和2个同深度偶极发射器（X—X，Y—Y）。8组接收阵列中的每个接收环均有4个正交排列的接收器。可以同时获取单极和偶极2种测量模式的地层阵列声波波形数据。每个深度点记录32个单极源波形和64个偶极源波形。单极发射器由1个柱状的压电晶体组成，发射出中心频率为5kHz、带宽为1~12kHz的单极声波信号，该频率比传统的单极全波发射器的频率低2~3倍，由于低频声波的穿透能力强，探测深度深，信号衰减小，所以测量信号强且受井眼环境影响较小。通常采用单极波形提取地层纵波和斯通利波。偶极声源是由分布在同一深度上的4个正交排列的弯曲棒组成。弯曲棒振动时在X—X和Y—Y方向上产生定向的挠曲波。地层剪切挠曲波的振动方向与井轴垂直，传播方向与井轴平行。在高频时传播速度低于横波的速度；而在低频时（1.0kHz）传播速度趋近于横波。多极子阵列声波成像测井实际上是通过对挠曲波的测量来计算地层横波的速度。不同地层其谐振频率不同，为激励地层以最好的挠曲波振动模式谐动，地面系统可选择最佳的工作频率以适应于更广泛的地层范围。该仪器偶极发射频率范围在0.75~3kHz，为确保软地层横波速度的测量精度，尽量降低偶极声源的发射频率，WaveSonic此时发射工作频率低于1kHz。在这种工作模式下，信噪比最大可提高20dB，因此在大井眼井段和非常慢速的地层中能得到较好的测量结果，另外探测深度也有所增加。为了适应各种地层情况，常将单极子与偶极子声波测井技术进行有效组合，以便更好地获取硬地层和软地层的纵波、横波和斯通利波等特征参数。

2. 探测范围

仪器最高耐温204℃、最高耐压138MPa，仪器长度10.7m，仪器外径9.2cm，适合测量的井径范围为11.4~53.3cm，纵向分辨率为1.34m。

3. 测量参数

单极或偶极测量的全波列，辅助的自然伽马、井斜和方位测井曲线。根据全波列可以得到纵波时差、横波时差、斯通利波时差、纵横波波速比、各向异性方位角、各向异性百分比、快速横波的方位、快横波时差、慢横波时差、快横波方位、各向异性幅度、斯通利波上下反射系数纵波1~8号接收器的能量、横波1~8号接收器的能量、斯通利波1~8号接收器的能量。

4. 主要用途

利用多极子阵列声波处理成果可以判别岩性、识别气层和裂缝，还能得到岩石物理参数和机械力学参数，为储层改造提供参考信息。

（1）鉴别岩性和识别气层。由单极源和偶极源波形提取出纵波时差（DTC）、横波时差（DTS），并计算出纵、横波速度比（V_p/V_s）。利用纵、横波速度比（V_p/V_s）可以鉴别岩性。例如，白云岩的V_p/V_s为1.8，石灰岩的V_p/V_s为1.86，纯砂岩的V_p/V_s为1.58。孔隙中含有天然气时，纵波速度降低，但对横波速度影响很小。因此在岩石孔隙度一定的情况下，随含气饱和度的增大，V_p/V_s降低。利用偶极声波测井，能够取得准确的纵波速度和横波速度，继而识别出气层。

（2）识别裂缝及评价裂缝有效性。当井眼钻遇裂缝发育带，单极波形变密度图具有如下特点：条带颜色变浅，明显向时间增大方向弯曲；条带杂乱，偶尔中断；出现台阶状、干涉条纹，大的低角度裂缝出现两条相距恰为源距的相干加强线。纵波、横波、斯通利波幅度衰减程度与裂缝的充填物质有关，当裂缝被流体充填，此时充填的流体会导致地层径向波阻抗数值明显减小，衰减幅度也随之增大，裂缝为有效裂缝；相反，当裂缝被固体矿物充填，则对地层波阻抗的数值影响不大，衰减幅度也较小，该响应表明裂缝有效性差。纵波时差利用的是首波，在几何尺寸较大的低角度裂缝段，由于多次反射，造成纵波能量衰减，可视为有水平裂缝存在。横波沿井壁传播，对高角度缝和裂缝发育带较为敏感。斯通利波是一种管波，它在井筒中的传播相似于一个活塞的运动，造成井壁在径向上的膨胀和收缩，这时如有效裂缝与井壁连通，则将使井液沿着裂缝流进和流出，从而消耗能量，使其幅度降低；因此，利用斯通利波能量衰减可以定性判断裂缝储层的渗透性。

（3）各向异性分析。地层的各向异性是在构造应力不均衡或裂缝性地层中岩石物理性质与空间方向有关的差异的一种表现。横波在传播过程中受地层各向异性影响，产生快慢横波分离，能够反映地层各向异性的大小，快横波方位则为地层各向异性的方向。因此可以利用偶极声波的横波测井资料分析地层的各向异性。在裂缝发育的地层，偶极声波各向异性主要受裂缝系统影响，发育的裂缝类型不同，纵波、横波、斯通利波衰减程度也不同，此时所计算的地层各向异性的方向代表着裂缝系统的走向。在地层裂缝不发育且有明显的椭圆井眼崩落井段，地层速度各向异性是由地应力的不均衡所引起，此时百分比各向异性的大小代表着现今最大、最小水平主应力差的相对大小，各向异性的方向指示地层最大水平主应力方向。在百分各向异性指示较大时（介质各向异性较强时），仪器的旋转对快横波方位影响较小，若此时快横波方位较恒定，则快横波方位可靠并可能有一定的地质意义。在百分各向异性指示较小时（即介质接近各向同性），由于快横波方向已接近不定，故仪器的旋转对快横波方位的计算影响很大，此时的快横波方位角往往是仪器旋转的一种反应。影响岩石各向异性的因素很多，如岩性的变化，岩石孔隙结构的方向性以及某种物质定向排列和分布等。在应用快慢横波评价地应力和裂缝方向时，要注意排除岩性和岩石构造变化的影响。

（4）*岩石力学资料计算*。根据偶极声波测井提取出的资料，结合密度、孔隙度、自然伽马等常规测井曲线，可以计算岩石的泊松比、杨氏模量、切变模量、体积弹性模量、体积压缩系数、出砂指数等岩石力学参数，继而采用Eaton模型计算岩石破裂压力梯度。在把地层看作均匀各向同性的线性弹性的单一组分固体情况下，各弹性模量是固体体积密度和纵波速度、横波速度的函数。由于测井资料一般不能对地层微裂缝有反应，所以由测井资料估算出的岩石力学特征参数一般比实际情况要偏大。

四、元素俘获能谱测井

1. 测量原理

（1）*伽马能谱*。快中子和地层中的原子量较大的核会产生非弹性散射、与地层中的某些原子核发生活化反应、地层中与其质量相近的氢原子发生弹性散射并减速为热中子，最后被地层中的某些原子核俘获。元素测量的是非弹性散射与辐射俘获核反应时产生的瞬发伽马射线。非弹性散射伽马能谱形成过程：快中子先被靶核吸收形成复核，而后放出一个能量较低的中子，靶核仍处于激发态，常常以发射伽马射线的方式释放出激发能而回到基态。由此产生的伽马射线称为非弹性散射伽马射线。不同原子核发生非弹性散射反应截面和放出的 γ 射线能量不同，在地层中与快中子发生非弹性散射的主要有碳、氧、硅、钙及铁等元素的原子核。热中子俘获伽马能谱形成过程：快中子经过一系列的非弹性和弹性散射，能量逐渐降低，形成热中子。靶核俘获一个热中子而变成激发态的复核，然后复核放出一个或几个伽马光子，放出激发能而回到基态。这种伽马射线称为热中子俘获伽马射线。不同原子核具有不同的能级，因而各种原子核放出的伽马射线能量也不相同。在元素测井中俘获伽马射线主要由氢、氯、硅、钙、铁、硫、钛、铬及钾等元素原子核与热中子发生的俘获作用产生。

（2）*地层矿物与测量元素的关系*。地层中每种矿物都有非常固定的化学元素成分，包括石英、方解石、白云石等，而岩石是由不同的矿物所组成，高精度岩性扫描测井测得的主要元素包括Al、Ba、C、Ca、Cl、Fe、Gd、K、Mg、Mn、Na、S、Si、Ti等。其中，Al和黏土矿物有直接关系，Si主要与石英关系密切，Ca和Mg与方解石和白云石密切相关，K和Na与长石的含量相关，利用S和Ca可以计算石膏的含量，Fe与黄铁矿和菱铁矿等有关系，Ti与黏土矿物的含量有关系。同时该技术实现了对Gd的测量，消除了该元素大中子俘获截面的影响。

（3）*剥谱*。通过设置不同的能量窗口经过处理，将测量的数据去拟合一系列的标准谱，拟合的结果就是地层中铝（Al）、钡（Ba）、硅（Si）、钙（Ca）、镁（Mg）、氯（Cl）、钾（K）、钠（Na）、锰（Mn）、铁（Fe）、碳（C）、硫（S）、钛（Ti）、钆（Gd）等元素的相对含量，图3-2-10和图3-2-11分别是主要元素的弹性散射伽马能谱和俘获伽马谱。应用氧闭合技术将元素的相对含量转换成元素绝对含量百分比，氧闭合技术所用的模型通过了岩芯分析和测井数据检验的。利用经验关系式可以将元素含量转换为矿物体积，该关系式是建立在大量的岩芯分析数据基础之上得到的，是为沉积岩开发的，包括碎屑岩、碳酸盐岩和蒸发岩等。同时，在LithoScanner的处理模块中，还可以根据地区岩性特征，自选矿物类型，从而提高岩性解释的准确性。

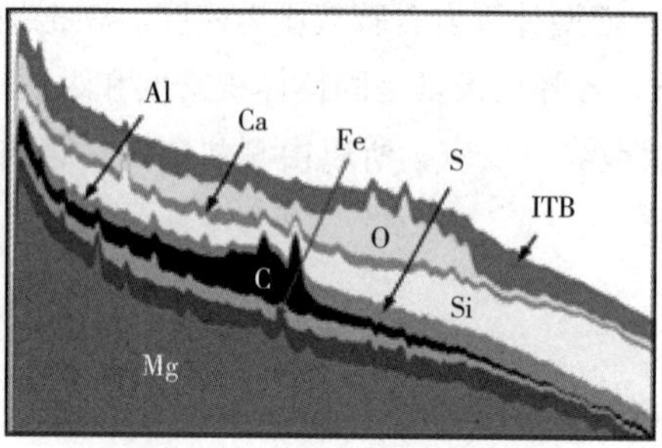

图3-2-10　各元素非弹性散射谱

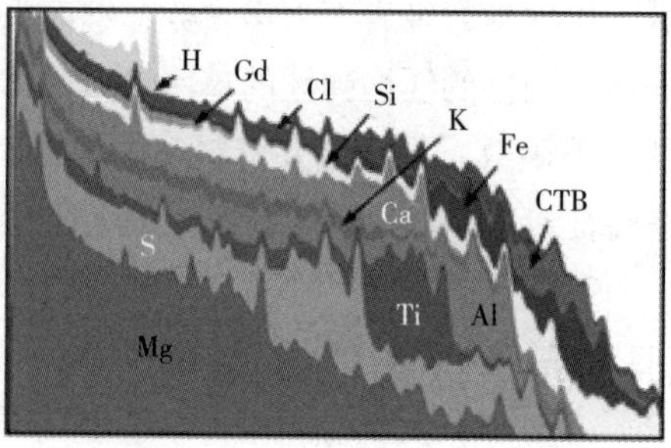

图3-2-11　各元素俘获谱

（4）测量仪器。高精度岩性扫描测井（LithoScanner）是斯伦贝谢最新推出的测井仪器，其前身是元素俘获测井仪（ECS）。仪器外径为4.5in，最小测量井径为5.5in。LithoScanner使用了高性能的中子发生器（PNG）、高性能的掺铈溴化镧（LaBr3:Ce）大晶体探测器，精度比锗酸铋（BGO）探测器提高两倍以上，在不牺牲光谱分辨率条件下处理超过每秒2.5×10^6计数的计数率，同时高低温性能优越。测井时仪器通过PNG脉冲中子发生器向地层中发射14.1兆电子伏特的快中子，快中子在地层中与一些元素发生两种作用：非弹性散射和热中子俘获，元素通过释放伽马射线回到初始状态，而由LaBr3:Ce探测器探测到伽马射线能谱，包括非弹谱与俘获谱信息，使得LithoScanner可以测量更多的元素，主要有Al、Ba、C、Ca、Cl、Fe、Gd、K、Mg、Mn、Na、S、Si、Ti以及Cu和Ni等元素，其中最明显的突破就是可以直接测量铝和碳等元素，使泥质含量及有机碳不用通过计算得到而是直接测量，大大提升了其精度。同时镁元素测量的精度有了很大的提升，使得LithoScanner在碳酸盐岩地层中的应用更加准确，同时也提高了其他元素的测量精度。

2. 探测范围

仪器最高耐温177℃、最高耐压138MPa，仪器长度3.09m，仪器外径11.4cm，适合测量的井径范围为13.97~60.96cm，纵向分辨率为45.72cm，探测深度17.78~22.86cm。

3. 测量参数

地层元素俘获测井可测定Si、Ca、Fe、S、Ti、Gd、Cl、Ba、H、Mg C、Al、K、Mn、Na、Cu、Ni、O等20多种地层元素含量。

4. 主要用途

主要用于确定地层矿物类型和含量、确定地层黏土体积、地层岩性分析、确定骨架参数、评价有机碳含量、研究沉积环境等。

（1）确定地层矿物类型和含量。元素测井通过氧化物闭合模型和综合处理解释可定量得到如下矿物含量：硅酸盐岩中的石英、燧石、钾长石、钠长石和钙长石；碳酸盐岩中的方解石、白云石、铁白云石、文石、菱铁矿、镁菱铁矿、菱镁矿和高镁方解石；黏土岩中的伊利石、蒙脱石、高岭石、绿泥石和海绿石；其他矿物有白云母、黑云母、黄铁矿、蛋白石、石膏、硬石膏、重晶石、赤铁矿、天青石和萤石。

（2）泥质体积含量确定。确定高岭石、伊利石、蒙脱石、绿泥石及海绿石的总量。

（3）岩性分析。贝克休斯公司通过归纳一般岩性与氧化物组合的对应关系，利用常见元素氧化物的三元交会图进行岩性识别；斯伦贝谢利用总泥质含量、总石英—长石—云母含量、总碳酸盐含量三元交会进行复杂岩性识别。

（4）研究沉积环境。在自然界迁移、沉积过程中，沉积物与水介质间存在着极为复杂的化学平衡。一些元素在脱离母岩迁移再沉积时，由于各元素自身化学性质不同，使它们沉积时在区域产生分异。如果在地质时期环境相对稳定，其元素间的分异平衡也相应地保持稳定。直到环境改变(如物质来源、迁移距离、气候、生物活动、大地构造运动、火山活动等等)之后，则会建立另一种与其相适应新的化学动态平衡。也就是说不同地质时期沉积岩中一些元素丰度及组合特征的变化能够反映出当时沉积环境的变化情况。这就为ECS测井资料研究沉积环境提供了参考依据。如Th、Al、Ti等元素可作为沉积物物源的示踪物。铁元素聚集在水体能量降低的盆地边沿地域，元素钙多以白云石、方解石矿物形式存在。铝元素通常存在与硅铝酸岩中，即与碎屑矿物组分及黏土矿物含量多少有关。氯元素是自然界各种水体及卤水沉积物的大含量组分，又是一个十分活跃的水迁移元素及重要的金属沉淀剂。海相沉积黏土矿物中往往以伊利石、蒙脱石为主，与高岭石含量较高的淡水沉积物相比，吸附硼的能力要强，加之海水中硼含量明显高于淡水，因而B的含量高，一些海相页岩中含硼500×10^{-6}或更多。Ca/Ca+Fe比值作为反应沉积时水介质盐度的地化指标。一般情况下，咸水沉积物的Ca/Ca+Fe比大于0.8，淡水沉积物小于0.5。

第三节 页岩测井系列优选

为增强测井资料采集的针对性与适应性，页岩气测井测量系列的选取应主要考虑如下五个方面的因素：

（1）根据页岩气地质特点，确保所选测井系列能够准确识别页岩气层，并计算页岩气层关键参数，关键参数包括主要矿物成分及其含量、孔隙度、渗透率、含气饱和度、有机碳含量、镜质体反射率、吸附气含量、游离气含量；

（2）能够描述脆性矿物含量、破裂压力、裂缝发育程度、岩石力学等参数，以指导页岩气的压裂改造；

（3）要分析不同钻井介质（如油基泥浆、淡水泥浆、空气介质等）对测井系列的影响，以增强所选测井系列的适应性；

（4）为最大限度保护页岩气层和井筒，可选用快速测井平台或无电缆存储式钻杆输送测井；

（5）根据页岩气井类型（开发井、勘探井），兼顾实用与经济，力求测井系列简约、实用，提高投入产出比，但同时要切忌牺牲解决地质问题能力，片面追求经济效益而使测井系列过于简化。

根据以上原则，按照探井、开发井不同类型，针对三种不同钻井介质、区别目的层与非目的层，优化选取了测井系列（表3-3-1~表3-3-4）。

表3-3-1　四川盆地页岩气开发井测井系列选取表（目的层段）

<table>
<tr><th colspan="2">项目</th><th colspan="2">测量内容</th><th>解决问题</th></tr>
<tr><td rowspan="7">测井系列</td><td rowspan="3">常规项目</td><td>淡水泥浆</td><td>自然伽马能谱NGR、自然电位SP、双井径CAXY、声波AC、中子CNL、岩性密度DEN、高分辨率阵列感应HDIL、井斜方位JXFW</td><td rowspan="3">复杂岩性识别、页岩关键参数计算及普通页岩气层、有利页岩气层、优质页岩气层划分</td></tr>
<tr><td>油基泥浆</td><td>自然伽马能谱NGR、双井径CAXY、声波AC、中子CNL、岩性密度DEN、高分辨率阵列感应HDIL、井斜方位JXFW</td></tr>
<tr><td>空气介质</td><td>自然伽马能谱NGR、双井径CAXY、岩性密度DEN、高分辨率阵列感应HDIL、井斜方位JXFW</td></tr>
<tr><td rowspan="4">成像项目</td><td colspan="2">多极子阵列声波(WSTT或MXAC)</td><td>力学参数计算、地层各向异性、裂缝分析及储层预测等</td></tr>
<tr><td colspan="2">元素俘获测井（GEM或ECS）</td><td>评价主要矿物含量及TOC，划分页岩油气有利储层</td></tr>
<tr><td colspan="2">（可选）电成像测井XRMI</td><td>评价裂缝发育和分布、地层特征、岩相、沉积相及微相</td></tr>
<tr><td colspan="2">（可选）核磁共振测井MRIL-P</td><td>计算总孔隙度、有效孔隙度、渗透率等地质参数</td></tr>
</table>

表3-3-2　四川盆地页岩气开发井测井系列选取表（非目的层段）

<table>
<tr><th colspan="2">项目</th><th colspan="2">测量内容</th><th>解决问题</th></tr>
<tr><td rowspan="5">测井系列</td><td rowspan="3">常规项目</td><td>淡水泥浆</td><td>自然伽马GR、自然电位SP、井径CAL、声波AC、感应电阻率ILD-ILM、井斜方位JXFW</td><td rowspan="3">地层对比、工程参数计算、井眼轨迹评价等</td></tr>
<tr><td>油基泥浆</td><td>自然伽马GR、井径CAL、声波AC、感应电阻率ILD-ILM、井斜方位JXFW</td></tr>
<tr><td>空气介质</td><td>自然伽马GR、井径CAL、感应电阻率ILD-ILM、井斜方位JXFW</td></tr>
<tr><td rowspan="2">成像项目</td><td colspan="2">（可选）多极子阵列声波(WSTT或MXAC)</td><td>力学参数计算、地层各向异性、裂缝分析及储层预测等</td></tr>
<tr><td colspan="2">（可选）地层倾角测井SHDT</td><td>地层产状评价、构造分析等</td></tr>
</table>

表3-3-3　四川盆地页岩气探井测井系列选取表（非目的层段）

项目			测量内容	解决问题
组合测井	常规项目	淡水泥浆	自然伽马能谱NGR、自然电位SP、双井径CAXY、声波AC、中子CNL、岩性密度DEN、高分辨率阵列感应HDIL、井斜方位JXFW	地层对比、工程参数计算、井眼轨迹评价；复杂性识别、储层关键参数计算、烃源岩TOC计算以及页岩油气有利储集段划分
		油基泥浆	自然伽马能谱NGR、双井径CAXY、声波AC、中子CNL、岩性密度DEN、高分辨率阵列感应HDIL、井斜方位JXFW	
		空气介质	自然伽马能谱NGR、双井径CAXY、岩性密度DEN、高分辨率阵列感应HDIL、井斜方位JXFW	
	成像项目		（可选）多极子阵列声波(WSTT或MXAC)	力学参数计算、地层各向异性、裂缝分析及储层预测等
			（可选）元素俘获测井（GEM或ECS）	评价主要矿物含量及TOC，划分页岩油气有利储层
			（可选）地层倾角测井SHDT	地层产状评价、构造分析等

表3-3-4　四川盆地页岩气探井测井系列选取表（目的层段）

项目			测量内容	解决问题
组合测井	常规项目	淡水泥浆	自然伽马能谱NGR、自然电位SP、双井径CAXY、声波AC、中子CNL、岩性密度DEN、高分辨率阵列感应HDIL、井斜方位JXFW	复杂岩性识别、页岩关键参数计算及普通页岩气层、有利页岩气层、优质页岩气层划分、获取地质参数
		油基泥浆	自然伽马能谱NGR、双井径CAXY、声波AC、中子CNL、岩性密度DEN、高分辨率阵列感应HDIL、井斜方位JXFW	
		空气介质	自然伽马能谱NGR、双井径CAXY、岩性密度DEN、高分辨率阵列感应HDIL、井斜方位JXFW	
	成像项目		多极子阵列声波(WSTT或MXAC)	力学参数计算、地层各向异性、裂缝分析及储层预测等
			元素俘获测井（GEM或ECS）	评价主要矿物含量及TOC，划分页岩油气有利储层
			电成像测井XRMI	评价裂缝发育和分布、地层特征、岩相、沉积相及微相
			核磁共振测井MRIL-P	计算总孔隙度、有效孔隙度、渗透率等地质参数，分析孔隙结构
			（可选）取心	直观了解地层含气情况

一、页岩气开发井目的层段测井系列

水基泥浆条件下，常规测井系列可测量自然伽马能谱（NGRS）、自然电位（SP）、双井径（CAXY）、声波（AC）、中子（CNL）、岩性密度（DEN）、高分辨率阵列感应（HDIL）、井斜方位（JXFW），这些能基本满足的页岩气层的测井评价要求；成像类测井系列可以测量元素俘获能谱（ECS或GEM）测井及多极子阵列声波（XMAC或WSTT）测井；电成像（XRMI）测井、核磁共振（NMR）测井及地层倾角测井（SHDT）作为可选项（表3-3-1）。

在空气介质下，无法实现补偿中子、声波、双侧向、电阻率成像、地层倾角及自然电位测井。补偿中子测井测量的是长、短源距探测器的热中子的计数率，其过程是将所测的长、短源距探测器计数率的比值经过一定方法转换成中子孔隙度。从测量原理上似乎没有涉及井筒介质的问题，但由于补偿中子测井存在气体的挖掘效应。因此，当井筒介质全为气体介质，挖掘效应将会非常大，会造成实验中子信息受到显著影响，进行补偿中子测井无意义。当井筒介质为空气情形下，由于声波在气体介质中的传播速度比泥浆或原油等介质的传播速度低得多，造成声波时差测井将无法准确探测到声波首波，造成声波跳波严重，使其无法获取准确的储层信息，故在气介质条件下不能进行声波测井。一般认为气体介质不导电，此时泥浆电阻率为无穷大，接地电阻率为无穷大，这样相当于在仪器与地层之间形成了一个绝缘环，主电极发射的电流不能经井眼、地层与测量电极形成有效的导电回路，无法进行双侧向测井的测量。电阻率成像测井、地层倾角测井等，其测井方法与侧向测井原理相似，在气体介质条件下该类测井仪器无法测井。由于井筒水基泥浆与地层接触时发生阳离子交换而产生的自然电位，在以气体为钻井介质的情况下不会产生自然电位，因此自然电位测井在气体介质条件下不可行。自然伽马能谱NGR、双井径CAXY、岩性密度DEN、高分辨率阵列感应HDIL、井斜方位JXFW、核磁共振测井MRIL–P。

在油基泥浆情形下，可测量自然伽马能谱NGR、双井径CAXY、声波AC、中子CNL、岩性密度DEN、高分辨率阵列感应HDIL、井斜方位JXFW，但无法测量自然电位SP。

元素俘获测井及多极子阵列声波测井是很必要的成像类测井系列。ECS测井可测定C、Si、Al、Fe、Ca、S、Ti、Gd等20多种地层元素含量，其中Si反映石英含量、Al反映黏土含量、Fe可评价黄铁矿、Ca反映碳酸盐岩含量等等。ECS测井可以确定岩石矿物成分、计算黏土含量、评价有机碳含量及成熟度、分析沉积环境、划分沉积相带。多极子阵列声波测井能提供纵波、横波、斯通利波时差及能量幅度。利用偶极声波处理成果可以划分岩性、识别裂缝并评价裂缝的有效性。利用相关软件可进行各向异性处理，判断水平最大主应力方向，计算地层水平最大与最小应力，求取岩石泊松比、杨氏模量、剪切模量、体积弹性模量、体积压缩系数、破裂压力等重要岩石力学参数，为页岩储层压裂改造提供“分层选段”依据。

电成像及核磁共振作为可选测项目。电成像测井具有分辨率高、井眼覆盖率高、可视性好的优点，在岩性划分、裂缝识别、构造分析等方面有良好的应用效果；同时，在套管井内用声成像、裸眼井用电成像测井可有效评价储层的压裂效果。值得注意的是电成像在水基泥浆条件下用XRMI，在油基泥浆下用OBMI。核磁共振测井能提供与孔径尺寸相关的区间孔隙度，研究表明，这种区间孔隙度与岩石的孔喉半径和孔隙结构有密切关系；通过区分束缚及可动流体孔隙度，评价储层有效孔隙度和渗透率；确定页岩储层的TOC、识别储层流体性质。核磁共振测井与感应测井相似，井眼泥浆电阻率越小，天线发射的射频脉冲衰减越严重，在井眼介质为气体或油基泥浆时，天线发射的射频脉冲衰减就非常小，这样，通过适当刻度可得到比水基泥浆更好的测量结果。

二、页岩气开发井非目的层段测井系列

对于开发井的非目的层段，无须计算页岩主要矿物组分含量、有机碳含量、孔隙度、含

油饱和度等关键参数，通常只需进行常规测井即可（表3–3–2）。

但有时为了解周围地层的产状或断层发育情况，可选测地层倾角测井；有时为了解上部地层的岩石力学参数，可以选择测量多极子阵列声波。

三、页岩气探井非目的层段测井系列

对于探井来说，获取资料的要求较高，对于非目的层段，在测得常规测井资料的同时，可选测多极子阵列声波、元素俘获测井、电成像测井（表3–3–3）。

四、页岩气探井目的层段测井系列

对于探井的目的层来说，获取资料的要求较高，在测得常规测井资料的同时，要加测多极子阵列声波、元素俘获测井、电成像测井、核磁共振测井（表3–3–4）。

第四节 三类页岩测井响应特征

测井评价的本质就是一个正反演的过程，正演是反演的前提，没有正演的反演是不可靠的，甚至是荒谬的。因此，明确页岩在测井曲线上的响应特征是准确识别页岩的前提。页岩储层作为一种非常规油气储层，其自生自储特性决定了其测井响应特征不同于常规储层，准确识别页岩的测井响应特征，并应用这些特征进行页岩气资源的勘探与开发，具有重大意义。

与其他岩性相比，页岩在常规测井曲线上表现出自己的特征。利用测井曲线形态和测井曲线相对大小可以快速而直观地识别页岩。识别页岩储层的常规测井方法主要是：自然伽马、自然电位、井径测井、补偿中子、岩性密度、声波时差、电阻率测井等。此外还有元素俘获测井（ESC）、多级子阵列声波测井、电阻率成像测井、核磁测井。通过元素俘获测井，可以得到储层元素的含量，从而能够计算出矿物成分，还可以提供评价地层各种性质、物性的参数，通过这些参数可以计算黏土矿物含量、识别沉积相等。利用多级子阵列声波提供的纵波时差和横波时差资料，可进行各向异性分析，判断地应力的方向，计算得出水平最大与最小地应力从而求出岩石泊松比、杨氏模量、剪切模量、破裂压力等重要岩石物理参数，进而指导页岩的压裂改造。

四川盆地CH地区的岩性主要有砂岩、泥岩、煤、玄武岩、灰岩和页岩6种岩性，页岩主要分布在龙马溪—五峰组，从是否具有商业开采价值来划分，将页岩又分为普通页岩、有利页岩和优质页岩。研究形成了6种岩性的相应测井响应模式，同时，总结得出了CH地区龙马溪—五峰组地层的普通页岩、有利页岩和优质页岩的测井响应特征。

一、优质页岩

四川盆地优质页岩主要分布在龙马溪—五峰组（N201井的2495.0~2525.4m、厚30.4m），优质页岩测井响应特征为：

（1）自然伽马异常高值，一般大于150API，铀异常高值（图3-4-1、图3-4-2）；

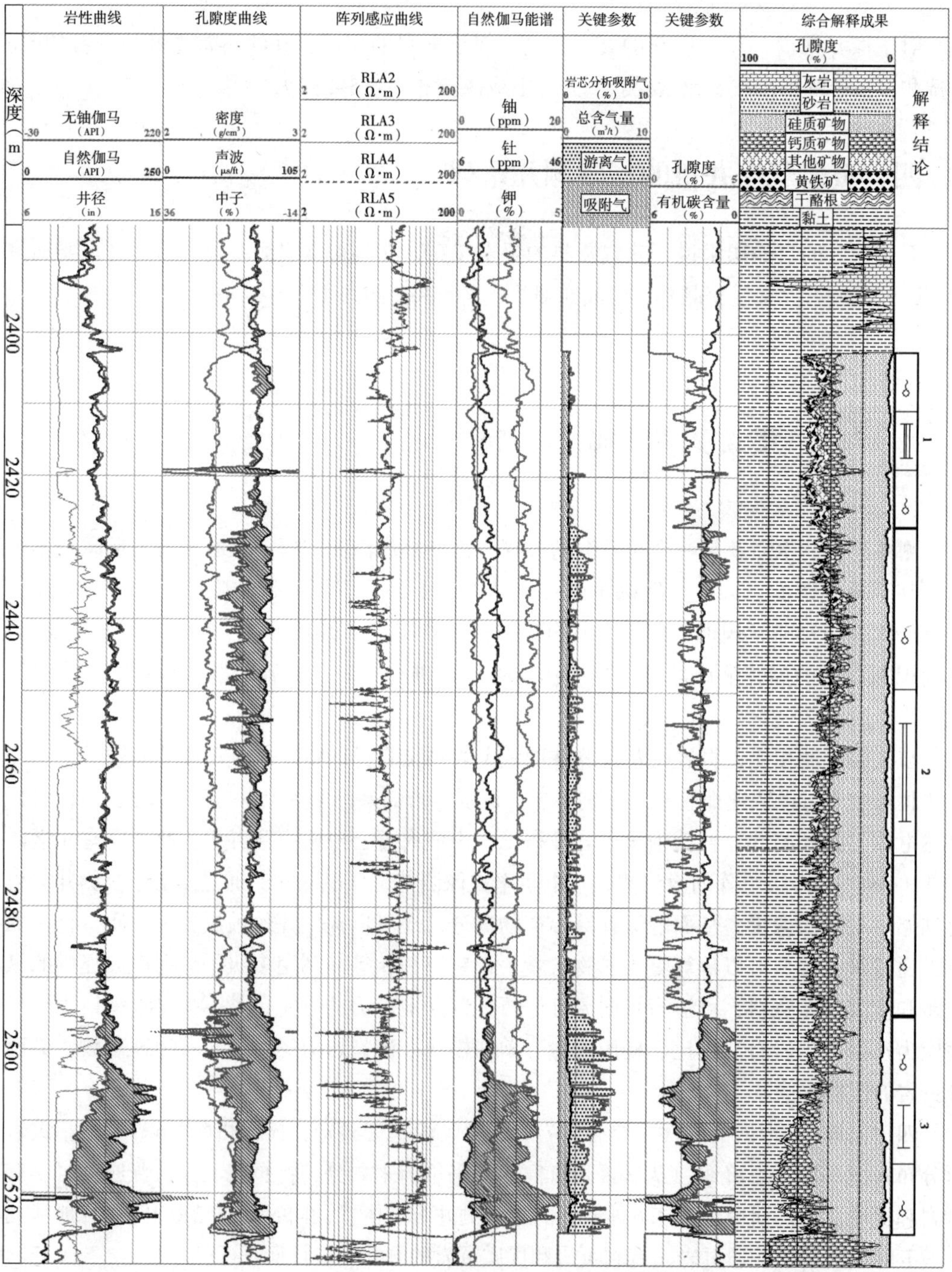

图3-4-1　CH地区三种页岩的常规测井响应特征（N201）

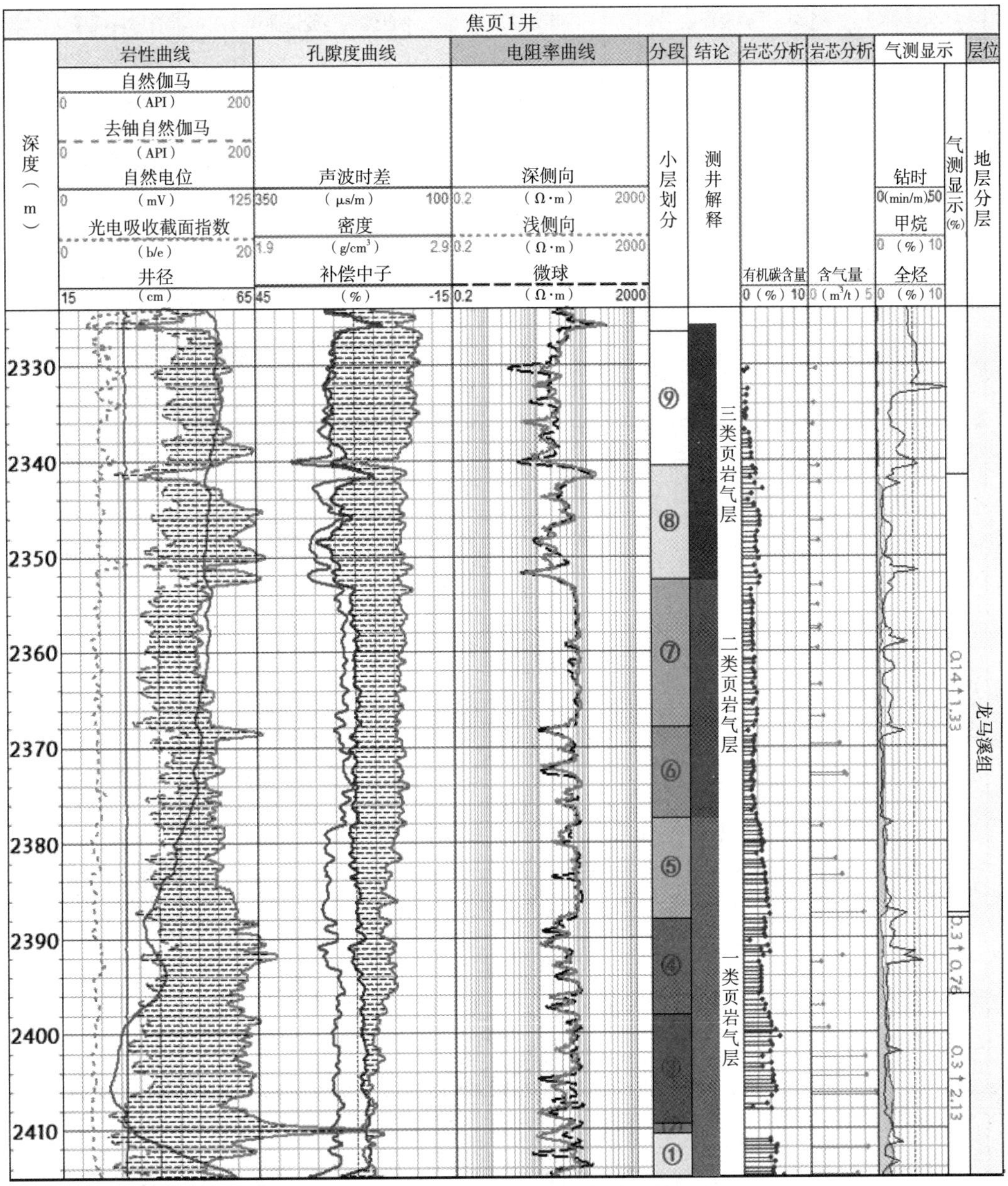

图3-4-2　J地区三类页岩的常规测井响应特征（J1井）

（2）密度低值，一般小于2.6g/cm³（图3-4-1、图3-4-2）；

（3）自然电位明显负异常（图3-4-2）；

（4）电阻率呈高值、多在20~100Ω·m间，“锯齿”状低值跳跃指示地层有层状黄铁矿发育（图3-4-1、图3-4-2）；

（5）电成像指示页理发育，局部暗色正弦波表明地层偶有天然裂缝发育（图3-4-3）；

（6）一元素俘获测井资料指示Si、Ca两种元素含量高，指示地层脆性矿物含量高；

（7）多级子阵列声波指示纵波差大（一般大于65μs/m），快慢横波分离明显、指示地层各向异性强，斯通利波能量衰减明显、指示地层渗透性好；

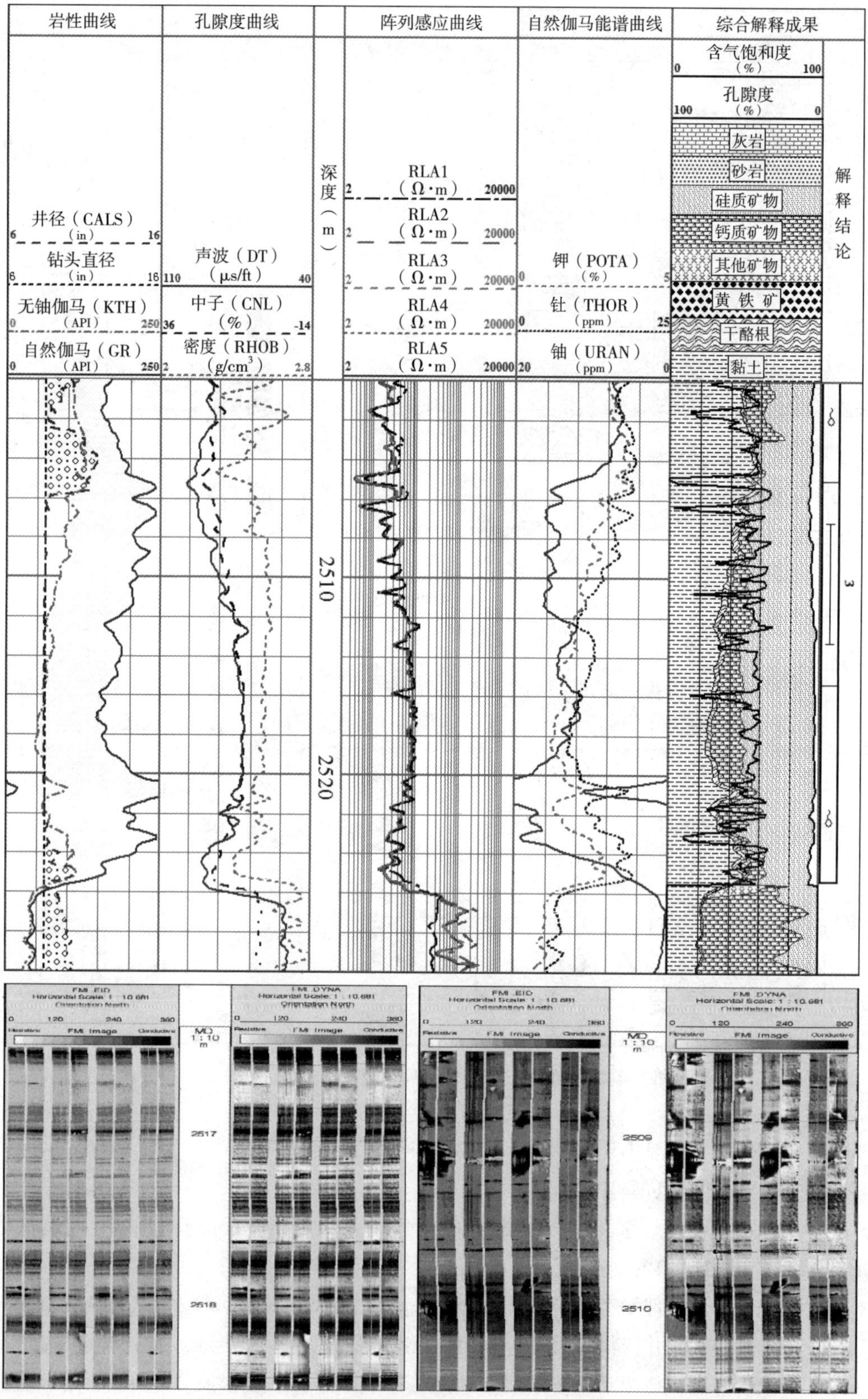

图3-4-3 优质页岩的电成像测井响应特征

（8）核磁标准T_2谱“位置靠后、幅度较大”，表明地层有较大孔径的孔隙发育、地层孔隙结构较好（图3–4–4）。

二、有利页岩

CH地区有利页岩主要分布在龙马溪组下部（N201井的2427.0~2495.0m、厚68.0m），有利页岩测井响应特征为：

（1）自然伽马高值，一般在125~150API，铀高值（图3–4–1、图3–4–2）；

（2）密度值较低，一般在2.6~2.65g/cm^3（图3–4–1、图3–4–2）；

（3）自然电位（弱）负异常（图3–4–2）；

（4）电阻率呈高值、多在20~70Ω·m间，“锯齿”状低值跳跃指示地层有层状黄铁矿发育（图3–4–1、图3–4–2）；

（5）电成像呈暗黄色层状分布，指示地层页理发育（图3–4–3）；

（6）元素俘获测井资料指示Si、Ca两种元素含量高，指示地层脆性矿物含量较高；

（7）多级子阵列声波指示纵波差较大（一般在61~65μs/m间），快慢横波分离明显、指示地层各向异性强，斯通利波能量衰减较明显、指示地层渗透性较好；

（8）核磁标准T_2谱多“位置靠前、幅度较大”，表明有地层以小孔径孔隙为主、少有较大孔径的孔隙发育、地层孔隙结构次于优质页岩（图3–4–5）。

三、普通页岩

CH地区普通页岩主要分布在龙马溪组中部（N201井的2402.5~2427.0m、厚24.5m），普通页岩测井响应模式为：

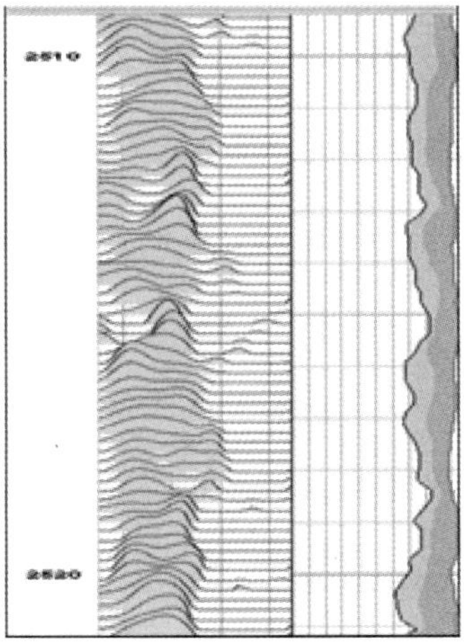

图3–4–4 优质页岩T_2谱特征

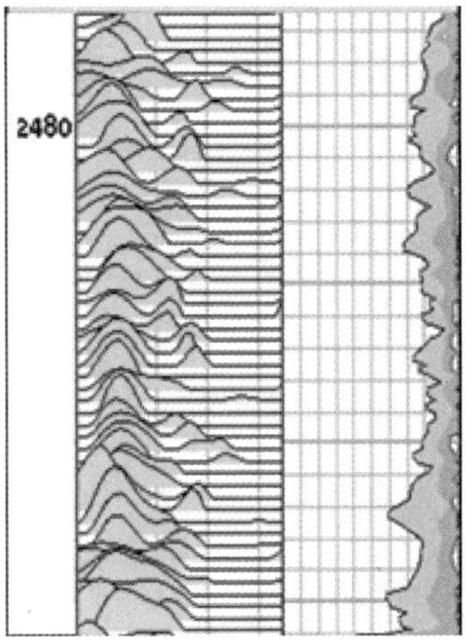

图3–4–5 有利页岩T_2谱特征

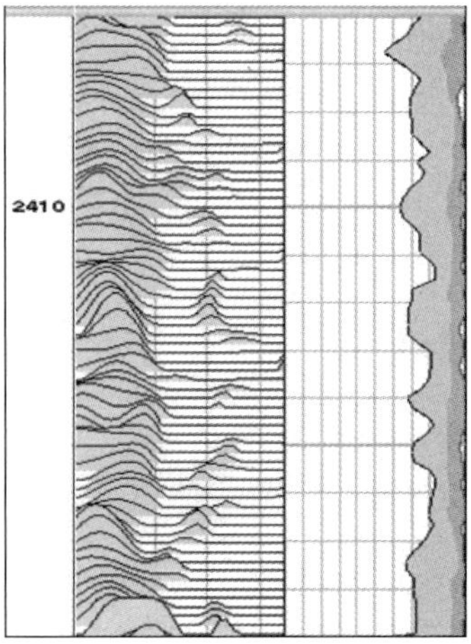

图3–4–6 普通页岩T_2谱特征

（1）自然伽马中值，一般小于125API，铀值略低于有利页岩（图3–4–1、图3–4–2）；

（2）密度值相对较低，但一般大于2.65g/cm^3（图3–4–1、图3–4–2）；

（3）自然电位弱的负异常（图3–4–2）；

（4）电阻率呈高值、多在10~50Ω·m，少见“锯齿”状低值跳跃（图3–4–1、图3–4–2）；

（5）电成像呈暗黄色层状分布，指示地层页理发育（图3–4–7）；

（6）元素俘获测井资料指示Si、Ca两种元素含量较高，指示地层脆性矿物含量一般；

（7）多级子阵列声波指示纵波时差较大（一般小于61μs/m），快慢横波分离、指示地层各向异性强，斯通利波能量衰减较明显、指示地层渗透性较好；

（8）核磁标准T_2谱“位置靠前、幅度较小”，表明有地层孔径结构以小孔径孔隙为主、地层孔隙结构一般（图3–4–6）。

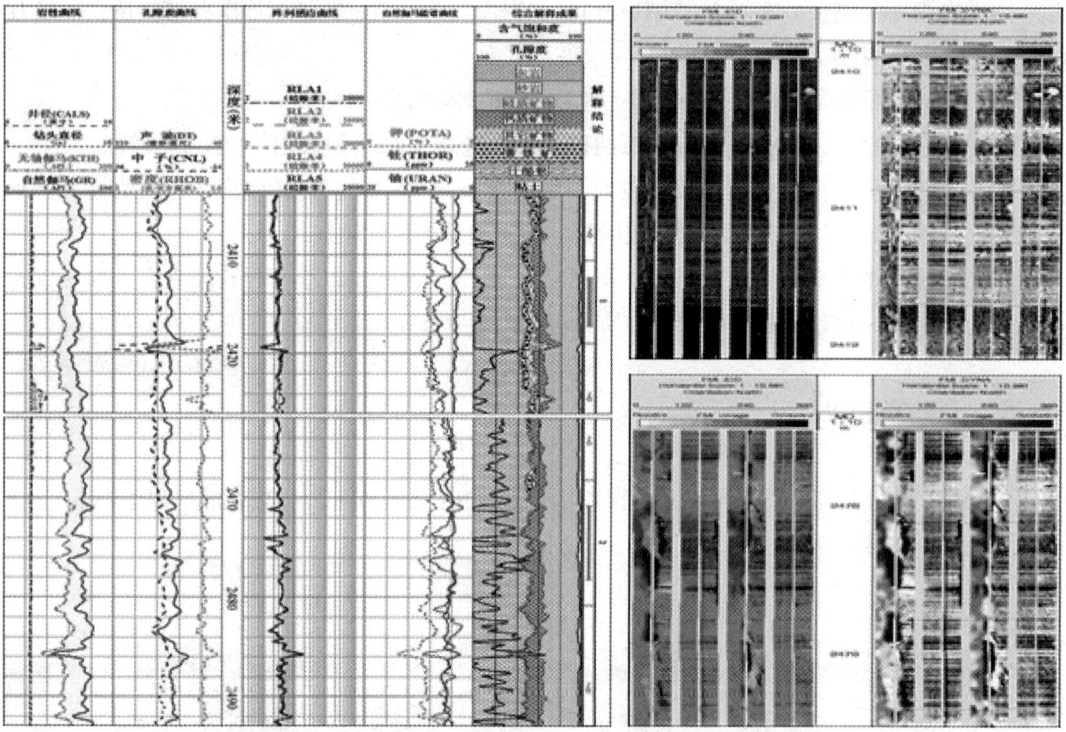

图3–4–7　普通页岩（左图）与有利页岩（右图）的电成像测井响应特征

第四章 页岩划分与优质页岩识别

第一节 岩性测井识别方法

一、井剖面岩性类型

以陆源物质组成的碎屑岩为例，按照颗粒大小将碎屑岩划分为砾岩、砂岩、粉砂岩和黏土岩（表4–1–1）。

表4–1–1 碎屑颗粒的粒度分类

碎屑名称	亚类名称	颗粒直径/mm
砾岩	巨砾	≥1000
	粗砾	1000~100
	中砾	100~10
	细砾	10~2
砂岩	巨砂	2~1.0
	粗砂	1.0~0.5
	中砂	0.5~0.25
	细砂	0.25~0.01
粉砂	粉砂	0.01~0.005
黏土（泥土）	黏土(泥土)	≤0.005

1. 砾岩（粗碎屑岩）

粒径大于2mm的碎屑占50%以上，具有砾状结构，层理发育差。砾石一般为圆或次圆状者称砾岩，砾石呈棱角和次棱角状者称角砾岩。主要由一种砾石成分（含量75%）组成的砾岩，称单成分砾岩，这样的砾岩一般分选性和磨圆度均好，如石英砾岩。砾石成分复杂者称复成分砾岩，一般分选不良，圆度变化也大。按照“复合粒度的碎屑岩命名规则”，砾石含量在10%~25%以内的砂岩称为含砾砂岩，砾石含量在25%~50%以内的砂岩称为砾状砂岩。

2. 砂岩（中碎屑岩）

粒径介于2~0.01mm之间的砂粒占50%以上，具砂状结构，各类层理均可发育，胶结物多为硅质、钙质、铁质及泥质等。按砂粒大小可分为粗粒砂岩、中粒砂岩和细粒砂岩。按成分又可分为石英砂岩、长石砂岩和岩屑砂岩。石英砂岩中石英含量占75%以上，甚至95%以上，一般磨圆度高，分选好，颜色浅。

3. 粉砂岩（细碎屑岩）

粒径介于0.01~0.005mm的碎屑粒占50%以上，具粉砂状结构，多呈薄层状，水平或微波状层理，颗粒细小，肉眼难以辨认，放大镜下可识别石英颗粒或少量白云母。

4. 泥质岩类

分布最广的一类沉积岩，均为泥质结构，并常具水平层理，主要由各种黏土矿物组成。通常按固结程度分为以下三种：①黏土：未固结或弱固结的泥质岩，具吸水性和可塑性，在水中易泡软。单矿物黏土有高岭石黏土、蒙脱石黏土、水云母黏土等，但自然界多数为复矿物黏土。②泥岩：固结较紧的泥质岩，呈块状，吸水性和可塑性极弱，在水中不易泡软。成分较复杂，多水云母，含粉砂。③页岩：固结很好的泥质岩，成页片层，无吸水性和可塑性，水中不能泡软，可按其所含次要成分进一步命名，如炭质页岩、钙质页岩等。

二、岩性划分的关键问题

1. 岩性划分思路

测井解释是个正反演的过程，首先利用声电磁等技术将地质信息转换成物理信号（正演），然后再利用物理信号解释地质信息（反演），这个正反演过程中不可缺少的就是标定工作，尤其针对复杂储层的测井评价工作，标定工作是不可或缺的。“双标定”即岩芯资料标定声电成像及核磁资料，然后利用声电成像及核磁资料刻度常规测井资料，它通过从岩芯等第一手资料到常规测井资料的信息转化，实现利用测井资料准确评价地质现象的目的。图4-1-1给出了W77-4井的测井解释“双标定”图。在“双标定”的过程中，最为关键的是统一岩芯资料、成像测井、常规测井三者的深度，即岩芯深度的归位与测井深度的校正。只有同一深度的岩芯与测井特征，才能代表岩性真实地质特征，这样标定出的测井响应特征才是岩性的真实表征，在此基础上形成的识别或判别方法才行之有效。

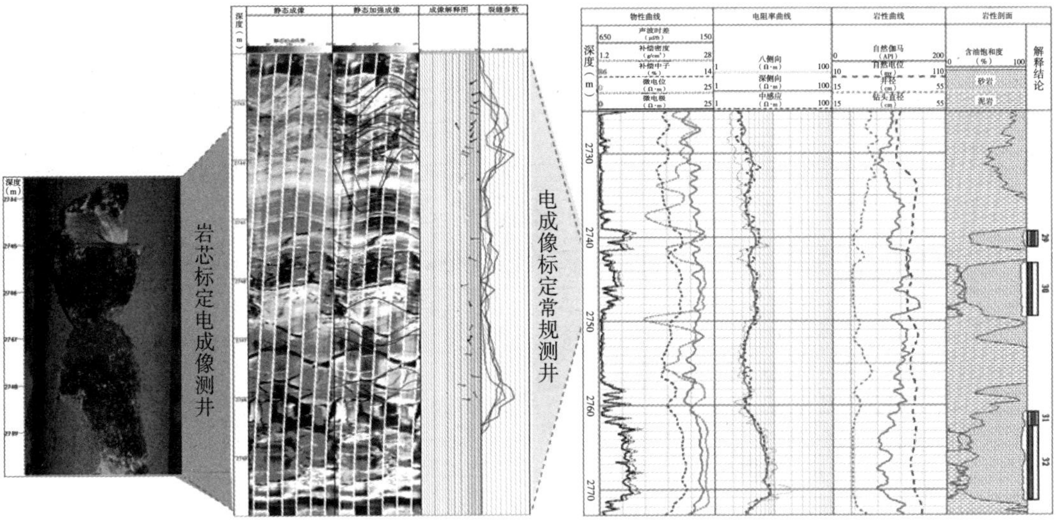

图4-1-1　W77-4井双标定成果图

2. 岩芯深度归位及测井曲线深度校正

岩芯分析深度归位一般采用相关对比法进行，这就需要对岩芯进行高密取样以获得高密的实验分析数据，这种情况下确定的测井曲线（一般为三孔隙曲线或利用其计算的孔隙度）与岩芯分析孔隙度的相关性可准确确定岩芯深度校正量，图4-1-2为西北油气分公司一口井的岩芯深度归位前后对比图，从中容易确定岩芯深度校正量为+1.0m。而在岩芯分析数据稀疏情况下（如图4-1-3为X14井的岩芯分析数据很稀疏），相关性很难寻找，利用以上方法进行岩芯归位，会因数据点稀疏而使岩芯深度校正量不准确，甚至出现“砂岩分析数据点出现在泥岩上”，对于薄互层更是如此，这种情况下的岩芯归位是测井解释的一个难题。

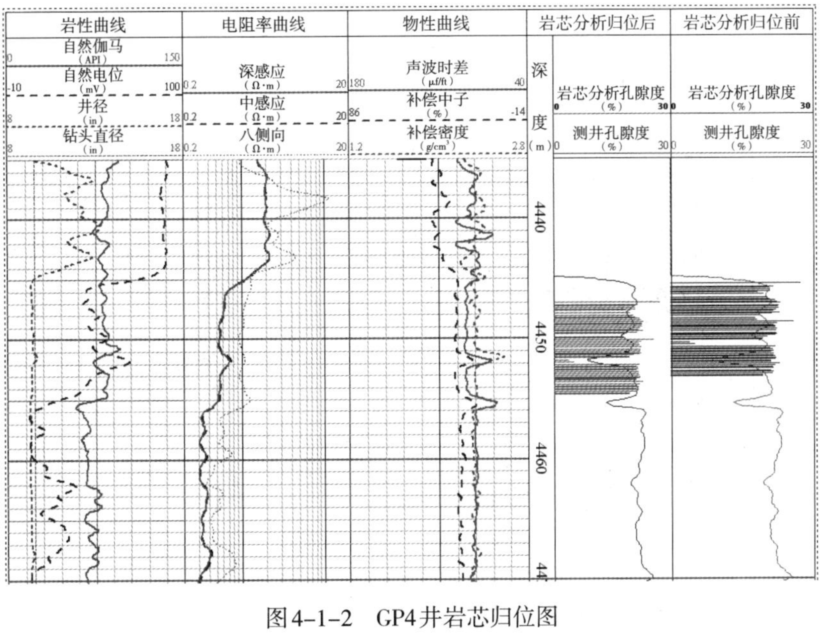

图4-1-2　GP4井岩芯归位图

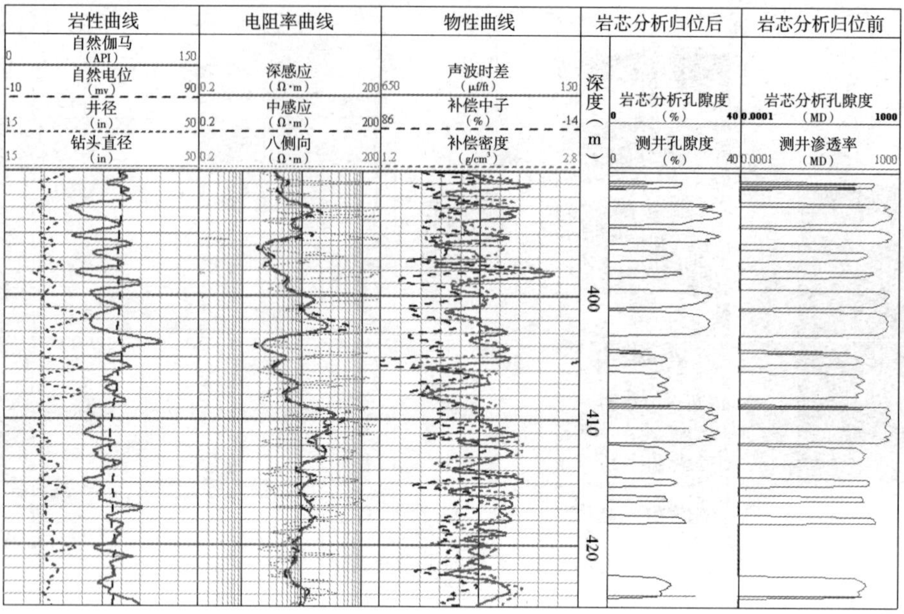

图4-1-3　X14井岩芯归位图

针对这种情况，研究提出了一种新的归位方法——基于电成像的岩芯归位方法。该方法首先是对连续的、纵向分辨率高的电成像资料进行岩性解释，得出岩性剖面，然后按岩芯编号、根据岩芯描述将每块岩芯归位到电成像岩性解释剖面上，确定每块岩芯的深度校正量，而岩芯分析数据的深度校正量就是这个校正量。图4-1-4为X14井岩芯深度归位前后对比图（左图为2号岩芯、右图为3号岩芯），从中可看出，基于电成像的岩芯深度归位方法大大提高了岩芯归位的精度，从而为测井精细解释奠定了基础。

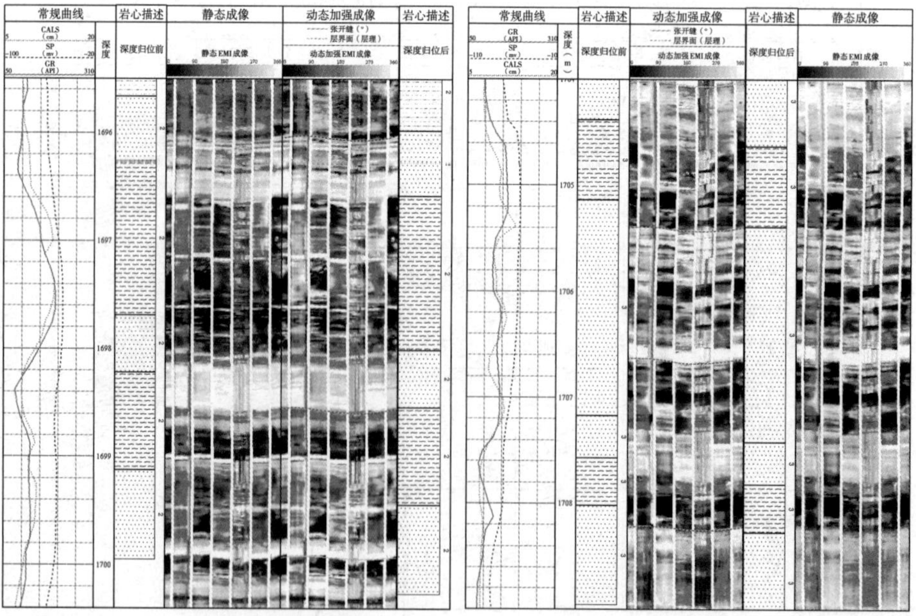

图4-1-4　X14井岩芯深度归位前后对比图（左为2号岩芯，右为3号岩芯）

测井曲线的深度校正。不同纵向分辨率的测井系列间的深度校正，应在确保GR深度不变的情况下，将低分辨率的测井系列校正到高分辨率的系列上。相同纵向分辨率的测井曲线间的深度校正应尽量在大比例深度中校正。研究中，首先将EMI和GR深度校正好，然后将LLD以EMI图像（或颜色曲线FBLL）的深度为准进行校深，其他常规测井曲线在1∶50的比例下进行校深，这样得到的曲线对关系明显变好，这为后面的岩性关系建立与岩性判别奠定了基础。如X14井LLD深度大多偏浅0.2m、局部偏浅0.3m。

三、不同岩性的测井响应特征

通过对测井响应机理研究，结合钻时岩屑、钻井取芯资料及区域地质特征，强化常规测井—EMI成像—核磁共振测井三者的综合应用，总结了各类储（地）层的测井响应特征。以E探区为例，研究发现区域内主要发育三类岩性，利用总结的测井响应特征来识别岩性，应用效果显著。

1. 泥岩类地层

（1）与砂砾岩相比，具有高自然伽马（GR）、低深侧向电阻率（LLD）、自然电位（SP）平直的特点，因受扩井和泥质影响，密度（RHOB）测井值较低、中子（NPHI）测井值较高（图4-1-5）。

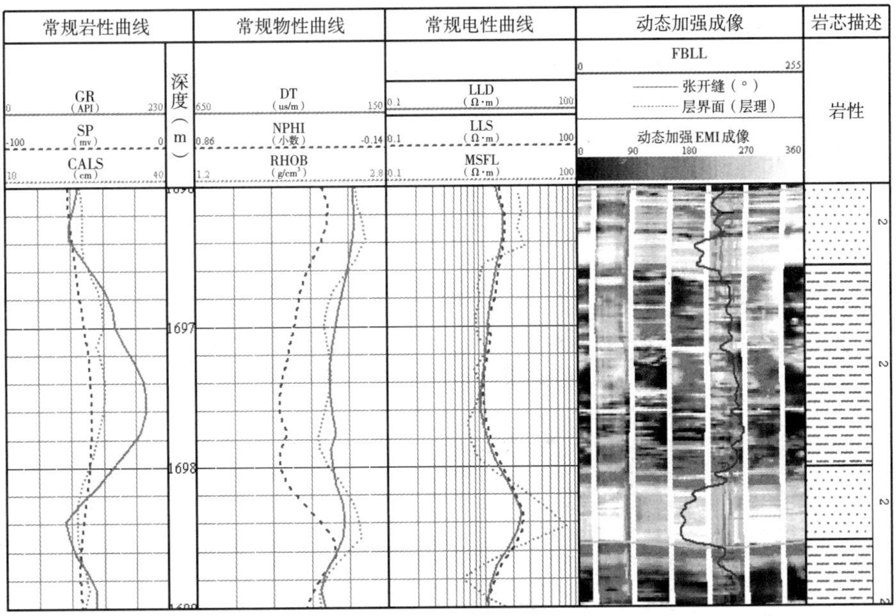

图4-1-5 泥岩类地层常规—EMI测井响应特征（X13）

（2）电成像图上呈暗色、颜色曲线（FBLL）呈高值特征（图4-1-5）。

（3）核磁共振测井的0.5~4.0ms区间孔隙度幅度呈现高值、8~16ms及128~2048ms区间孔隙度幅度均呈低值（图4-1-6）。

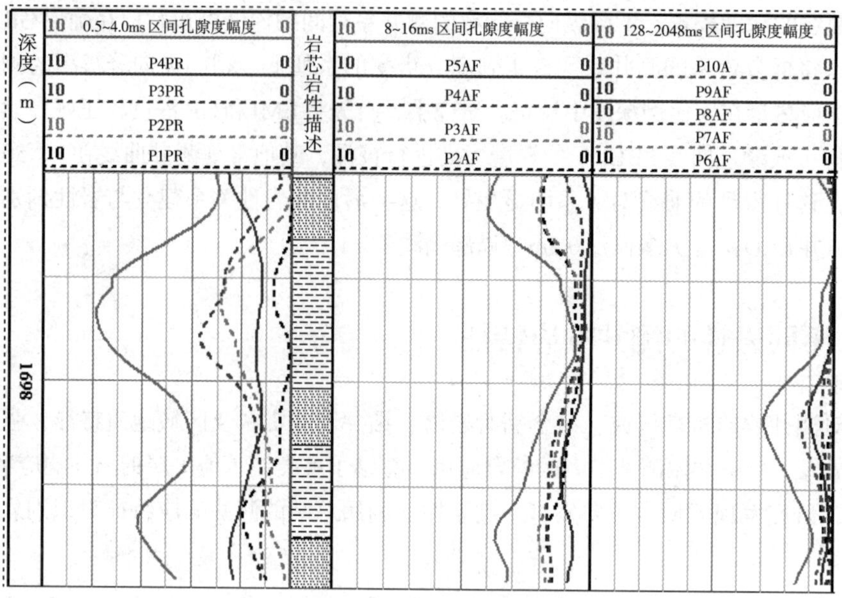

图4-1-6　泥岩类地层NMR区间孔隙度幅度特征（X13）

2. 砂岩类储层

（1）与泥岩类地层相比，具有低GR、CALS缩井、SP异常的特点，三孔隙度测井曲线互容趋势，含水层通常有比泥岩类地层低的LLD，含油层通常有比泥岩类地层高的LLD；与砾岩类地层相比，具有GR略高、RHOB低、声波时差（DT）高、LLD低的特征。

（2）电成像图像颜色较亮、颜色曲线FBLL较高，但无（椭）圆状或棱角状砾石形态（图4-1-7、图4-1-8）。

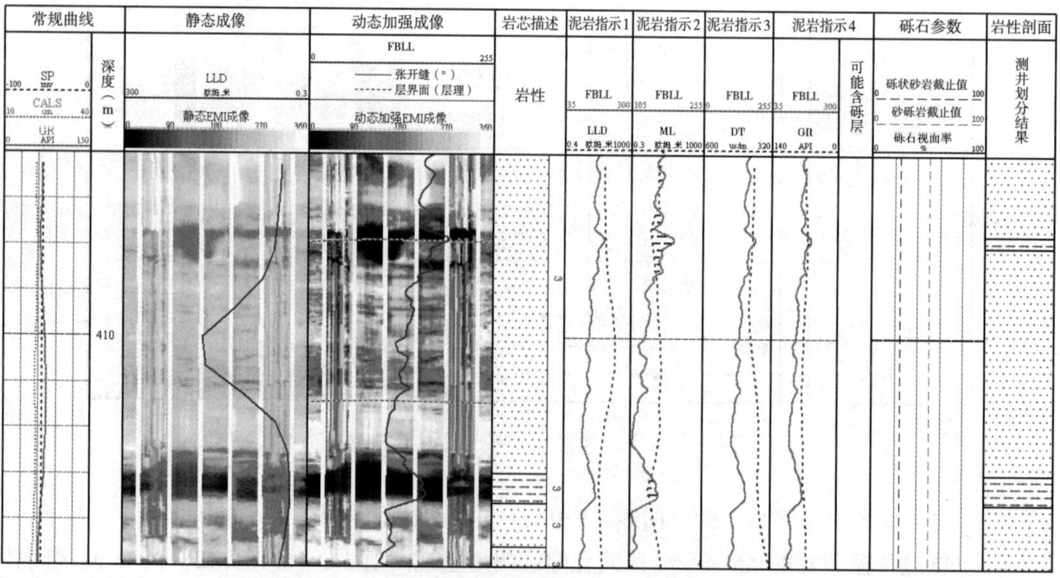

图4-1-7　砂岩类储层电成像测井响应特征（X14井）

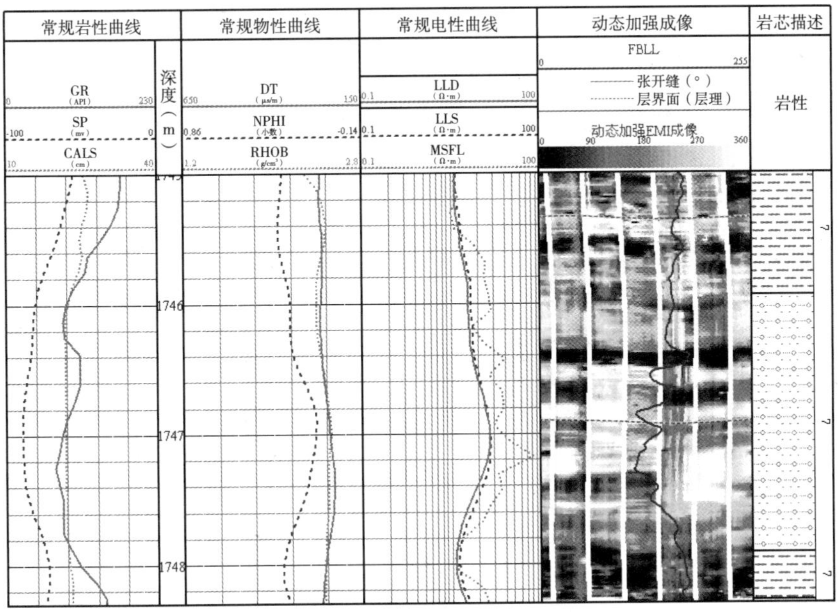

图4–1–8　砾岩类地层常规–EMI测井响应特征（X13）

（3）核磁共振测井的0.5~4.0ms及8~16ms区间孔隙度幅度呈低值、128~2048ms区间孔隙度幅度呈高值（图4–1–6）。

3. 砾岩类储层

（1）与泥岩类地层相比，常规测井曲线具有与砂岩类储层相似的特征；但与砂岩类储层，GR更低、LLD更高、DT较小、RHOB较高（图4–1–8）；

（2）电成像图像呈（椭）圆状、也见（次）棱角状亮色砾石形态、电成像色彩曲线FBLL低值（图4–1–8、图4–1–9）。

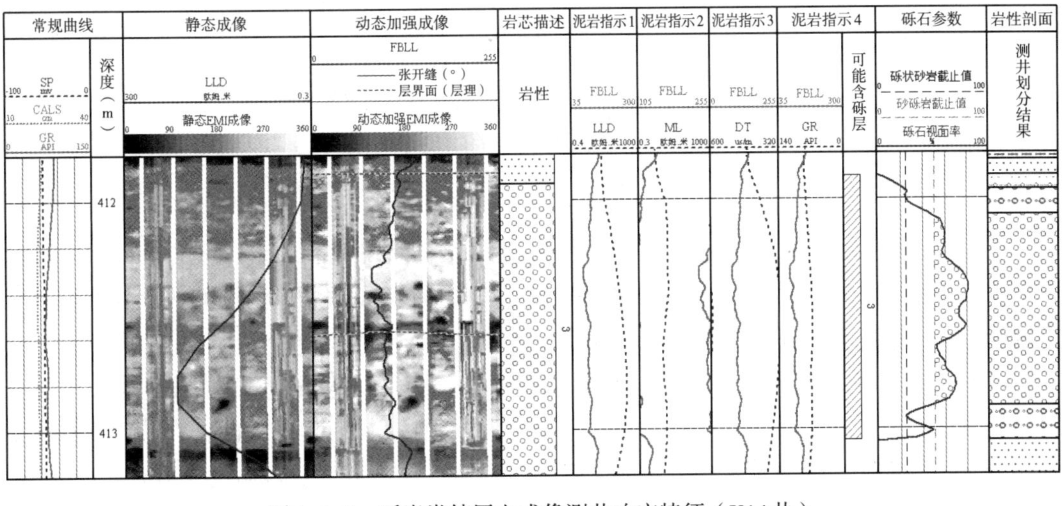

图4–1–9　砾岩类储层电成像测井响应特征（X14井）

（3）核磁共振测井的0.5~4.0ms区间孔隙度幅度呈低值、8~16ms及128~2048ms区间孔隙度幅度均呈高值（图4-1-10）。

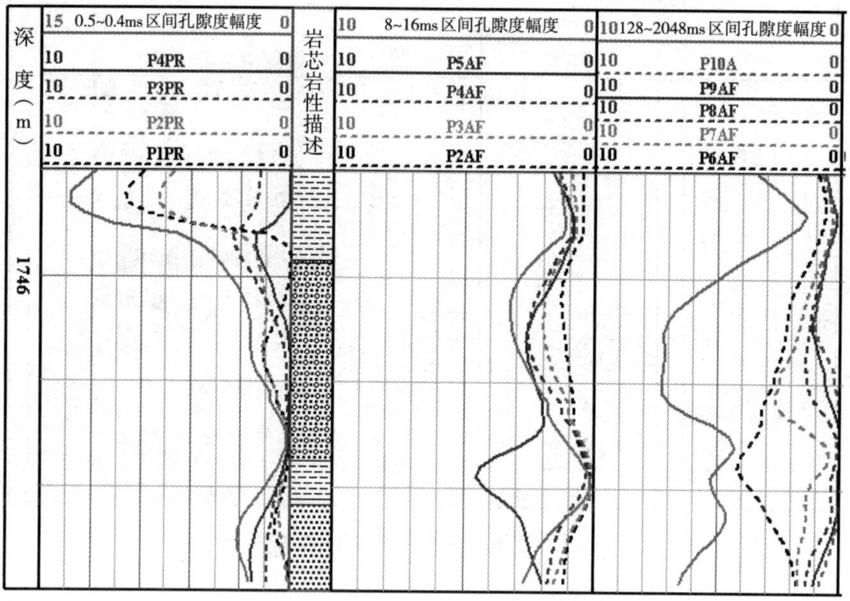

图4-1-10　砾岩类地层NMR区间孔隙度特征（X13）

四、岩性划分方法

1. *M*—*N*交会法

在骨架岩性识别技术中，目前利用常规测井资料最多的方法是*M*—*N*交会图技术，它利用的是三孔隙度测井曲线两两交会的曲线斜率，*N*定义为中子—密度交会图中骨架点到流体点的直线斜率，其与岩性是一一对应的；*M*为密度—声波时差交会图中骨架点到流体点的直线斜率，其与岩性也是一一对应的。*M*、*N*的公式为：

$$M = \frac{\Delta t_{\mathrm{f}} - \Delta t_{\mathrm{ma}}}{\rho_{\mathrm{ma}} - \rho_{\mathrm{f}}} \times 0.01 = \frac{\Delta t_{\mathrm{f}} - \Delta t}{\rho_{\mathrm{b}} - \rho_{\mathrm{f}}} \times 0.01 \tag{4-1-1}$$

$$N = \frac{\phi_{\mathrm{Nf}} - \phi_{\mathrm{Nma}}}{\rho_{\mathrm{ma}} - \rho_{\mathrm{f}}} = \frac{\phi_{\mathrm{Nf}} - \phi_{\mathrm{N}}}{\rho_{\mathrm{b}} - \rho_{\mathrm{f}}} \tag{4-1-2}$$

式中，Δt_{f}、Δt_{ma}、Δt分别为流体、骨架、测井的声波时差值；ρ_{f}、ρ_{ma}、ρ_{b}分别为流体、骨架、测井的密度值；ϕ_{Nf}、ϕ_{Nma}、ϕ_{N}分别为流体、骨架、测井的中子值。0.01为人为增加的平衡因子，以消除物理量纲不同引起的*M*、*N*数值不当。

图4-1-11为利用X13井对应岩芯段所做的*M*—*N*交会图，从图中可以看出：砾石界限与泥岩界限很清楚，容易和其他岩性区分开。砾岩类中的含砾砂岩、砾状砂岩不易和砂岩类完全区分开。给定同一个*M*值，泥岩、砂岩、含砾砂岩、砾状砂岩、砾石的*N*值有增大趋势。为便于在解释中应用，研究确定了砾岩的下限*N*值线$N_{\text{砾石下限}}$、泥岩的上限*N*值线$N_{\text{砾石上限}}$。

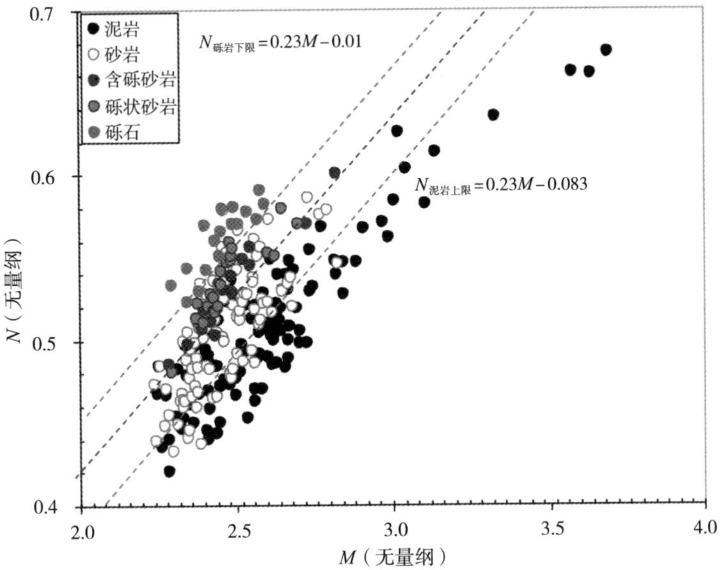

图4-1-11　M—N交会图识别岩性

$$N_{砾石下限} = 0.23 \times M - 0.01 \tag{4-1-3}$$

$$N_{砾石上限} = 0.23 \times M - 0.083 \tag{4-1-4}$$

当$N > N_{砾石下限}$时，判断为砾岩；当$N < N_{泥岩上限}$时，判断为泥岩。

由于三孔隙度测井曲线受含油性的影响小，受储层物性、岩性、矿物成分的影响较大，因此它们对岩性的变化比较敏感，通过做中子—密度、中子—声波、声波—密度做大量的交会图，进行对比研究发现M—N交会图法能较好地识别岩性，尤其能准确地识别出砾石与泥岩。

2. 基于电成像的识别方法

EMI（Electronic Micro Imaging）测井仪共装有150个微电极，记录的每个电极的电流强度及所施加电压反映了井壁四周微电阻率的变化。电阻率图像的颜色代表着电阻率的高低，一般采用电阻率越低，颜色越暗的成像显示，但成像颜色不反映岩石的真实颜色。成像色彩的细微变化可说明岩性和物性的变化，如在砂泥岩剖面，一般颜色亮者反映砂岩含量较大，而颜色越暗，反映泥质含量越大。由于具有较高的周向和垂向分辨率（均为0.2in），因此，利用该成像图可对井周地层进行精细的描述，包括对层理、岩性、裂缝、孔洞及井眼状况进行描述，为直观定性识别岩性（泥岩类地层、砂岩类储层、砾岩类储层）、定量评价砾石提供了有效手段。

研究通过岩芯资料标定电成像测井资料、电成像测井资料标定常规测井资料，总结出泥岩类地层(泥岩、页岩、砂质泥岩)、砂岩类储层（细砂、粉砂）、砾岩类储层（含砾砂岩、砾状砂岩、砾岩）的测井响应特征，形成了一套砂砾岩测井划分方法。

基于电成像识别岩性的方法具体可分3个步骤：①从电成像数据体中提取出图像色彩曲线FBLL（高值代表暗色、低值代表亮色），将FBLL分别与常规测井曲线中指示岩性敏感的GR、

DT、LLD、ML（MSFL）进行交互，快速识别出泥岩类地层（图4-1-12、图4-1-13）。②然后，利用电成像图上呈现的亮色砾石形态—多呈（椭）圆状，也见（次）棱角状，在非泥岩类地层划分出可能含砾层（图4-1-12、图4-1-13）。③最后，计算可能含砾层的砾石视面率（AREA），按照岩芯标定电成像的砾石视面率界限（图4-1-12），细分出含砾砂岩（AREA≤25%）、砾状砂岩（25%＜AREA≤50%）、砾岩（AREA＞50%）（图4-1-12、图4-1-13）。

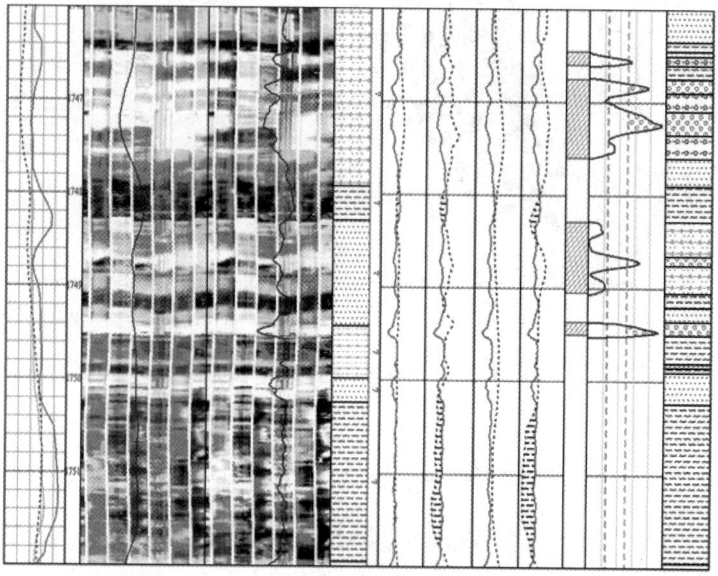

图4-1-12　EMI识别三类储（地）层方法（X13井）

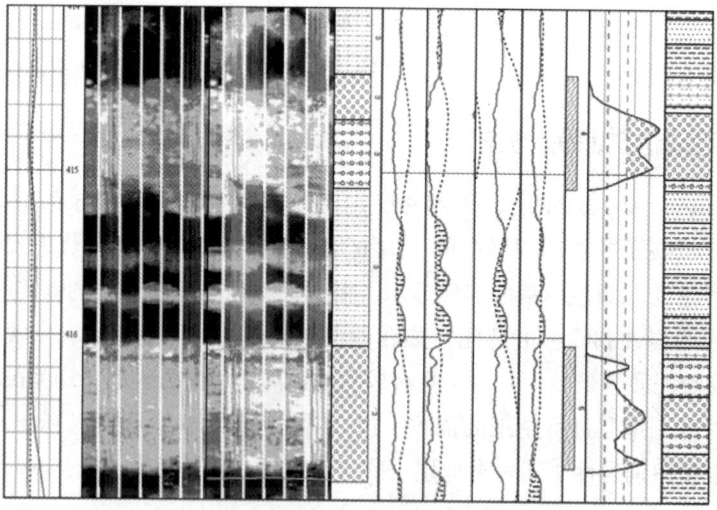

图4-1-13　EMI识别三类储（地）层方法（X14井）

3. Bayes判别分析法

因电成像可直观定性识别岩性（可清楚识别直径大于5mm的砾石）、通过砾石视面率的计算可定量评价砾石含量，基于电成像测井资料无疑是最佳的识别岩性方法。但在没有电成像测井资料的情况下，如何利用常规测井资料识别岩性，是测井技术人员面临的又一难题。研究针对这一问题展开了工作，结果发现：尽管LLD的纵向分辨率远小于EMI，但在所有常规测井曲线中，其与FBLL的相关性最好（图4-1-14、图4-1-15）；指示岩性敏感的测井曲线有LLD、GR、DT、MSFL（ML）。因此，可利用LLD代替FBLL，分别与敏感曲线GR、DT、MSFL（ML）交互，实现对泥岩类层的快速识别；然后，利用敏感测井曲线，选用判别分析方法，建立合适的数学判别函数，从而达到利用常规测井资料自动识别岩性的目的。

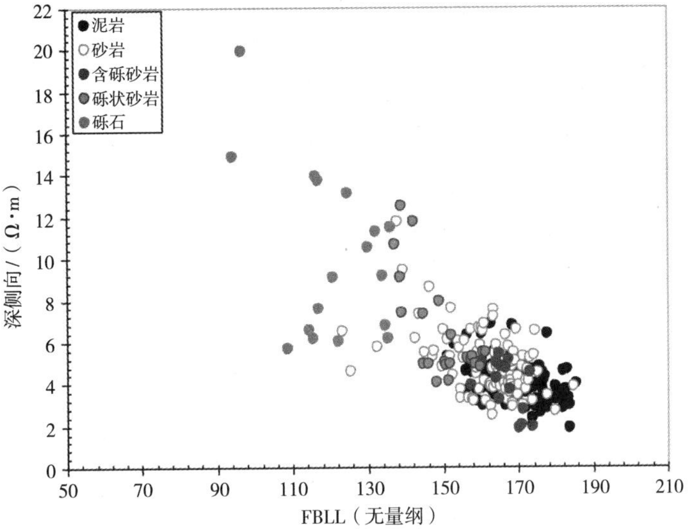

图4-1-14 LLD—FBLL交会图

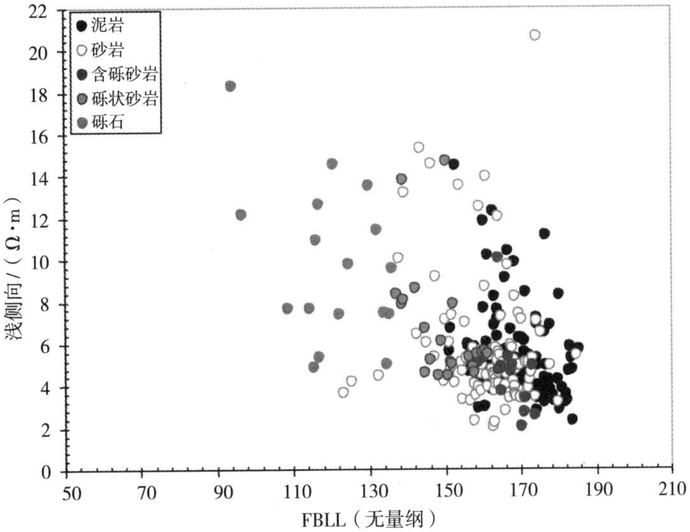

图4-1-15 LLS—FBLL交会图

判别分析是判别样品所属类型的一种统计方法，其与聚类分析不同。判别分析是在已知研究对象分成若干类型（或组别）并已取得各种类型的一批已知样品的观测数据，在此基础上根据某些准则建立判别式，然后对未知类型的样品进行判别分类。而聚类分析是对事先并不知类型的一批样品确定其归属类型。正因如此，判别分析和聚类分析往往联合起来使用，例如判别分析是要求先知道各类总体情况才能判断新样品的归类，当总体分类不清楚时，可先用聚类分析对原来的一批样品进行分类，然后再用判别分析建立判别式以对新样品进行判别。

判别分析内容很丰富，方法很多。判别分析按区分不同总体的所用的数学模型来分，有线性判别和非线性判别；按判别时所处理的变量方法不同，有逐步判别和序贯判别等。判别分析可以从不同角度提出的问题，因此有不同的判别准则，如马氏距离最小准则、Fisher准则、平均损失最小准则、最小平方准则、最大似然准则、最大概率准则等，按判别准则的不同又提出多种判别方法。目前主要有距离判别法、逐步判别法、Fisher判别法和Bayes判别法四种判别方法。在经济学、医学、地质勘探、油气田开发及市场预测中常用的方法是Fisher判别法和Bayes判别法。本次研究通过对Fisher及Bayes判别法的对比分析，发现：Bayes判别法在岩性识别方面好于Fisher判别法，其原因是Fisher判别法没有考虑各总体出现概率的大小，也给不出预报的后验概率及错判率的估计以及错判之后造成的损失，而这些不足恰恰是Bayes判别法的优点。因此本次研究主要利用Bayes判别法来识别岩性。

由于泥岩类地层容易划分，砂岩类与砾岩类地层不易划分，该法仅对砂岩类与砾岩类地层进行判别。取砂岩G_1及砾岩G_2两个总体各有21个、9个样品（岩芯分析已确定岩性归属），即n_1=21、n_2=9。通过比较发现GR、LLD、DT、MSFL与岩性相关性较强，故选用GR、LLD、DT、MSFL四条敏感测井曲线作为岩性识别的观测变量，那么观测变量个数p=4。表4-1-2中任意给出无对应取心的16个待判样品（任取8m井段，每1m取一样品观测变量）。利用Bayes判别法来识别岩性，具体步骤如下：

表4-1-2　Bayes判别法识别岩性表

类别	序号	岩芯岩性	井深/m	GR-x_1/API	LLD-x_2/Ω·m	DT-x_3/μs/m	MSFL-x_4/Ω·m	f_1	f_2	f_1-f_2	（回）判断结果
砂岩类	1	砂岩	1696.2	92.74	6.62	236.08	12.61	276.7	274.4	+	砂岩类
	2	砂岩	1696.4	93.13	6.11	241.00	14.01	290.5	288.5	+	砂岩类
	3	砂岩	1704.2	103.50	13.10	210.57	46.16	198.8	215.1	–	砾岩类
	4	砂岩	1712.6	105.21	4.42	239.15	7.15	285.9	280.7	+	砂岩类
	⋮	⋮	⋮	⋮	⋮	⋮	⋮	⋮	⋮	⋮	⋮
	21	砂岩	1731.0	109.92	3.84	252.77	5.55	325.4	318.2	+	砂岩类
砾岩类	22	含砾砂	1701.8	68.80	7.93	266.89	13.660	365.9	361.4	+	砂岩类
	23	砾岩	1702.0	69.43	6.56	251.95	40.495	317.5	327.2	–	砾岩类
	24	砾状砂	1715.9	129.56	5.46	229.11	6.669	257.3	252.8	+	砂岩类
	25	砾岩	1730.4	89.34	14.84	212.10	94.061	195.1	234.3	–	砾岩类
	⋮	⋮	⋮	⋮	⋮	⋮	⋮	⋮	⋮	⋮	⋮
	30	砂岩	1757.0	92.33	9.06	208.48	25.753	195.2	201.9	–	砂岩类
待判样品	31	无取心	1845.0	104.211	4.11	260.22	11.93	338.63	341.0	–	砾岩类
	32		1845.5	37.7915	3.35	257.572	6.05	31.934	331.6	+	砂岩类
	33		1846.0	6.4513	2.78	61.6025	2.39	4.0	341.7	+	砂岩类
	34		1846.5	7.35	3.49	9.48	2.93	338.0	336.1	+	砂岩类
	⋮		⋮	⋮	⋮	⋮	⋮	⋮	⋮	⋮	⋮
	46		1853.5	124.61	6.20	232.64	4.21	274.8	262.1	+	砂岩类

注：+表示$f_1>f_2$、–表示$f_1<f_2$。

（1）计算G_1、G_2的均值向量$\mu^{(1)}$、$\mu^{(2)}$及先验概率q_1/q_2。对于先验概率，如果没有更好的办法确定，可用样品频率代替，即令$q_1=\frac{n_g}{n}$，其中n_g为用于建立判别函数的已知分类数据中来自第g个总体样品的数目。

$$q_1=\frac{n_1}{n}=0.7 \tag{4-1-5}$$

$$q_2=\frac{n_2}{n}=0.3 \tag{4-1-6}$$

$$\mu^{(1)}=\frac{1}{n_1}\sum_{i=1}^{n_1}X_i^{(1)}=\overline{X}^{(1)}=\frac{1}{21}\sum_{i=1}^{21}X_i^{(1)}=\begin{bmatrix}99.06\\6.55\\237.61\\24.34\end{bmatrix} \tag{4-1-7}$$

$$\mu^{(2)}=\frac{1}{n_2}\sum_{i=1}^{n_2}X_i^{(2)}=\overline{X}^{(2)}=\frac{1}{9}\sum_{i=1}^{9}X_i^{(2)}=\begin{bmatrix}89.89\\8.77\\233.71\\36.13\end{bmatrix} \tag{4-1-8}$$

式中$\overline{X}^{(i)}=\left(\overline{x}_1^{(i)},\dots,\overline{x}_p^{(i)}\right)^t, i=1,2$

（2）求协有效期阵$\sum$及其逆阵$\sum^{-1}$。

$$\sum=\frac{1}{n_1+n_2-2}(S_1+S_2)=\frac{1}{n_1+n_2-2}\left[\sum_{a=1}^{n_1}\left(X_a^{(1)}-\overline{X}^{(1)}\right)\left(X_a^{(1)}-\overline{X}^{(1)}\right)^t+\sum_{a=1}^{n_2}\left(X_a^{(2)}-\overline{X}^{(2)}\right)\left(X_a^{n2}-\overline{X}^{(2)}\right)^t\right]$$

$$=\begin{bmatrix}96.2124 & -2.9388 & -45.0534 & -32.8151\\-2.9388 & 3.8735 & -14.8043 & 24.6270\\-45.0534 & -14.8043 & 126.2681 & -87.1038\\-32.8151 & 24.6270 & -87.1038 & 222.3058\end{bmatrix} \tag{4-1-9}$$

由于$\sum\cdot\sum^{-1}=E$，可得：

$$\sum^{-1}=\begin{bmatrix}8.4583\times10^{-8} & -3.9495\times10^{-8} & 7.0804\times10^{-9} & 1.1594\times10^{-9}\\-3.9495\times10^{-8} & 1.5786\times10^{-4} & 8.9573\times10^{-6} & -7.4408\times10^{-6}\\7.0804\times10^{-9} & 8.9573\times10^{-6} & 1.1906\times10^{-4} & 2.6999\times10^{-6}\\1.1594\times10^{-9} & -7.4408\times10^{-6} & 2.6999\times10^{-6} & -9.8325\times10^{-5}\end{bmatrix}$$

（3）确定Bayes判别关系。代入Bayes判别函数：

$$y(g/x)=\ln q_g-\frac{1}{2}\mu^{(g)'}\Sigma^{-1}\mu^{(g)}+x'\Sigma^{-1}\mu^{(g)}(g=1,2) \tag{4-1-10}$$

得砂岩及砾岩的判别函数分别为（为便于比较，使两函数同时放大100倍）：

$$f_1=-405.71988+0.00098x_1+0.29773x_2+2.89140x_3-0.18000x_4 \tag{4-1-11}$$

$$f_2=-392.57465+0.00089x_1+0.32055x_2+2.80010x_3+0.29866x_4 \tag{4-1-12}$$

（4）样品回判及待判样品判别。将原各组样品进行回判，结果见表4-1-2。回判结果表明，总的回代判对率为86.7%，其中砂岩类的回代判对率为95.2%、砾岩类的回代判对率为

77.8%，砾石类的回代判对率低的原因是砾状砂岩，尤其是含砾砂岩容易错判为砂岩类，如果把含砾砂岩与砾状砂岩剔除，那么砾岩类、砂岩类的回代判对率均为100%。方法能有效地将砾石与砂岩区分开，并不能很好地将砾状砂岩、含砾砂岩与砂岩完全区分开。利用所建立的砂岩及砾岩判别函数对无相应取心的待判样品进行判别，其判别结果和电成像识别结果与M—N交会图判别结果基本一致，其判别结果见表4-1-2。

Bayes判别法已有成熟的数学算法，利用相应的商业软件可以完成，也可根据实际情况，按照上述算法进行编程实现特殊的目的。

利用上述方法对研究区内无相应取心的井进行了井岩性剖面的识别划分，发现M—N交会法、基于电成像的识别方法、Bayes判别分析法的岩性划分结果有很好的一致性，在实际应用中收到了较好的地质效果。图4-1-16为利用常规测井资料识别X13井的一段地层，图中第一道为深度道，第二道为常规测井岩性曲线，第三道为LLD—GR快速识别泥岩类地层，第四道为LLD—MSFL快速识别泥岩类地层，第五道为LLD—DT快速识别泥岩类地层，第六道为M—N判别法识别岩性，第七道为Bayes判别法识别及测井解释的岩性。M—N交会法指示在1844.9~1845.4m、1847.0~1847.3m、1848.0~1850.0m、1851.7~1852.3m、1842.7~1853.4m等井段，$N>N_{砾石下限}$，故判为砾岩；在1840.0~1841.4m、1843.8~1844.0m、1846.0~1846.8m、1850.0~1851.4m、1853.6~1856.0m等井段，$N<N_{泥岩上限}$，故判为泥岩；图中其余井段为砂岩。Bayes判别法中，在1844.7~1845.5m、1846.8~1847.3m、1848.0~1849.8m、1851.5~1853.3m等井段，砾岩判别函数F_2明显大于砂岩判别函数F_1，故判别为砾岩，因该法仅区别砾岩与砂岩

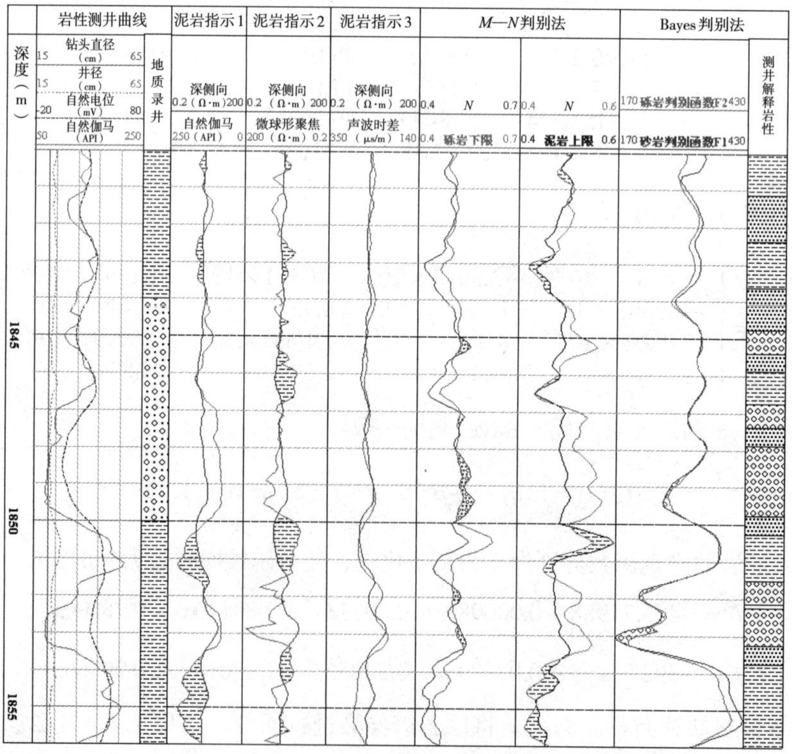

图4-1-16　X13井常规测井识别岩性成果图

两类岩性，因此要区分开砂岩与泥岩，需要结合三种泥岩快速指示结果。

从利用以上方法给出的常规测井解释岩性剖面与地质录井岩性剖面对比来看，两者大体一致，但测井解释岩性结果比地质录井岩性剖面更为合理、准确。图4-1-17给出了X13井常规测井识别岩性成果图中一段的电成像识别结果，其中在1846.8~1847.3m、1848.9~1849.0m、1849.35~1849.6m、1851.7~1841.9m等井段为明显砾状砂岩，其计算的AREA数值在25%~50%。电成像解释结果基本与常规测井解释结果、地质录井岩性剖面一致，但基于电成像的识别方法更为直观、准确。

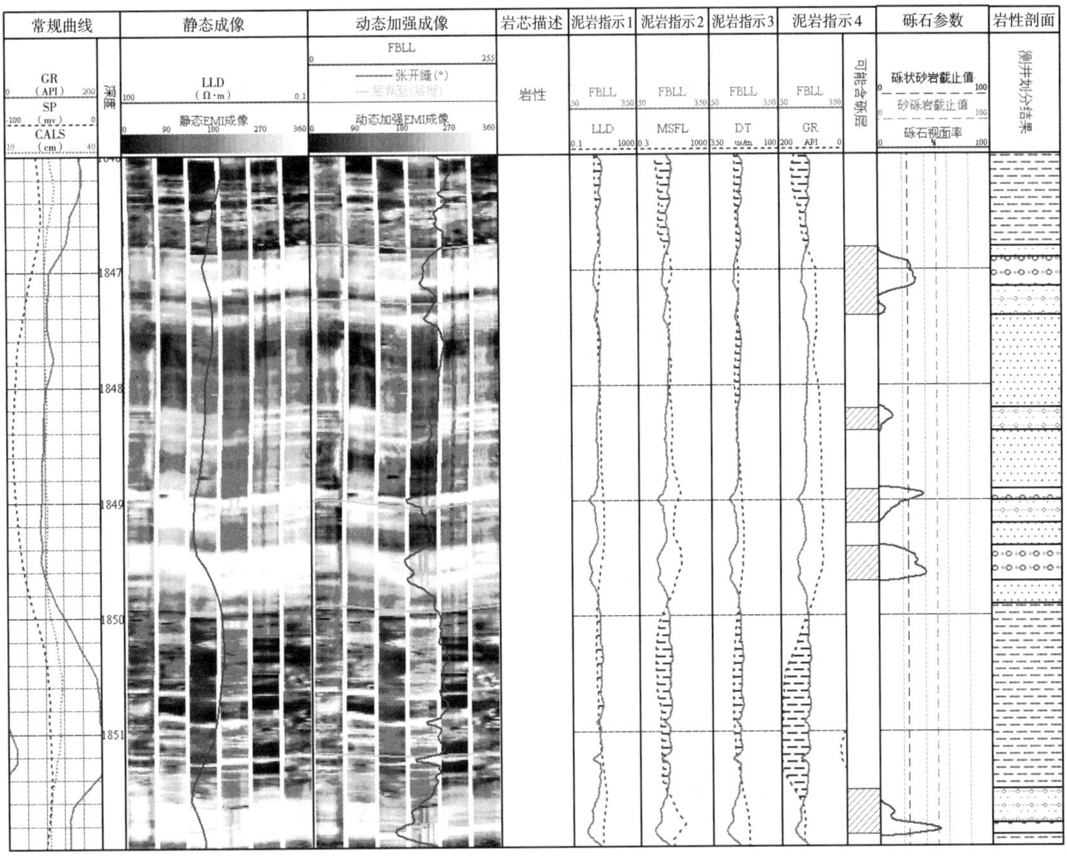

图4-1-17　X13井电成像测井识别岩性成果图

第二节　三类页岩的测井识别方法

从页岩的商业开采价值来划分，页岩可分为普通页岩、有利页岩和优质页岩。优质页岩是指在现有试采工艺条件下能获得高产工业油气流的页岩，也称为Ⅰ类页岩油气层；有利页岩是指在现有试采工艺条件下能获得工业油气流的页岩，也称为Ⅱ类页岩油气层；普通页岩是指在现有试采工艺条件下能获得少量油气流的页岩，也称为Ⅲ类页岩油气层。

在各种岩性划分的基础上，尤其是将泥岩与页岩区分开后，进一步将页岩进行三类划分十分必要。

以CH地区为例，从CH地区20口井的岩性剖面来看，钻遇的古生界地层自上而下主要为二叠系的长兴组、龙潭组、茅口组、栖霞组、梁山组，志留系的韩家店组、石牛栏组及龙马溪组，奥陶系五峰组及宝塔组。岩性主要有砂岩、泥岩、煤、玄武岩、灰岩和页岩六种岩性，页岩主要分布在龙马溪—五峰组。根据以上形成的测井响应模式可较好识别不同岩性，基于岩芯分析结果，遴选岩性敏感测井曲线，亦可形成有效的复杂岩性测井识别方法。针对CH地区，通过对测井曲线的岩性敏感性测定，形成了自然伽马—声波时差交会图（图4-2-1）、铀—钍交会图、V_p/V_s—DT_S交会图、M—N交会图4种有效方法来识别岩性；在此基础上，形成了自然伽马—声波时差交会、铀—钍交会等方法来划分三类页岩。

一、自然伽马—声波时差交会

自然伽马—声波时差交会法不仅能识别出6种岩性，也可对页岩再进行细分，有效划分出普通页岩、有利页岩和优质页岩。从图4-2-1中可以看出，自然伽马—声波时差交会法能很好识别出砂岩、泥岩、煤、玄武岩、灰岩和页岩6种岩性，“煤区”位于左上角，自然伽马值小于50API、声波时差大于110μs/ft；“灰岩区”位于左下角，自然伽马值小于50API、声波时差小于50μs/ft；“玄武岩区”位于次左下角，自然伽马值在40~75API、声波时差在50~70μs/ft间；“砂岩区”自然伽马值在80~135API间、声波时差在50~60μs/ft；“泥岩区”自然伽马值在115~140API间、声波时差在60~70μs/ft；“页岩区”位于图中最右侧，自然伽马值多大于130API、声波时差多大于65μs/ft。从图4-2-2中，优质页岩位于右下方、普通页岩位于左上方、有利页岩位于两者之间，三者界限清晰。普通页岩和有利页岩由于黏土矿物成分含量较多，声波时差多集中在65~85μs/ft之间，同时自然伽马数值相对较小，在120~180API之间；优质页岩由于脆性矿物成分含量较多，声波时差多集中在70~95μs/ft之间，同时自然伽马数值

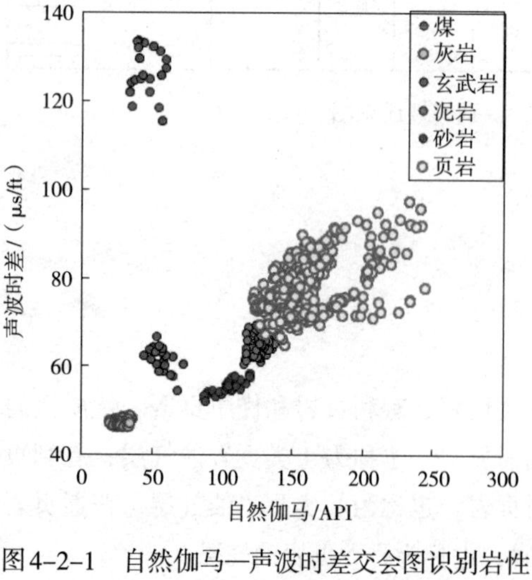

图4-2-1　自然伽马—声波时差交会图识别岩性

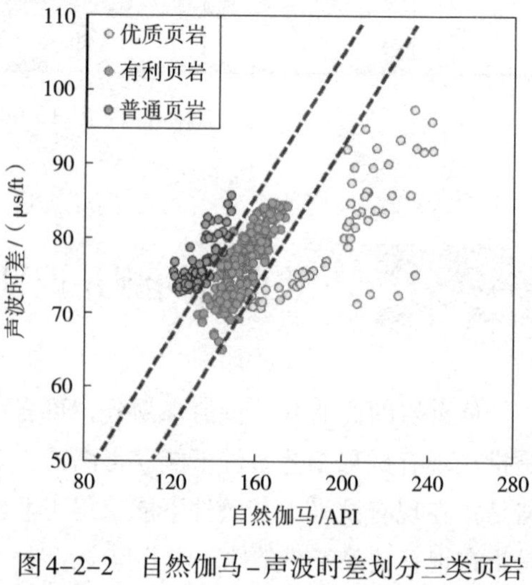

图4-2-2　自然伽马-声波时差划分三类页岩

相对较高，在160~240API之间。

对该方法进行误差统计分析发现，煤、灰岩、玄武岩、砂岩识别准确率达到100%，泥岩有少量数据点与页岩重叠，6种岩性的识别准确率达96.5%。对页岩的3类划分中，普通页岩与有利页岩有少量数据点重叠，优质页岩的界限清楚，优质页岩识别准确率为97.2%，有利页岩识别准确率为96.1%，普通页岩识别准确率为88.7%，3种页岩的识别准确率为94.5%。

二、铀—钍交会

自然伽马能谱测井能测得铀（U）、钍（THOR）、钾（POTA）。一般来说，THOR/U主要反映沉积相，氧化环境下THOR/U比值高，还原环境下THOR/U比值低，可据THOR—U交会图来识别不同沉积环境中形成页岩。在绝大多数黏土矿物中，钾和钍的含量高，而铀的含量相对较低，利用钍—钾曲线交会图，可大致确定黏土类型。岩石中的有机物对铀的富集起着重要的作用，如果黏土中富含有机物或硫化物时，铀含量明显增高。因此不同岩性地层中的黏土类型如若不同，将为我们识别岩性提供一条途径。

做U—POTA、THOR—POTA、THOR—U交会图发现：①优质页岩的钍值比普通页岩及有利页岩更低（图4-2-5）；②优质页岩、有利页岩和普通页岩的铀值依次减小，即优质页岩的铀值最高、有利页岩次之、普通页岩最低；③优质页岩的钾值比普通页岩及有利页岩更低；④铀—钾及钾—钍交会图中有利页岩和普通页岩数据点有重叠现象（图4-2-3、图4-2-4），但两法能较好划分出优质页岩；⑤钾钍比在3.5~12之间，反映龙马溪—五峰组地层黏土类型以伊蒙混层为主，含伊利石；⑥铀—钍交会图能很好划分优质页岩，同时也能有效区分有利页岩和普通页岩，优质页岩最显著的特点就是铀异常高值，说明优质页岩富含有机质；铀钍比小于2，反映龙马溪—五峰组为还原环境的深水陆棚沉积（图4-2-5）。

自然伽马能谱测井的三种识别法中，"钍—铀交会图"识别法能有效识别3种页岩，优质页岩识别准确率达100.0%，有利页岩识别准确率达97.6%，普通页岩识别准确率达93.5%，3种页岩识别准确率达95.0%。

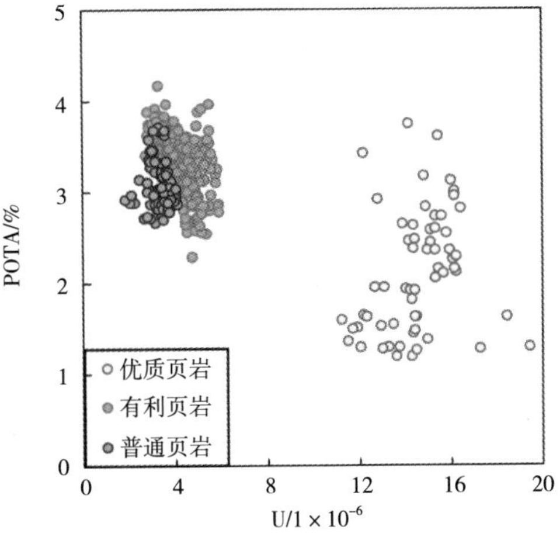

图4-2-3　铀—钾交会图

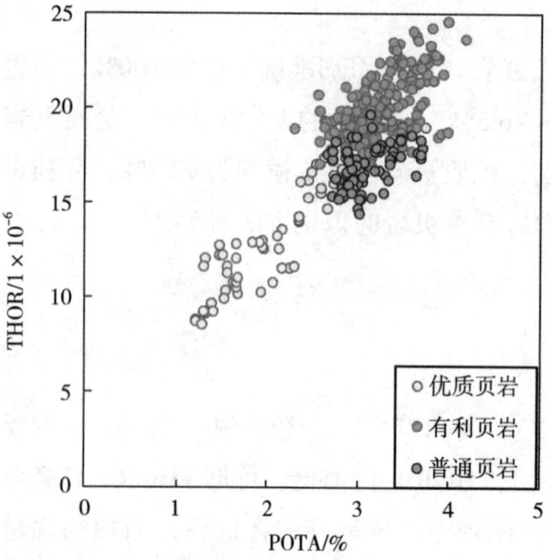

图4-2-4　钾—钍交会图

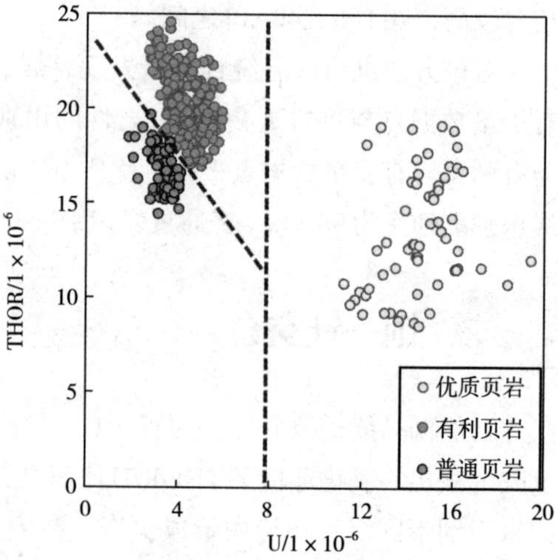

图4-2-5　钍—铀交会图

第五章 页岩关键参数测井定量评价

页岩油气层测井定量评价不同于常规油气层，有其特殊性的一面，如要评价有机碳含量、吸附气含量、游离气含量、矿物组分及岩石力学参数等；但页岩油气层测井定量评价与常规油气层也有相似性的一面，如都要计算孔隙度、渗透率、含水饱和度等参数。因此，有必要介绍常规油气层定量评价的一般方法，下面以东濮凹陷砂岩油气藏为例子，介绍常规油气层的测井定量评价一般方法。

（1）用自然伽马、井径、自然电位三条岩性测井曲线求取泥质含量。由于泥质的存在对计算储层的孔隙度及含水饱和度均有影响，有必要准确计算泥质含量。利用自然伽马测井曲线计算泥质含量的公式为（式5–0–1），其他测井曲线计算的方法类同。

$$SH = \frac{GR - GR_{min}}{GR_{max} - GR_{min}} \tag{5-0-1}$$

$$V_{sh} = \frac{2^{GCUR \cdot SH} - 1}{2^{GCUR} - 1} \tag{5-0-2}$$

式中，GR、GR_{max}、GR_{min} 分别为自然伽马测量值、自然伽马最大值、自然伽马最小值，单位均为API；GCUR为计算泥质含量时所用的经验指数，新地层GCUR=3.7，老地层选GCUR=2.0；V_{sh}为泥质含量，%。

实际上可以从测井组合图中快速估读泥质含量值。图5–0–1中，在3018m处GR–GR_{min}数值用蓝色双箭头线段表示，GR_{max}–GR_{min}数值用红色双箭头线段表示，两者之比即是SH，SH与泥质含量几乎相等，因此，技术人员通过这个方法，可以目测快速读取某个储层的泥质含量。

（2）用中子、密度、声波时差三孔隙测度测井曲线计算常规储层孔隙度。以密度测井曲线为例，密度测井计算岩石总孔隙度的方法是利用密度测井响应方程［式（5–0–3）］及岩石物理体积模型方程［式（5–0–4）］，确定地层总孔隙度［式（5–0–5）］。

$$\rho = V_{ma}\rho_{ma} + V_{sh}\rho_{sh} + \phi\rho_f \tag{5-0-3}$$

$$V_{ma} + V_{sh} + \phi = 1 \tag{5-0-4}$$

$$\phi = \frac{\rho_{ma} - \rho}{\rho_{ma} - \rho_f} - V_{sh} \cdot \frac{\rho_{ma} - \rho_{sh}}{\rho_{ma} - \rho_f} \tag{5-0-5}$$

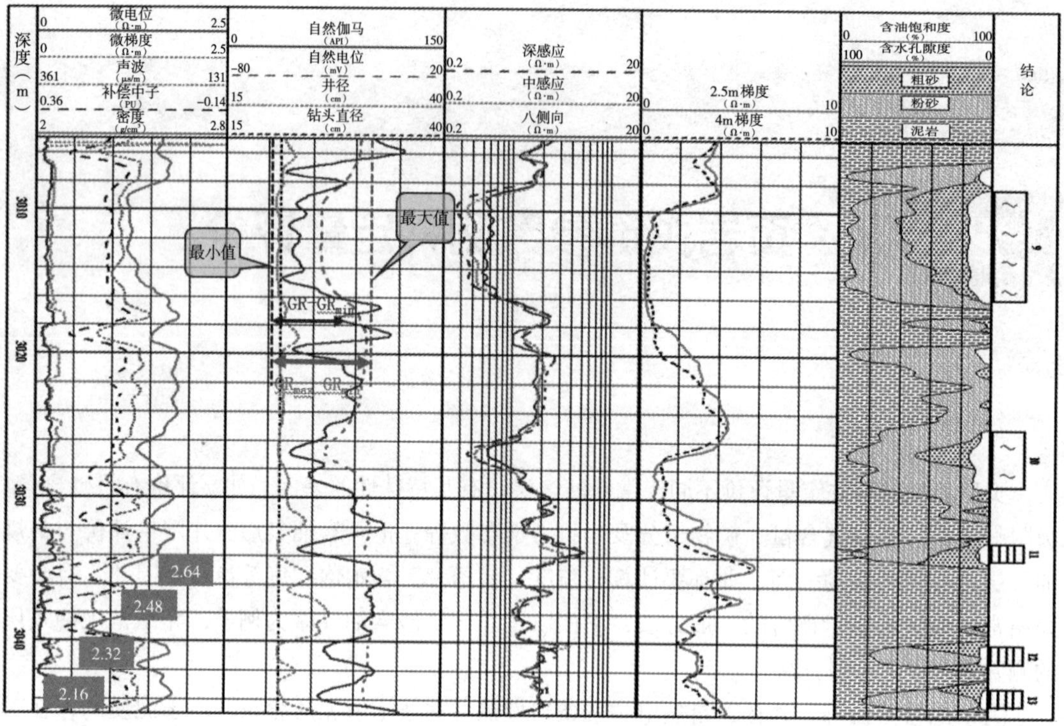

图5-0-1　快速准确读取常规储层关键参数图

式中，V_{ma}为砂岩含量，%；V_{sh}为泥质含量，%；ϕ为地层总孔隙度；ρ为密度测井值，g/cm³；ρ_{ma}、ρ_{sh}、ρ_f分别为砂岩、泥岩、流体密度值，g/cm³。

实际上可以从测井组合图中快速准确读出孔隙度值。图5-0-1中第一道，密度测井曲线的刻度为2~2.8g/cm³，其间有四格，这样从右至左依次孔隙度值依次为0、10%、20%、30%。因此，技术人员通过这个方法，可以目测快速读取某个储层的孔隙度。

（3）直接读取地层电阻率，由于深感应（或深侧向）能够探测到冲洗带之外的原状地层，一般读取深感应（或深侧向）电阻率数值作为地层的电阻率，如图5-0-1中3012m处水层的电阻率为0.3Ω·m。值得一提的是电阻率测井曲线通常是在对数刻度下显示，读取时对数刻度不同于线性刻度。

（4）利用阿尔奇或类似饱和度公式评价含水饱和度。计算了孔隙度，读取了电阻率，获得了地层的岩电参数及地层水电阻率后，就可以计算含水饱和度。Archie模型是由式（5-0-6）及式（5-0-7）得到的式（5-0-8）。

$$F = \frac{R_o}{R_w} = \frac{a}{\phi^m} \tag{5-0-6}$$

$$I = \frac{R_t}{R_o} = \frac{b}{S_w^n} \tag{5-0-7}$$

$$S_w = \left(\frac{ab}{\phi^m} \cdot \frac{R_w}{R_t} \right)^{\frac{1}{n}} \tag{5-0-8}$$

式中，F为纯砂岩水层的地层因素；R_o为100%饱含地层水的岩石电阻率，Ω·m；R_w为地层水电阻率，Ω·m；ϕ为地层孔隙度，%；a为与岩石有关的岩性系数；m为与岩石胶结、孔隙结构相关的胶结指数；I为纯砂岩油层的电阻率增大系数；R_t为纯砂岩油层的电阻率，Ω·m；S_w为岩石含水饱和度，%；b为与岩性有关的常数；n为饱和度指数，与油、气、水在孔隙中的分布情况相关。

实际上可以从测井组合图中快速准确读出含水饱和度值。以东濮凹陷为例，实验得到的砂岩岩电参数a=0.6、b=1、n=2、m为一个范围可以大约取2，对于黄河以南地区的地层水电阻率R_w为0.02Ω·m，此时（式5–0–8）变为：

$$S_w = \frac{0.15}{\phi} \cdot \frac{1}{\sqrt{R_t}} \tag{5–0–9}$$

由于东濮凹陷黄河以南地区的油气层多属低孔低渗储层，孔隙度一般在15%左右，不妨取孔隙度为15%，则含水饱和度直接变为电阻率算数平方根的倒数，因此，技术人员通过这个方法，可以目测快速读取某个储层的含水饱和度。如电阻率为1Ω·m时，东濮凹陷黄河南地区的含水饱和度为100%；电阻率为2Ω·m时，东濮凹陷黄河南地区的含水饱和度约为71%；电阻率为3Ω·m时，东濮凹陷黄河南地区的含水饱和度约为57.7%；电阻率为4Ω·m时，东濮凹陷黄河南地区的含水饱和度约为50%。从含水饱和度也可以看出：对于东濮凹陷黄河南地区来说，储层的电阻率小于3Ω·m，基本上为水层；电阻率大于4Ω·m的储层才是有意义的油气层。

在掌握常规油气层测井定量评价方法基础上，学习和开展页岩油气层测井定量评价，可更好地了解页岩油气层测井定量评价的特殊性。

第一节 岩石物理体积模型及矿物成分分析

页岩是一种沉积岩，由鳞片状的黏土矿物和泥质粉砂质的石英、云母等其他矿物碎屑组成，成分复杂，显微镜下呈粉砂泥质结构。发育特征的厚度小于1cm的薄页状（薄片层状）的层理（页理）。泥岩与页岩具有类似的组成，但不具有页岩的易裂性。不同的页岩，化学成分指标不一样，自然界存在的页岩，其化学成分含量变化比较大。一般来说，SiO_2含量45%~80%；$A1_2O_3$含量12%~25%，Fe_2O_3含量2%~10%，CaO含量0.2%~12%，MgO含量0.1%~5%。

一、四川盆地海相页岩主要矿物

根据页岩的矿物成分组成可将页岩分成很多类型，常见的页岩类型主要有以下几种：

黑色页岩：含较多的有机质与分散状的硫化铁，外观与碳质页岩相似，其区别在于黑色页岩不染手。

碳质页岩：含有大量已碳化的有机质，常见于煤系地层的顶底板。

油页岩：含一定数量干酪根，黑棕色，浅黄褐色等，层理发育，燃烧有沥青味。

硅质页岩：含有较多的玉髓、蛋白石等，SiO_2含量在85%以上。

铁质页岩：含少量铁的氧化物、氢氧化物等。多呈红色或灰绿色，在红层和煤系地层中较常见。

钙质页岩：含$CaCO_3$，但不超过25%，否则过渡泥灰岩类。

砂质页岩：混入一定砂质成分的页岩。

从收集到的CH区块的录井、岩芯资料来看，页岩主要分布在龙马溪—五峰组，储层一般为富含碳的黑色页岩。对宁201井的岩芯矿物成分实验结果进行了分析，并对其主要矿物成分进行了统计（图5-1-1、图5-1-2）发现，CH地区的页岩矿物成分主要为黏土矿物、硅质矿物、钙质矿物（方解石和白云石），黏土类型主要为伊利石、伊利石和蒙脱石的混层。

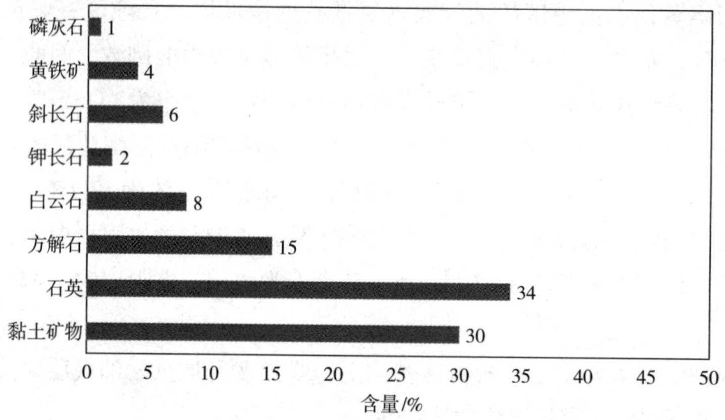

图5-1-1　CH地区岩芯分析矿物成分及含量

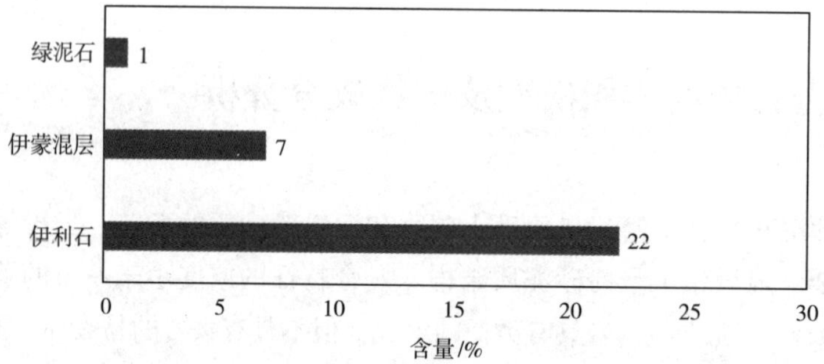

图5-1-2　CH地区岩芯分析页岩黏土类型

由于页岩气层的可压性与脆性矿物含量密切相关，因此在岩石物理体积模型建立及矿物的测井表征，需考虑将硅质矿物、钙质矿物作为岩石的骨架，并建立相应含量的测井评价模型。

二、测井表征

从测井表征上分析，页岩的构成极为复杂，包括总孔隙度、岩石骨架、黏土、干酪根。

其中地层总孔隙度包括有效孔隙和束缚孔隙：有效孔隙中又包括可动油气、可动水；束缚孔隙包括残余油气、黏土束缚水。岩石骨架包括硅质矿物、钙质矿物等。美国Texas大学Carlos教授根据美国页岩储层的地质特征，页岩岩石物理体积模型构想为骨架、干酪根、黏土、总孔隙四大部分，其中总孔隙被烃、可动水、束缚水充填（图5–1–3）。

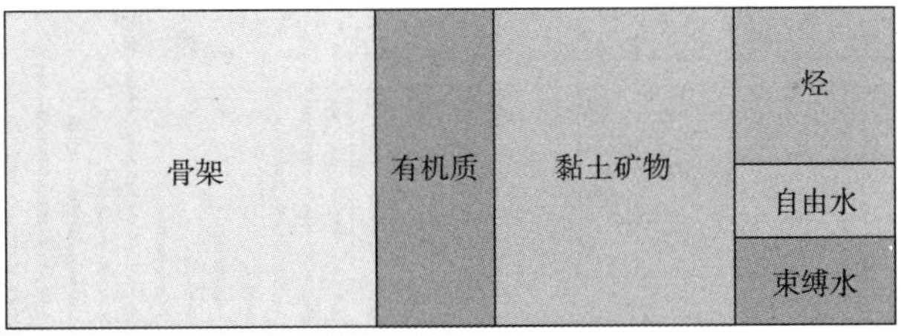

图5–1–3　美国页岩气岩石物理体积模型

根据CH地区页岩气层发育情况，以美国页岩气岩石物理体积模型为基础，为使复杂问题简单化，建立了更为适用的页岩储层物理体积模型（图5–1–4）。页岩仍由骨架、干酪根、黏土、总孔隙四大部分，而其中总孔隙被页岩气、水充填，不再区分可动水与束缚水，骨架则由反映储层脆性的硅质矿物、钙质矿物组成（图5–1–4）。

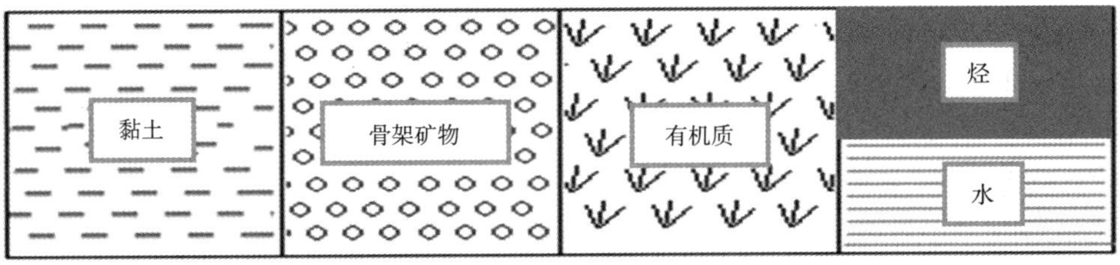

图5–1–4　CH地区页岩储层的岩石物理体积模型

CH地区页岩的岩石物理体积模型中包括硅质矿物、钙质矿物、黏土矿物、黄铁矿、干酪根、孔隙组成，在此基础上提出利用“三孔隙度法”对页岩矿物成分进行分析。利用反映矿物组分的三孔隙度测井曲线与岩芯分析的矿物成分进行拟合式（5–1–1）~式（5–1–5），从而确定硅质矿物、钙质矿物及黏土矿物含量。数值关系研究表明，硅质矿物含量与三孔隙度测井曲线拟合度高，计算结果与岩芯分析结果相吻合，相对误差控制在5%以内（图5–1–5及图5–1–6）。

$$\mathrm{SI} = -28.338 \times \mathrm{DEN} - 0.978 \times \mathrm{NPHI} + 0.153 \times \mathrm{AC} + 95.723 \qquad (5\text{–}1\text{–}1)$$

$$\mathrm{CA} = 6891.1\mathrm{e}^{-0.0425 \times \mathrm{AC}} \qquad (5\text{–}1\text{–}2)$$

$$\mathrm{SSH} = \frac{\mathrm{GM}i \log - \mathrm{GMN}i}{\mathrm{GMX}i - \mathrm{GMN}i} \qquad (5\text{–}1\text{–}3)$$

$$\mathrm{FE} = 0.04 \times \mathrm{DEN} - 0.0006 \times \mathrm{ILD} \qquad (5\text{–}1\text{–}4)$$

$$\mathrm{OTHE} = 1 - \mathrm{SPOR} - \mathrm{TOC} - \mathrm{SI} - \mathrm{CA} - \mathrm{SSH} - \mathrm{FE} \qquad (5\text{–}1\text{–}5)$$

式中，SI为硅质矿物含量，%；CA为钙质矿物含量，%；SSH为黏土矿物含量，%；FE

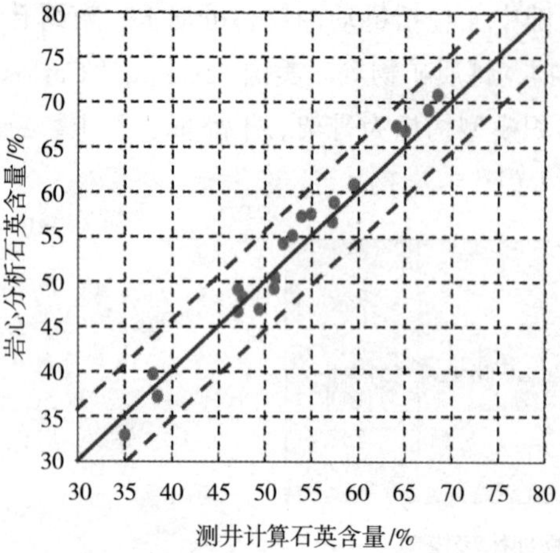

图5-1-5 页岩气主要矿物精度分析图

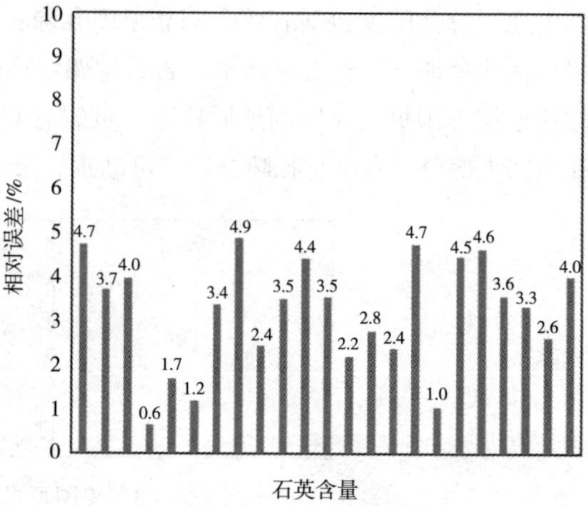

图5-1-6 页岩气主要矿物误差分析图

为黄铁矿含量，%；OTHE为其他矿物含量，%；TOC为有机碳含量，%；SPOR为储层孔隙度，%；DEN为密度测井值，%；NPHI为中子测井值，%；AC为声波时差测井值，%；ILD为声波时差测井值，%；GM*i*log为所选第*i*种方法测井曲线值，%；GMN*i*为设定所选第*i*种方法测井最小值，%；GMX*i*为设定所选第*i*种方法测井最大值，%。

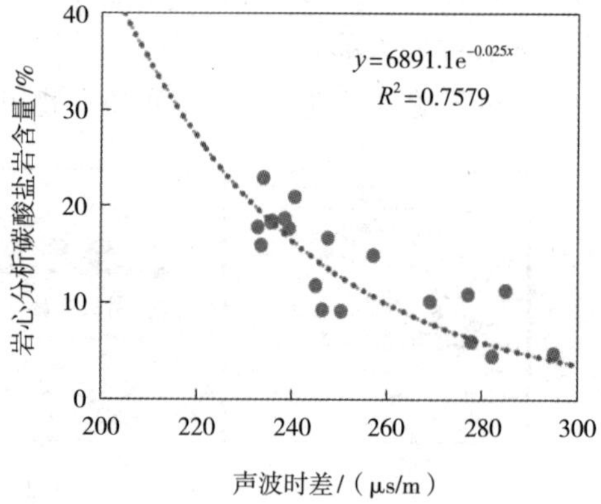

图5-1-7 钙质矿物的拟合模型

钙质矿物含量与声波时差相关性最好（图5-1-7），基本满足页岩储层评价需要，而与中子及密度测井曲线相关性差，因此选用声波时差岩芯拟合法确定钙质矿物含量。

黏土矿物含量采用经典的计算方法式（5-1-3），研究发现，所选第*i*种方法测井曲线中，自然伽马测井曲线最能反映地层中的黏土矿物含量。

黄铁矿含量采用电阻率-密度拟合的方法确定。CH地区龙马溪-五峰组页岩地层中均不同程度含有少量黄铁矿，黄铁矿的存在表明其沉积环境为典型的还原环境沉积。当地层含微量或少量黄铁矿等导电矿物时，由于金属的电子导电使地层的电阻率降低。黄铁矿的电阻率为10^{-1}~$10^{-6}\Omega\cdot m$，它对不同频率的电场响应不同，对高频电磁场的感应测井（20kHz）的影响比对低频电流的侧向测井的影响大得多。图5-1-8为Clavier的研究成果，随黄铁矿含量的增加，测得的电阻率越低于不含黄铁矿的地层电阻率，校正因子越大。黄铁矿对中子、密度、声波测井也有一定影响。黄铁矿含量每增加1%，密度孔隙度下降1.4%。黄铁矿含量小于10%时，黄铁矿含量每增加1%，补偿中子孔隙度增大0.3%~0.4%；黄铁矿含量大于10%时，黄铁矿含量每增加1%，补偿中子孔隙度增大0.1%；声波孔隙度几乎不受黄铁矿含量的影响。

其他矿物含量采用岩石物理体积法计算。CH地区龙马溪—五峰组页岩地层中，除硅质矿物、钙质矿物及黏土矿物含量及黄铁矿外，局部发育斜长石等其他矿物，这些矿物含量小，

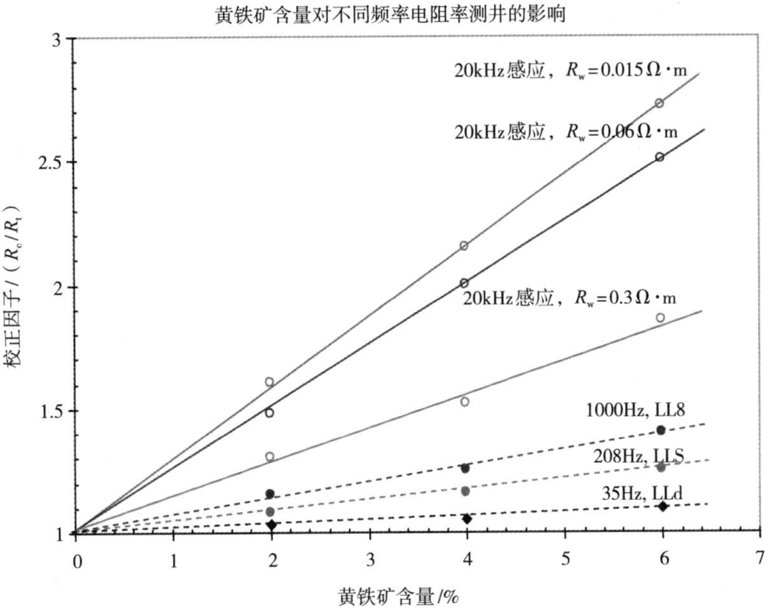

图5-1-8　黄铁矿含量对不同频率电阻率测井的影响

其对测井响应的影响难以捕获，加之其对页岩气层的评价影响甚微，因此将它们统一归为其他矿物，其计算的依据是岩石物理体积模型即：“硅质矿物含量”+“钙质矿物含量”+“黏土矿物含量”+“黄铁矿含量”+“其他矿物含量”+“有机碳含量”+“孔隙度”=1。其他矿物含量具体计算模型为式（5-1-5）。

第二节　页岩气层关键参数评价

传统“四性”特征及其关系研究已不能满足复杂页岩储层的评价，也不能很好适应于页岩气的勘探开发。针对CH地区新型页岩气储层，在开展传统“四性”特征，即岩性、物性、电性和含气性特征研究的同时，开展了页岩储层的地化及岩石力学特性研究。该内容扩充和发展了储层“四性”及其关系研究内容，为有效解决页岩储层的测井解释问题奠定了良好基础。

一、脆性指数及其测井表征

关于岩石脆性的含义国内外学者有许多说法。有的学者将脆性定义为材料塑性的缺失，还有的学者认为岩石内聚力被破坏时，材料即发生脆性破坏，而地质学及相关学科学者认为材料断裂或破坏前表现出极少或没有塑性形变的特征为脆性。我们更倾向认为脆性是指岩石在破裂前发生塑变的能力，破裂时全部以弹性能的形式释放出来。

页岩储层具有低孔、低渗的特征，需要大规模压裂才能形成工业产能。除自身天然裂缝外，开发过程中还应考虑储层是否易于改造。研究表明，页岩脆性的表现与所含矿物类型相关性非常明显，脆性矿物含量高的页岩其造缝能力和脆性更好，同时，矿物组成作为岩性识别标准，提高了计算结果的细分性和可靠性。理想的页岩储层特征在脆性指标上是这样评价的：相对较高的硅质或者碳酸盐矿物，黏土含量小。黏土矿物和脆性指数的多少直接影响后期的压裂改造效果。脆性矿物高，容易压裂改造，黏土矿物高，不容易压力改造，填充进去的石英砂或者陶粒无法起到支撑人工裂缝的作用而镶嵌在了储层中。

1. 矿物含量计算法

页岩成分较为复杂，除黏土矿物外，还主要有石英、长石、方解石、白云石和黄铁矿等脆性矿物。利用常规测井资料，采用式（5–2–1）计算页岩的脆性指数BR，公式中的分子部分并未包括钙质矿物含量，仅是硅质矿物含量，原因有3种：①从G1井龙马溪—五峰组页岩的岩芯分析数据可知，脆性矿物主要为硅质矿物，其占总矿物的55%~60%；②钙质矿物的存在往往不利于页岩的后期压裂酸化；③龙马溪组上部页岩钙质矿物含量高，五峰下的宝塔组为泥质灰岩，如将钙质矿物作脆性矿物计算脆性指数，此时得到脆性指数在生产中应用价值不大。

$$BR=\frac{SI}{SI+CA+SSH+OTHE} \tag{5-2-1}$$

式中，BR为脆性指数，%；SI为硅质矿物含量，%；CA为钙质矿物含量，%；SSH为黏土矿物含量，%；OTHE为其他矿物含量，%。

利用常规测井资料按式（5–2–1）计算得到的脆性指数，其计算精度并不很高（图5–2–1），尤其在岩芯资料标定前，其计算精度比较低（图5–2–1），岩芯资料标定后脆性指数见图5–2–2。在此背景下，研究尝试了其他方法，并发现利用多级子阵列声波测井资料计算得到泊松比及杨氏模量，进而可计算脆性指数。为此提出了岩石力学计算方法来计算脆性指数。

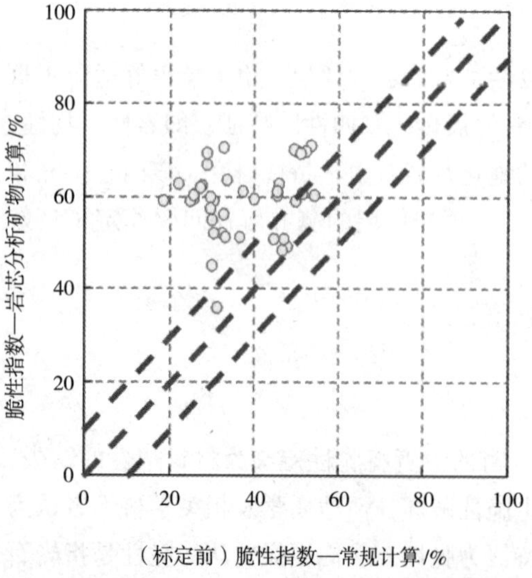

图5–2–1　常规测井计算脆性指数精度（标定前）

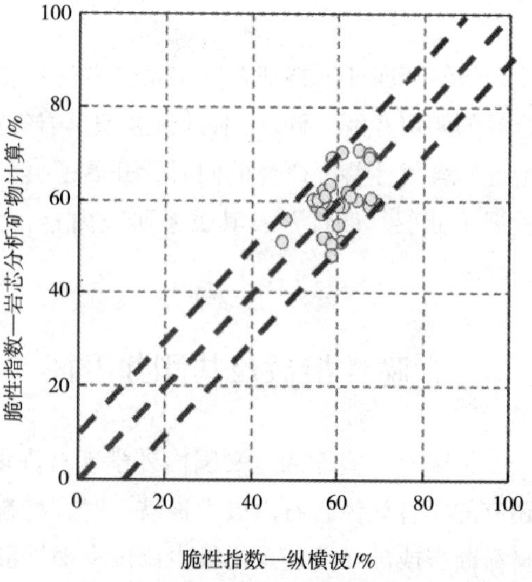

图5–2–2　常规测井计算脆性指数精度（标定后）

2. 岩石力学计算法

页岩的脆性对页岩气的后期开发至关重要，页岩的脆性指数越高，越易于人工造缝。因此，通常将脆性指数作为评价页岩气完井品质的一个重要参数。页岩力学性质决定其脆性（指数），通常利用杨氏模量和泊松比来评价页岩脆性指数。杨氏模量表示岩石形变时应力与应变之比，其大小标志着材料的刚性，杨氏模量越大，说明岩石越不容易发生形变；泊松比表示岩石在单向受压（拉）时，横向正应变与轴向正应变的比值，其大小标志着材料的横向变形系数，即延展性，泊松比越大，说明岩石在压力作用下越容易发生膨胀而不易破碎。

杨氏模量越大、泊松比越小，页岩的脆性指数越高（图5-2-3）。通过对CH地区龙马溪—五峰组优质页岩的统计（图5-2-4）发现，其杨氏模量较大、多大于4.14×10^4MPa，泊松比较小、多在0.16~0.28之间，表明龙马溪—五峰组优质页岩脆性矿物含量高，易于压裂。

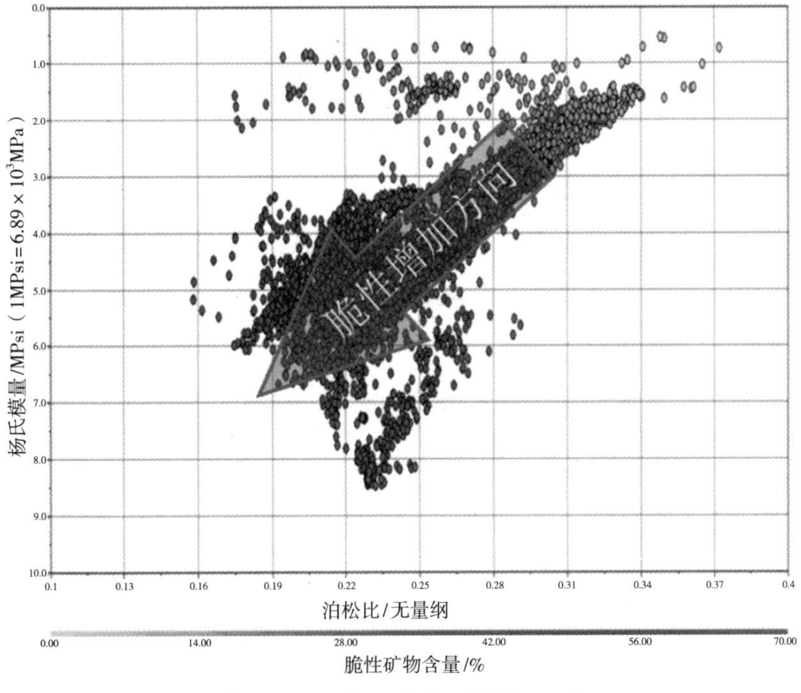

图5-2-3　泊松比与杨氏模量交会图

脆性指数计算的具体模型如下：

选取泊松比和杨氏模量在各自区域的最大和最小值范围的百分比

$$YMBRIT=[(YMOD-YMOD\_MIN)/(YMOD\_MAX-YMOD\_MIN)]\times100 \quad (5\text{-}2\text{-}2)$$

$$PRBRIT=[(POIS-POIS\_MAX)/(POIS\_MIN-POIS\_MAX)]\times100 \quad (5\text{-}2\text{-}3)$$

平均以下两个值

$$BR=(YMBRIT+PRBRIT)/2 \quad (5\text{-}2\text{-}4)$$

式中，POIS为泊松比；YMOD杨氏模量；YMOD_MIN设置为1，为YMOD最小值（最具弹性的）；YMOD_MAX设置为8，为YMOD最大值（最具脆性的）；POIS_MIN设置为

0.15，为POIS最小值（最具脆性的）；POIS_MAX设置为0.4，为POIS最大值（最具弹性的）。利用脆性敏感曲线杨氏模量及泊松比，通过式（5-2-2）~式（5-2-4）量化脆性指数，图5-2-3为斯伦贝谢提供的岩石破碎指数与杨氏模量及泊松比的实验关系图，图5-2-4为CH地区龙马溪—五峰组优质页岩水平段的测井解释数据，从两图中可以看出，杨氏模量大于4.14×10^4MPa，泊松比在小于0.28的地层脆性指数较高。

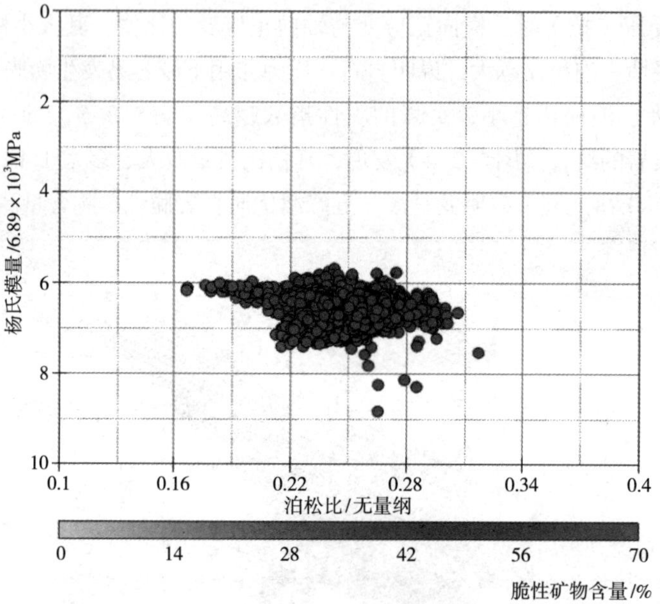

图5-2-4　CH地区页岩泊松比与杨氏模量分布

3. 精度分析

利用CH地区23个脆性指数岩芯分析数据，将两种方法与岩芯分析结果进行对比，从图5-2-5中可以看出，岩石力学法计算的脆性指数与岩芯分析矿物成分计算结果相关性好，误差在10%以内。而利用矿物含量计算法得到的脆性指数与岩芯分析结果差异较大，误差大多超过了10%（图5-2-6），说明在没有岩芯数据标定的情况下，岩石力学法计算结果较为可靠。利用经岩芯分析结果标定后的矿物含量，即矿物含量计算法得到的脆性指数与岩芯分析结果相近，误差基本在10%以内（图5-2-6）。

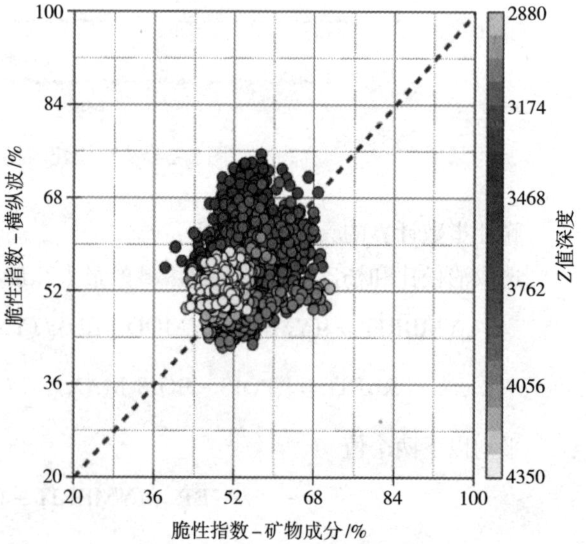

图5-2-5　两种方法计算脆性指数的结果对比

图5-2-6给出了矿物含量计算法及

岩石力学计算法两种方法计算岩石脆性指数的对比结果，图中横坐标为岩石力学计算结果，纵坐标为矿物含量计算结果，数据来自CH地区龙马溪组优质页岩水平段的测井处理后数据。从图中可以看出，两种方法的计算结果基本相当，数据多在相同刻度交会图的对角线附近。整体而言，矿物含量计算结果略小于岩石力学计算结果，偏差的原因之一是矿物含量计算所产生误差的传递；原因之二是由于页岩储层岩性细、黏土含量高，石英长石矿物分布于黏土中，石英长石颗粒之间黏土作为缓冲，改变了岩石颗粒的力学特性，而这在矿物含量上却无法体现出。岩石力学计算法则是根据多级子阵列声波实测出的纵波、横波计算岩石力学参数泊松比、杨氏模量，进而计算脆性指数，因此该方法计算的结果是岩石整体力学的反映，其计算结果与岩芯分析结果更加吻合。

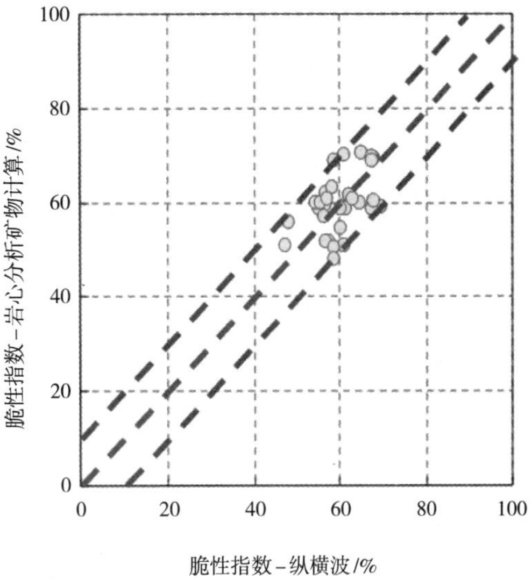

图5-2-6 岩石力学法计算脆性指数的精度分析

二、物性参数及其测井表征

与其他岩性储层的物性研究一样，页岩储层的物性研究也主要分为孔隙度研究和渗透率研究两个方面。通过对研究区内页岩储层的物性特征研究，确定了孔隙度、渗透率的计算方法和评价模型，并对物性计算的精度进行了分析，达到并超出了合同要求的计算精度指标。同时，应CH地区的生产需要，在未有电成像测井资料的情况下，探索了裂缝发育段划分方法。

1. 孔隙及其评价模型

从N_1、N_3井的岩芯分析结果看，CH地区龙马溪—五峰组有利页岩段平均有效孔隙度约3%；优质页岩段孔隙度相对较高，核磁长T_2谱特征明显，表明储层有大孔径孔隙，孔隙度约3.0%~9.0%，主要分布在4.0%~5.5%，裂缝不发育，主要以基质孔隙度为主。

页岩是一类特殊的储层，它和普通的储层差别较大，一般属超低孔、低渗类型。目前在测井解释中，常用的孔隙度评价方法主要有：①利用声波、中子、密度曲线的岩芯分析拟合法；②利用核磁共振测井计算法；③岩石物理体积法。根据页岩储层特殊的孔隙特征，结合实际的测井数据，对该类储层进行孔隙度评价时，经过一系列的筛选对比，确定了页岩储层的孔隙度计算模型。

1）岩芯分析拟合法

岩芯分析法是利用岩芯分析孔隙度刻度三孔隙度测井曲线，从而找出适合研究区的孔隙度测井评价方法。通过做声波时差、密度、补偿中子与岩芯分析孔隙度的拟合关系，得到声波时差、密度、补偿中子与岩芯分析孔隙度的关系（表5-2-1）。通过拟合图版，找出其中敏感性最好的孔隙度曲线，建立拟合关系式，从而选择适合孔隙度评价所用的孔隙度测井曲线。

表5-2-1　岩芯分析拟合法统计表

测井曲线	层位	岩性	拟合关系	相关系数
声波孔隙度	龙马溪—五峰	页岩系统	Y=0.0321X+2.753	R=0.7305
中子孔隙度	龙马溪—五峰	页岩系统	Y=0.512X+6.413	R=0.2136
密度孔隙度	龙马溪—五峰	页岩系统	Y=−22.32X+68.34	R=0.7338

图5-2-7为利用岩芯分析法得到的声波时差测井曲线与岩芯孔隙度关系图，并建立了各种岩芯分析拟合法的相关性统计表（表5-2-1）。从中可以看出，运用密度、声波拟合的孔隙度评价方法的相关性最高，因受黏土与页岩气的影响，中子测井孔隙度与岩芯分析结果相差较大。

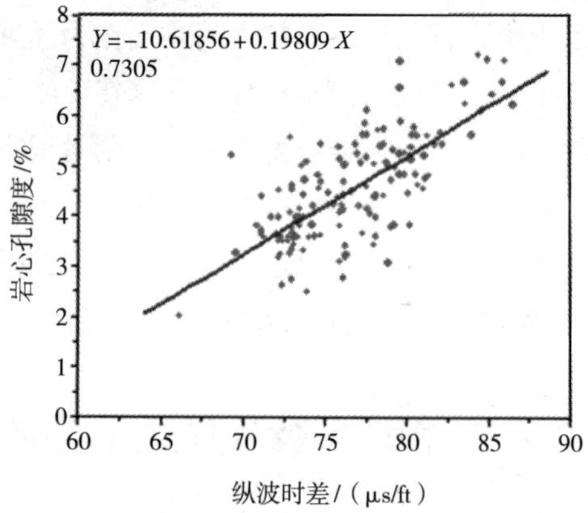

图5-2-7　声波时差岩芯分析拟合法

2）岩石物理体积法

岩石物理体积法，是利用页岩储层的岩石物理体积模型来计算孔隙度的方法，主要是利用了密度（或声波时差）测井曲线。密度测井曲线反映的是地层的总孔隙度，通过密度曲线计算的总孔隙度经过黏土和干酪根的校正，从而得到地层的有效孔隙度。研究表明，该方法具有较强的普适性。计算公式如下：

$$\phi_e = \phi_d - V_{TOC} \cdot \frac{\rho_{ma} - \rho_{TOC}}{\rho_{ma} - \rho_f} - V_{SH} \cdot \frac{\rho_{ma} - \rho_{sh}}{\rho_{ma} - \rho_f} \qquad (5\text{-}2\text{-}5)$$

式中，ϕ_e为有效孔隙度，%；ϕ_d为密度孔隙度，%；V_{TOC}为有机质体积，%；V_{SH}为泥质体积含量，%；ρ_{ma}为岩石骨架密度，g/cm^3；ρ_{TOC}为有机质密度，g/cm^3；ρ_f为流体密度，ρ_{sh}为泥岩密度，g/cm^3。

3）孔隙度计算精度分析

通过上面建立的两种计算孔隙度的模型，对比岩芯分析孔隙度，对孔隙度的计算精度进行了分析统计（图5-2-8），计算相对误差控制在5.0%以内，说明选取的孔隙度计算模型合理、适用，利用该方法计算的孔隙度能满足页岩储层测井评价的需要。

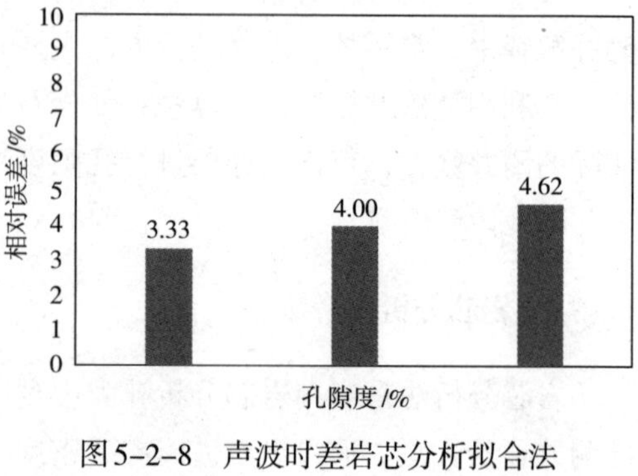

图5-2-8　声波时差岩芯分析拟合法

2. 渗透率及评价模型

渗透率是一个表征流体在岩石内部流动难易程度的储层物性参数。渗透率在油田开发中起着十分重要的作用，到目前为止，没有一种常规测井能直接确定渗透率，渗透率一般采用间接方法来求取，影响渗透率评价精度的主要因素是所采用参数的精度，目前用常规测井方法评价渗透率模型主要有6种（见表5-2-2）。

表5-2-2 基块渗透率评价模型

模型名称	模型表达式	备注
孔隙度—粒度中值型	$\lg K = D_1 + D_2\lg M_d + D_3\lg\phi$	D_1、D_2、D_3经验系数，一般取$D_2=1.7$，$D_3=7.1$
孔隙度—束缚水饱和度型	$\lg K = a_0 + \frac{a_1}{\lg(\phi/A)} + 7.1\lg\phi - \frac{1.1}{\lg(\phi/A)}\lg S_{wi}$	a_0、a_1、A为与压实、地层特性有关的经验系数
电阻率型	$K = c\cdot R_t^d$	c、d分别为经验系数
声—感型	$K = a\cdot R_t^b\left(\frac{\Delta t-\Delta t_{ma}}{100}\right)^c$	a、b、c为地区经验系数；
回归统计型	$K = f(\phi、V_{sh}、S_{wi}、M_d)$	
孔隙度型	$K = c_1e^{c_2\phi}$	c_1、c_2为与岩性相关的地区经验系数

1）Coast模型法

渗透率作为动态参数，准确计算十分困难，根据岩芯建立的经验公式不能适应千变万化的地下情况。而核磁共振资料由于其T_2分布与孔隙大小密切相关，因此计算渗透率有充足的依据和优势。核磁共振测井的渗透率解释模型为Coates模型：

$$K=\left(\frac{\phi_e}{C}\right)^4\left(\frac{\phi_{FFI}}{\phi_{BVI}}\right)^2 \tag{5-2-6}$$

式中，C为地区经验值，一般为10；ϕ_{FFI}为核磁可动流体孔隙度，PU；ϕ_{BVI}为核磁束缚流体孔隙度，PU；ϕ_e为核磁有效孔隙度，PU。

由于核磁共振资料能区分毛管束缚流体和可动流体，因此对储层的产能有指示作用。与其他测井评价孔隙度方法相比，核磁共振测井的优越性在于：可以准确地求得束缚流体孔隙度和可动流体孔隙度，其解释模型如图5-2-9所示。

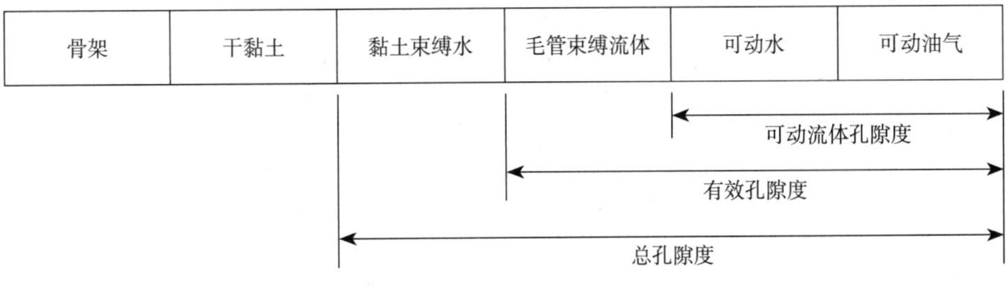

图5-2-9 核磁测井中孔隙度的分类解释模型

核磁的体积响应模型分成6个部分：岩石骨架、干黏土、黏土束缚水、毛管束缚水、可动水、可动油气。其中可动水、可动油气构成可动流体孔隙度（ϕ_{FFI}），ϕ_{FFI}与毛管束缚流体孔隙度（ϕ_{BVI}）一起构成核磁有效孔隙度（ϕ_e），ϕ_e加上黏土束缚水（ϕ_{CBW}）构成了总孔隙度（ϕ_t）。通过选择一个合适的截止值$T_{2cutoff}$可以区分并计算ϕ_{FFI}和ϕ_{BVI}。

$$\phi_e = \int_{T_4}^{T_{max}} S(T_2)\mathrm{d}T_2 \tag{5-2-7}$$

$$\phi_{FFI} = \int_{T_{cutoff}}^{T_{max}} S(T_2)\mathrm{d}T_2 \tag{5-2-8}$$

$$\phi_{BVI} = \int_{T_4}^{T_{cutoff}} S(T_2)\mathrm{d}T_2 \text{ 或 } \phi_{BVI} = \phi_e - \phi_{FFI} \tag{5-2-9}$$

$$\phi_t = \int_{T_{min}}^{T_{max}} S(T_2)\mathrm{d}T_2 \tag{5-2-10}$$

核磁共振测井几乎不受岩性的影响，因而能提供较准确储层各种孔隙度参数，进而准确确定渗透率。

2）指数模型法

研究资料表明，美国页岩的孔渗关系复杂（图5-2-10），但深入分析来看，大多岩芯分析数据仍然遵循指数关系。页岩地层渗透率—孔隙度遵循指数关系，究其原因是因为所选取的岩样中含有脆性矿物（其中硅质矿物含量约为55%，钙质矿物含量约为10%）较高。具体计算孔隙度的指数模型为式（5-2-11）。

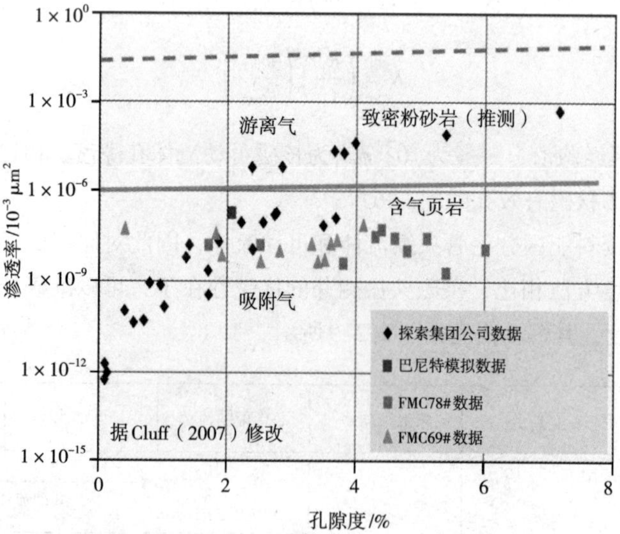

图5-2-10　美国页岩孔渗关系复杂，有遵循指数关系岩样

$$K = c_1 e^{c_2 \phi} \tag{5-2-11}$$

3. 裂缝及测井评价

1）电成像测井是识别裂缝的最有效途径

北美页岩气勘探开发的“甜点”之一便是页岩中裂缝发育，于是研究也对CH地区龙马溪—五峰组地层的裂缝发育情况进行了分析。首先，电成像测井是识别裂缝的最有效途径，利用电成像测井定性识别裂缝是对页岩进行裂缝定量评价的基础，同时也是评价页岩气可压性的关键性环节。其次，龙马溪—五峰组地层仅有少量天然裂缝发育，多数裂缝被方解石充填。

利用电成像识别裂缝，关键在于得出天然裂缝的测井响应特征，天然裂缝的电成像测井响应特征如下：

①由于泥浆的侵入，天然裂缝在电成像图上常常表现为暗色正选曲线，一般既不平行，也不规则（图5-2-11）；

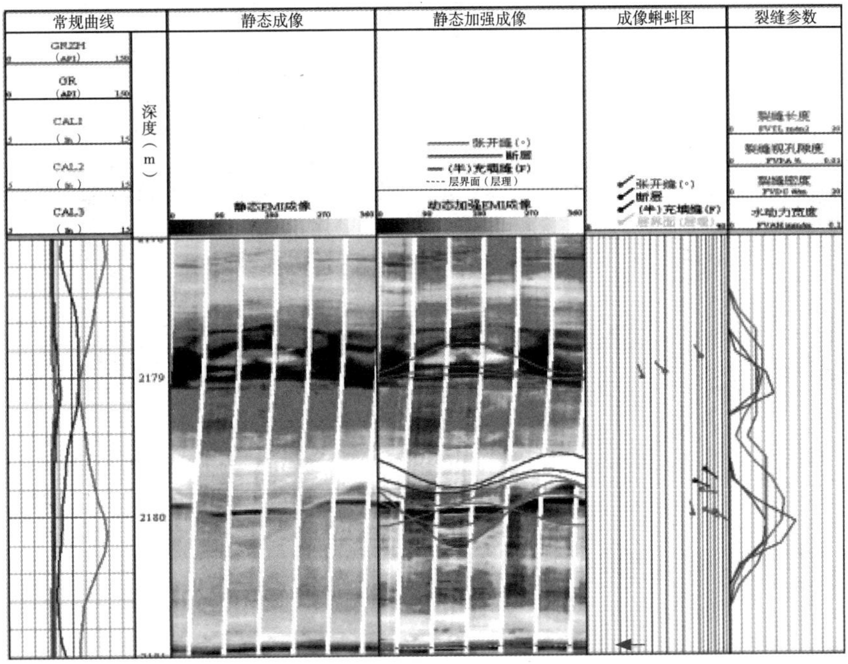

图5-2-11　天然裂缝在电成像图上的测井响应特征

②裂缝可以切割任何介质(包括层界面)，且裂缝相互可以平行或相交，相邻裂缝之间可以不同；

③裂缝交叉可以形成网状、树枝状等裂缝组合特征；

④裂缝在成像图上的颜色可以不同，且与地层没有颜色过渡关系；

⑤裂缝常有溶蚀孔洞相伴生，使电导率异常宽窄变化较大。

按照充填物质不同，天然裂缝可分为高导缝与高阻缝，前者属于以构造作用为主形成的天然裂缝，对于储层的形成和改造具有重要作用，对油气的储、渗有现实意义；后者属于以构造作用为主形成的天然裂缝，裂缝间隙被高电阻率矿物（方解石）部分或全部充填，裂缝有效性差，对于储层的后期改造作用意义不大。

分析识别裂缝的类型，一方面是为了统计不同类型裂缝的产状或走向，以推断其与构造应力的关系，进而预测天然裂缝的发育范围或裂缝发育的构造部位；另一方面，对天然裂缝进行定量计算，为储层定量评价提供依据。

通过对电成像测井资料的裂缝拾取与评价发现：龙马溪—五峰地层裂缝不发育或少有裂缝发育。图5–2–12为G1井的FMI资料表明：在井段2188.0~2190.0m、2277.0~2279.0m及2440.0~2441.5m地层裂缝发育程度很差，仅有高阻缝出现。统计结果表明，高阻缝的倾角在65°~82°之间，倾向为北东倾和南东倾。在优质页岩顶部的有利页岩仅发育一条高导缝，深度在2492.8m，裂缝倾角在65°左右，为中高角度裂缝，倾向北西。

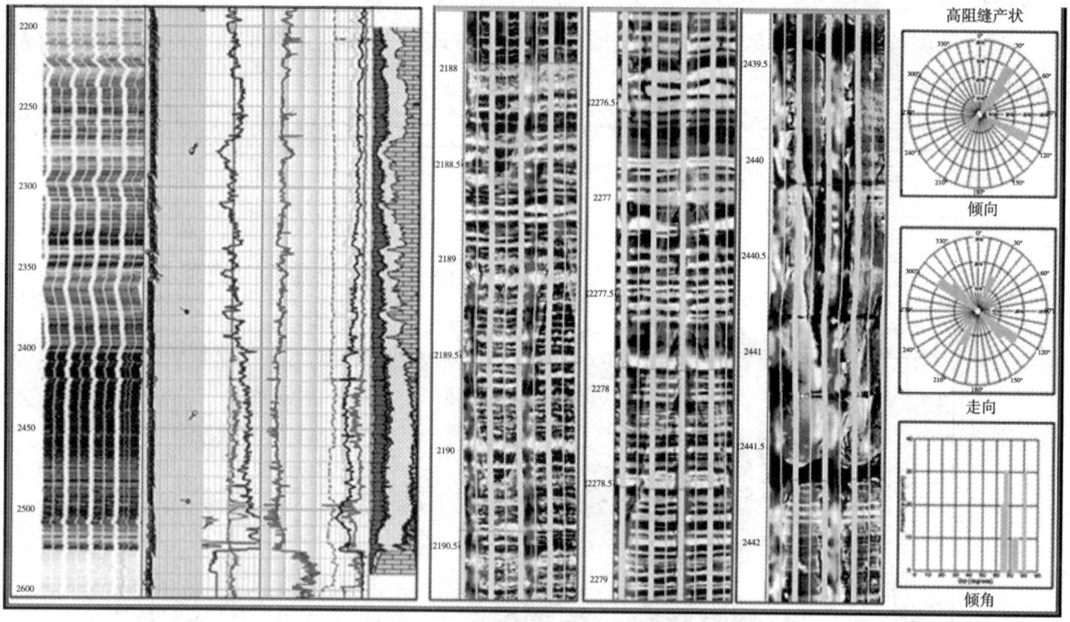

图5–2–12　G1井裂缝发育特征

2）多极子阵列声波测井资料识别裂缝

声波传播时，介质出现变化就会产生波的反射。当地层存在裂缝时，因裂缝张开或充填泥浆或泥质，介质不仅变化而且差异较大就会造成反射系数增大，声波传播至裂缝的缝面会发生反射，波列变密度图中相应地出现V字形干扰纹。

实验研究表明：当裂缝倾角在0°~33°与78°~90°之间时，横波幅度的衰减大于纵波，当裂缝的倾角在33°~78°时，纵波幅度的衰减大于横波，横波幅度的衰减能够比较确切的指示水平及垂直裂缝，而纵波的衰减则主要指示中等及高角度裂缝（图5–2–13）。

地层各向异性引起横波分离，而以下3个因素均会引起地层各向异性：一是地层中发育的裂缝，二是地应力不平衡，三是大倾角地层或层理发育。页岩气水平井由于页理特别发育，平行于页理面传播的横波传播快，其垂向垮穿页理面的横波传播慢，此时往往指示地层各向异性强。因此，在页岩气水平中，不能简单地利用多极子阵列声波测得的纵、横波幅度衰减及各向异性来评价裂缝发育程度。

CH地区页岩气井大多为水平段在1500m左右的水平井，在页理发育的水平井中，多极子阵列声波测得的纵、横波幅度都会出现衰减；加之矿物含量的变化，水平段内多极子阵列声波测井资料指示为强各向异性。页岩气水平段地层快、慢横波发生分离，指示地层以各向异性为主。但此时快横波方位并不代表水平最大应力方向，而是页理的大致方向（图5-2-14）。

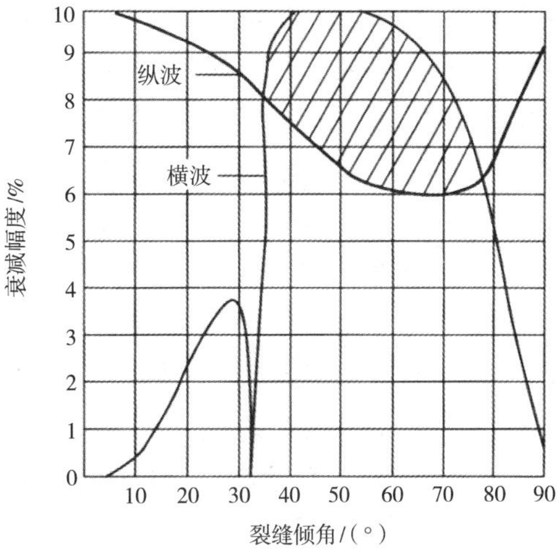

图5-2-13 纵横波衰减幅度和裂缝倾角关系

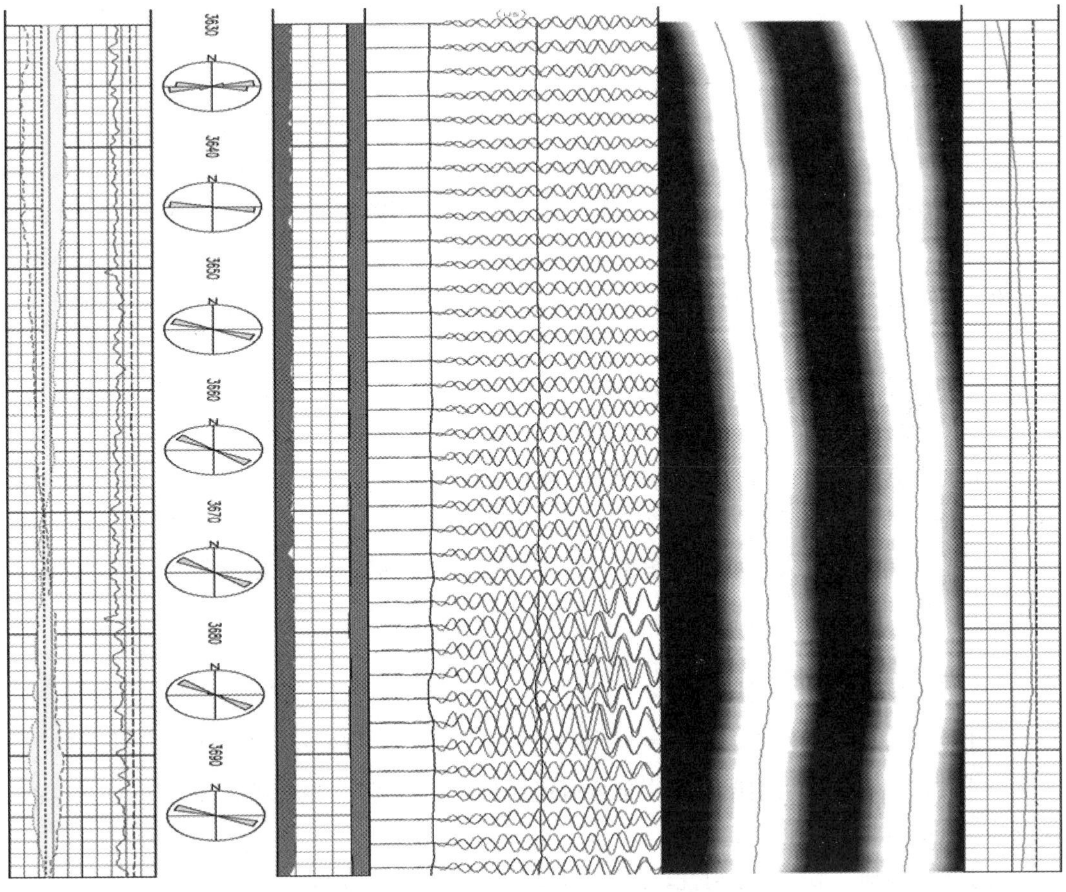

图5-2-14 多极子阵列声波各向异性分析成果

3）**综合评价裂缝发育程度**

由于CH地区页岩气发现井是参数井G1，其电成像资料显示页岩龙马溪—五峰组地层裂缝不发育，因此稍后的水平井均未测得电成像测井资料。多极子阵列声波测井资料在CH地区5平台中共测30口井，对所测资料进行裂缝分析，在造斜段和水平段未见明显的裂缝条纹特征，指示可能裂缝不发育，但在部分井段纵波波形衰减明显，引起纵波衰减的原因有含气、裂缝等因素，不能单纯依靠纵波衰减来识别裂缝。

由于裂缝在后期压裂中异常重要，需要在没有电成像测井资料的情况下，探索并提供水平井段的裂缝发育情况。由于所在地层较为致密，低频率斯通利波对地层渗透率非常敏感，当孔隙和裂缝中充填有流体时，由于流体具有黏性和流动性，会使得斯通利波能量出现衰减，即当储层孔隙或裂缝发育时，波的能量会衰减。因此，利用提取的斯通利波计算出流体移动指数，可预测裂缝发育层段。同法，通过对自然伽马、三孔隙度、阵列感应、铀等测井曲线的裂缝响应机理研究，形成了评价缝发育层段的六点规律：

（1）自然伽马异常增大；

（2）声波畸形增大、中子明显畸形增大，密度明显畸形减小；

（3）阵列感应曲线呈锯齿状；

（4）铀值异常增大；

（5）气测高值突变；

（6）实测斯通利波与理论计算的斯通利波时差差值较大，流体移动指数较大。

应用上述方法，对CH地区3口井进行了裂缝发育带预测，CH9-1裂缝发育4段：3150.0~3180.0m、3215.0~3315.0m、3500.0~3590.0m、3660.0~3750.0m、3860.0~4010.0m、4220.0~4270.0m，CH9-2裂缝发育2段：3140.0~3250.0m、4275.0~4395.0m；CH9-6裂缝发育4段：3580.0~3650.0m、4070.0~4110.0m、4150.0~4195.0m、4300.0~4350.0m（图5-2-15）。

三、地化参数及其测井表征

地化特征指的是岩石的地球化学特征。地化分析数据主要包括干酪根类型、有机碳含量（TOC）、镜质体反射率（R_o）及游离烃（$S1$）和热解烃（$S2$）等参数，这些地化参数决定着页岩气的成藏能力。过去，页岩只作为烃源岩、并不作为油气储层，因此测井对其尚无深入研究。

1. 有机碳含量及评价模型

有机碳含量（TOC）是一种简便而有效的评价有机质丰度的办法，是评价生油岩有机质丰度最重要的指标，它可表明烃源岩中含有机质的丰富程度，判断生油气效率以计算生油、气量等，TOC值越大，生烃能力越强。

由于干酪根通常形成于放射性较高的还原环境、不导电、密度（0.95~1.05g/cm^3）明显低于地层骨架，它的存在使得含气页岩地层GR呈高值、ILD呈高值、DEN呈低值。基于这些响应特征，国内外目前主要有4种TOC测井评价方法，即$\Delta\lg R$法、密度拟合法、ECS评价法、核磁共振评价法。

根据收集到的四川地区测井、录井、岩芯以及地化参数资料，采用了$\Delta\lg R$法、密度拟

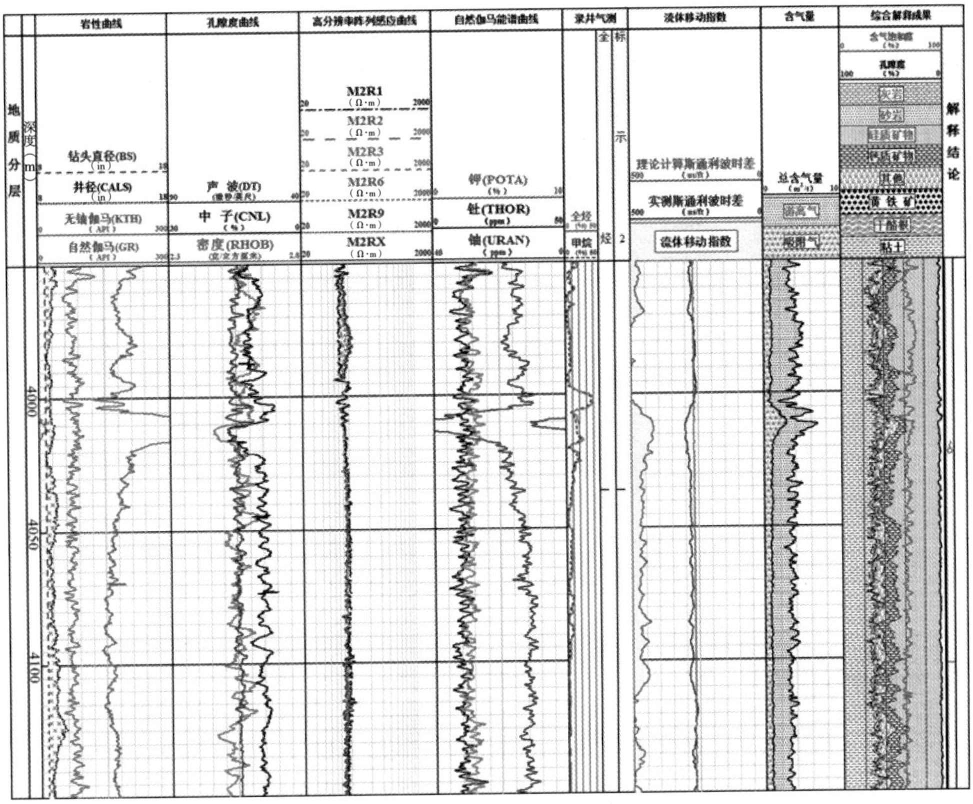

图5-2-15 测井资料综合评价裂缝发育段

合法和核磁共振评价法对页岩的TOC进行评价。结果发现：这些方法计算的TOC与岩芯分析TOC吻合程度低，不能满足页岩储层的测井评价。研究创新提出了一种多参数拟合法评价有机碳含量，即首先遴选出TOC敏感测井曲线，将敏感曲线与岩芯分析TOC进行单一或多项拟合，选用相关性最好的作为评价模型。

1）Δlg*R*法

Δlg*R*法即声波时差—电阻率组合法，该法是将声波时差（算术坐标）和电阻率（对数坐标）曲线进行重叠，通过对$R_{基线}$及$\Delta t_{基线}$的合理选取，使得在“饱和水、乏有机质”的岩石中，两曲线重叠；在富含有机质的源岩中，存在幅度差Δlg*R*。

$$\Delta \lg R = \lg \frac{R}{R_{基线}} + k(\Delta t - \Delta t_{基线}) \qquad (5-2-12)$$

$$\mathrm{TOC} = (\Delta \lg R) \times 10^{2.297 - 0.1688 \cdot R_o} \qquad (5-2-13)$$

式中，Δlg*R*为经一定刻度的声波时差与电阻率曲线的幅度差，无量纲；*R*为电阻率测井值，Ω·m；$R_{基线}$为非源岩的电阻率基线，Ω·m；Δ*t*为声波时差测井值，μs/m；$\Delta t_{基线}$为非源岩的声波时差基线值，μs/m；*k*为刻度系数；TOC为有机碳含量，%；R_o为热成熟度，%。

根据公式5-2-13可以利用测井曲线计算得到TOC。发现这种国内外常用的方法计算出的

TOC与岩芯分析结果相差较大（图5–2–16），加上计算过程中所需的R_o仍需岩芯分析资料标定，因此研究中并未采用该法计算TOC。

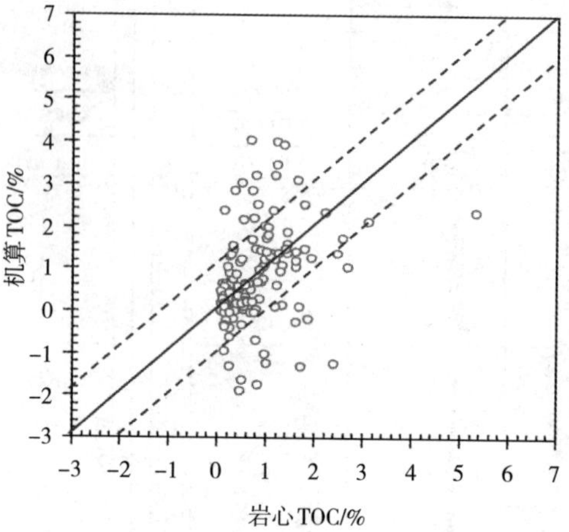

图5–2–16　四川地区 $\Delta \lg R$法计算TOC精度

2）核磁共振评价法

贝克休斯公司提出用矿物校正后的密度孔隙度与核磁孔隙度分析TOC。先计算总的颗粒密度（ρ_{gr}），后计算TOC体积分数（V_{TOC}），最后得到TOC重量含量（m_{TOC}）。

$$\rho_{gr} = \frac{\rho_b - \phi \cdot \rho_f}{1 - \phi} \tag{5-2-14}$$

$$V_{TOC} = \frac{\rho_m - \rho_{gr}}{\rho_m - \rho_{TOC}} \tag{5-2-15}$$

$$m_{TOC} = \frac{\rho_{toc}}{\rho_m} V_{TOC} \tag{5-2-16}$$

式中，ρ_b、ρ_m、ρ_f、ρ_{TOC}分别为密度测井值、骨架密度值、流体密度值及干酪根密度值，g/cm^3；ϕ为核磁测井确定孔隙度，%。

由于在CH地区研究组未收集到核磁测井数据体，只能在其他区域进行尝试。Q井在4295~4332m井段为页岩地层，利用核磁共振资料进行了TOC含量的计算。骨架密度选取了该井较致密的页岩处的密度值，即ρ_m为2.64g/cm^3，流体密度ρ_m为1.0g/cm^3，干酪根密度ρ_{TOC}分别选取了0.95g/cm^{3}和1.05g/cm^3。图5–2–17为该井利用核磁共振评价法计算的TOC效果图。从图中可以看出，ρ_{TOC}=0.95g/cm^{3}时计算的TOC在0.377~0.504之间变化，而ρ_{TOC}=1.05g/cm^{3}时计算的TOC=0.66，分析认为ρ_{TOC}=0.95g/cm^{3}时是相对可靠的。

3）密度拟合法

利用密度测井曲线值与岩芯分析得到的TOC进行关系拟合，得到TOC的如下关系：

$$TOC = a \cdot \rho + b \tag{5-2-17}$$

式中，TOC为有机碳含量，%；ρ为页岩密度测井值，g/cm^3；a、b为拟合关系常数。

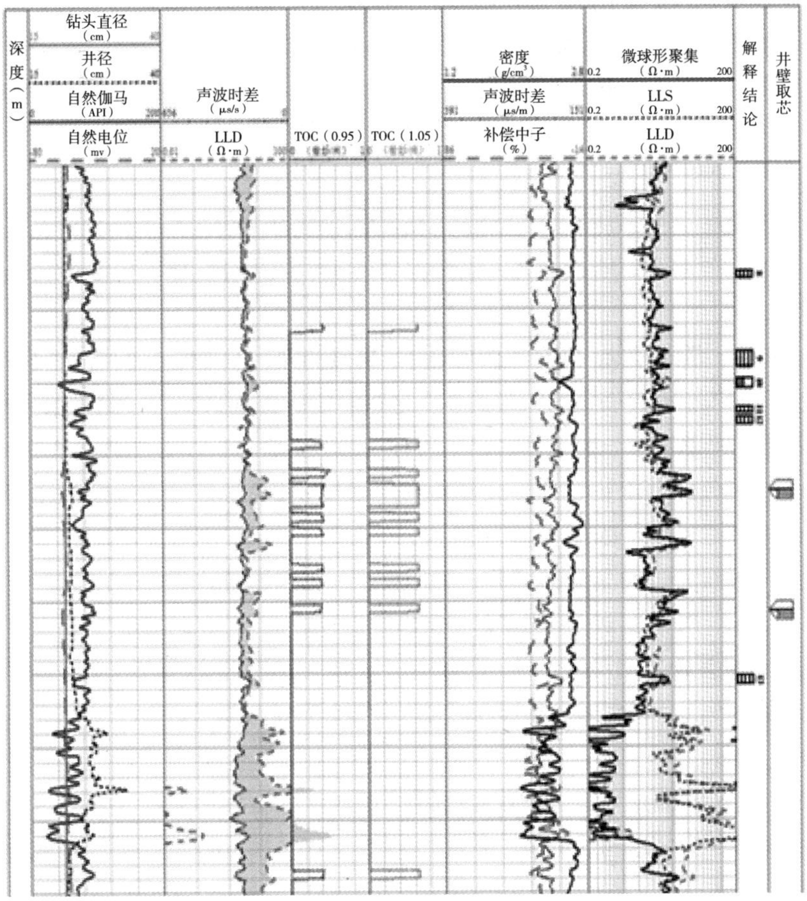

图5-2-17　核磁共振评价法计算页岩TOC

4）ECS法

ECS测井可测定C、Si、Al、Fe、Ca、S、Ti、Gd等20多种地层元素含量，其中Si反映石英含量、Al反映黏土含量、Fe可评价黄铁矿、Ca反映碳酸盐岩含量等。通过ECS测井测定元素重量含量，解释矿物成分与元素组合的关系，建立有机质与测井参数的关系，从而达到评价烃源岩的目的。

$$\mathrm{TOC}=\frac{\phi_{\mathrm{ker}}\cdot\rho_{\mathrm{ker}}}{\rho_{\mathrm{b}}\cdot K} \tag{5-2-18}$$

式中，TOC为有机碳含量，%；ϕ_{ker}为干酪根孔隙体积，%（可由ECS测井确定）；ρ_{ker}为干酪根密度，g/cm^3；ρ_{b}为岩石体积密度，g/cm^3；K为干酪根转换系数。

5）多参数TOC拟合法

烃源岩相对于非烃源岩而言最显著的特征为富含有机质。理论上，由于富含有机质及黏土矿物的烃源岩通常含有较高的放射性元素，因此自然伽马测井（探测伽马射线强度）、自然伽马能谱测井（探测放射性元素含量）可用于烃源岩识别及其有机碳含量预测。

由于中子测井是探测井内岩石含氢指数变化特征的一种测井，有机质的含氢指数大于泥质含氢指数，因此烃源岩的中子测井孔隙度值与烃源岩有机质含量也存在较好的响应关系。

由于干酪根密度小于黏土矿物，因此有机质含量越高的烃源岩应具有越低的密度。

由于干酪根的声波时差大于固体岩石骨架的声波时差，有机质含量越高的烃源岩应具有越大的声波时差。

烃源岩有机质属于非导电物质，电阻率无限大,根据烃源岩构成的体积模型，烃源岩的电阻率随着有机碳含量增高而增大，尤其当烃源岩处于生烃高峰阶段，电阻率会因生烃作用大幅增加。

烃源岩有机质含量的多少，在自然伽马测井、密度测井、声波时差测井、中子测井、电阻率测井等各种测井曲线上都有一定的响应关系。这些响应特征是TOC含量测井预测的理论依据。

在密度拟合法的基础上，研究新提出了一种多参数拟合法，即首先遴选出TOC敏感曲线；将敏感曲线与岩芯分析TOC进行单一或多项拟合，选用相关性最好评价模型计算TOC；最后分析计算精度是否达到合同要求。

多参数拟合法确定TOC是研究中的一个创新点。分别作岩芯分析TOC与测井曲线相关性分析图（图5-2-18~图5-2-22），测定对TOC敏感的曲线，结果发现：对TOC敏感的测井曲线依次是自然伽马、声波时差、电阻率、中子、密度。

通过TOC敏感曲线测定发现：对TOC反映最敏感的测井曲线是自然伽马或铀值，其次为电阻率、密度、声波时差三者的TOC拟合关系（表5-2-3），由于以上敏感测定是针对龙马溪—五峰目的层，目的层段TOC计算可直接采用自然伽马拟合，但对于龙马溪-五峰以外地层，该法的计算精度不高，故引出多参数拟合法。

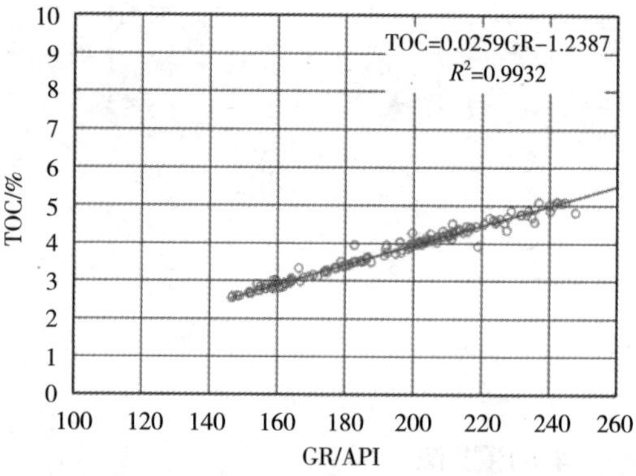

图5-2-18　TOC敏感测井曲线测定（GR）

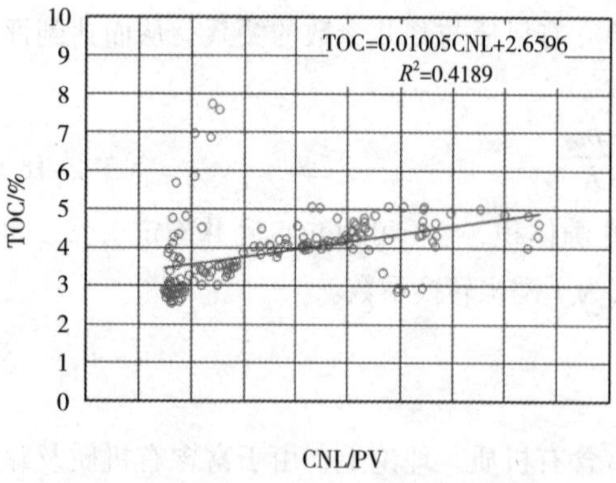

图5-2-19　TOC敏感测井曲线测定（CNL）

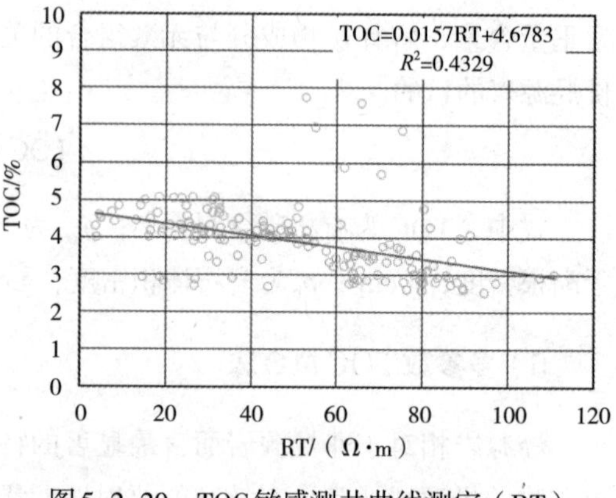

图5-2-20　TOC敏感测井曲线测定（RT）

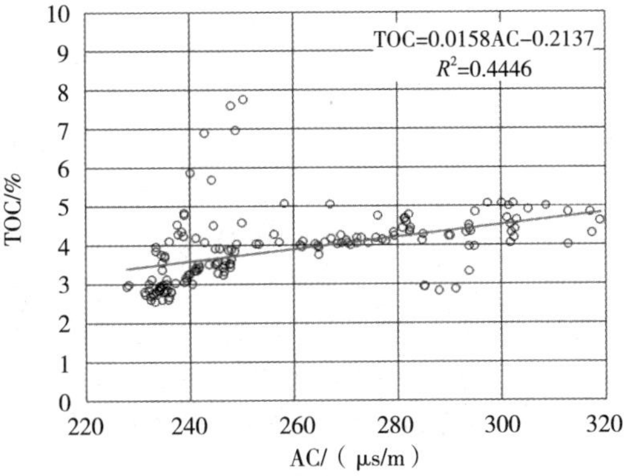

图5-2-21 TOC敏感测井曲线测定（AC）

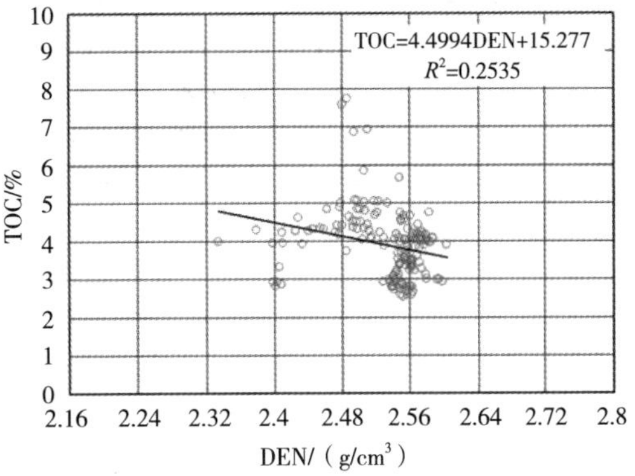

图5-2-22 TOC敏感测井曲线测定（DEN）

表5-2-3 TOC敏感测井曲线测定表

测井数据	有机碳定量预测模型（TOC）/%	相关系数R^2
GR/API	TOC=0.0259GR−1.2387	0.9932
RT/（Ω·m）	TOC=−0.0157RT+4.6783	0.4329
DEN/（g/cm³）	TOC=−4.499DEN+15.277	0.2535
AC/（μs/m）	TOC=0.0158AC−0.2137	0.4446
CNL/%	TOC=0.1005CNL+2.6596	0.4189
双参数（RT、DEN）	TOC=−0.0068RT−9.6671DEN+28.7423	0.5223
双参数（RT、AC）	TOC=0.0069RT+0.0258AC−3.1171	0.5066
三参数（RT、GR、AC）	TOC=0.0175GR+0.0056RT+0.0157AC−3.8927	0.8697

研究结果表明：四川盆地龙潭—韩家店用LLD—AC拟合法、龙马溪五峰用GR—AC拟合法，陆相页岩油地层用ILD—AC—DEN拟合法，赣浙地区用GR—AC拟合法，鄂尔多斯用$\Delta \lg R$法，均收到较好应用效果。

TOC测井计算精度及误差分析。根据上述3种研究方法结果对比可以看出，多参数TOC拟合法适用于TOC计算。将该方法应用到研究区块内的取心井中，对TOC计算的精度进行了分析（图5-2-23、图5-2-24）。结果显示TOC计算的相对误差控制在7.2%以内，高出合同要求的10%，达到了预期目标。

2. 镜质体反射率及评价模型

类同TOC测井评价模型的建立方法，构建了镜质体反射率R_0的多参数拟合模型（深度、声波及中子）。

图5-2-25~图5-2-30为R_o敏感曲线交会图，其相关性（表5-2-4）。分别与声波时差（Ac）、密度（Den）、深度（Deep）、电阻率（RT）做二元、三元以及四元回归拟合分析，得出三元回归相关性较好，有较高的相关系数，且需要的数据少影响因素少，因此采用深度及

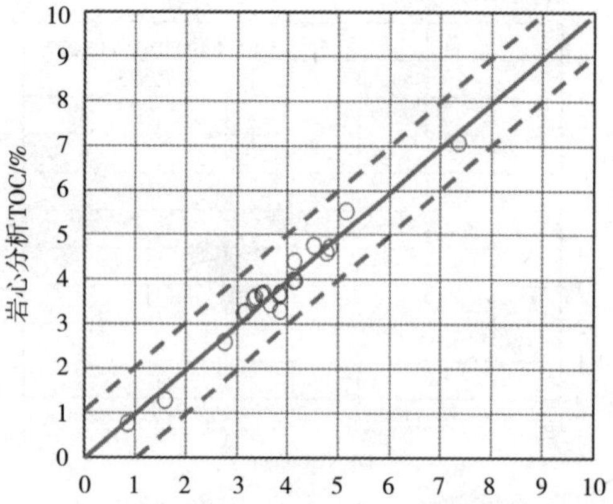

图5-2-23　测井计算有机碳含量精度分析

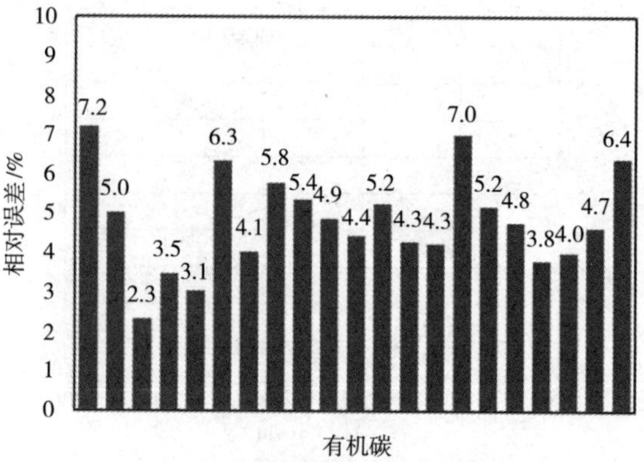

图5-2-24　测井计算有机碳含量误差分析

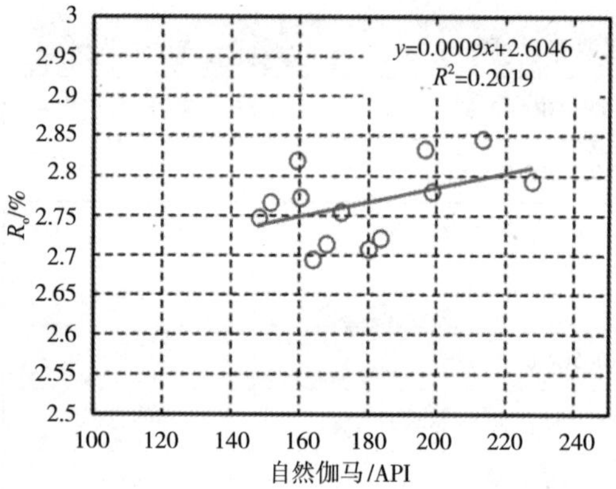

图5-2-25　R_o敏感测井曲线测定（GR）

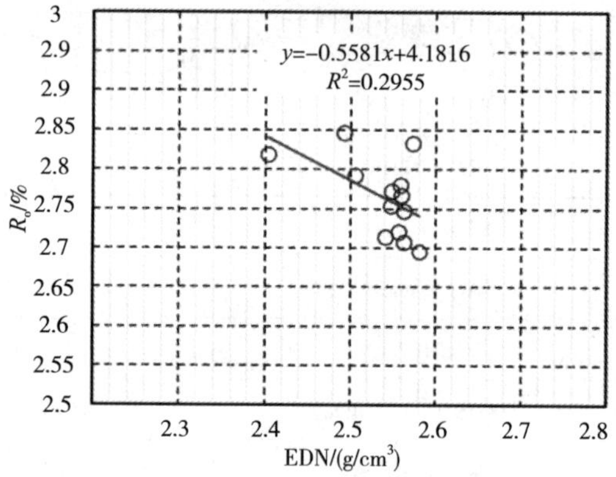

图5-2-26　R_o敏感测井曲线测定（DEN）

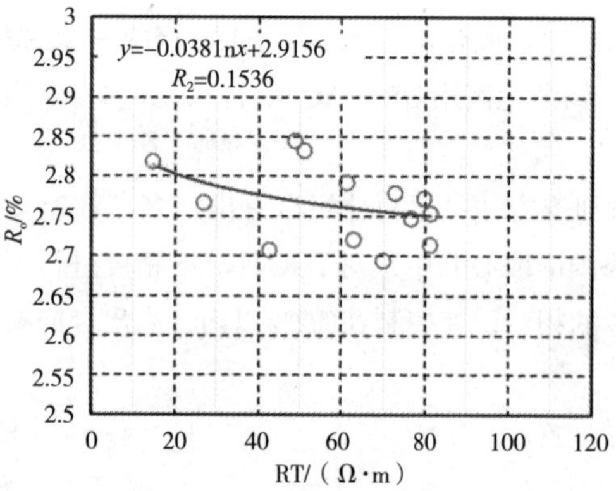

图5-2-27　R_o敏感测井曲线测定（RT）

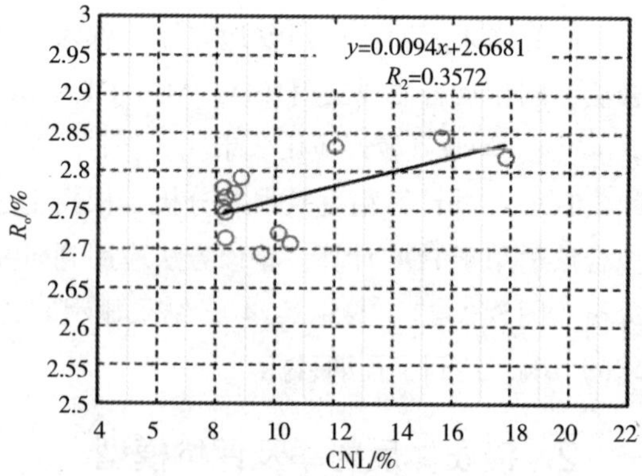

图5-2-28　R_o敏感测井曲线测定（CNL）

声波时差和密度测井曲线建立模型。

$$R_o = a \cdot \mathrm{Deep} + b \cdot \mathrm{Ac} + c \cdot \mathrm{Den} + d \qquad (5\text{-}2\text{-}19)$$

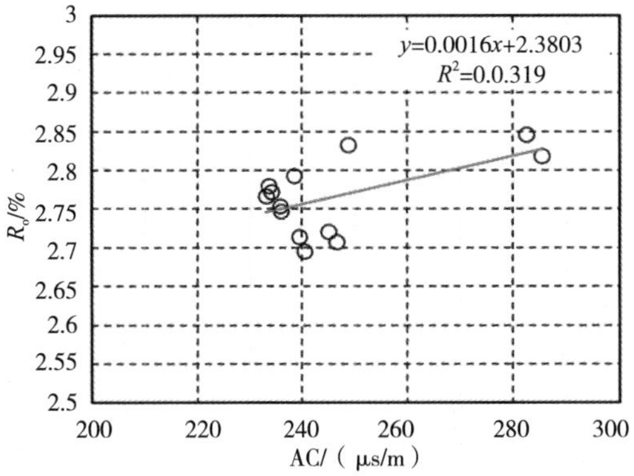

图5-2-29 R_o敏感测井曲线测定（AC）

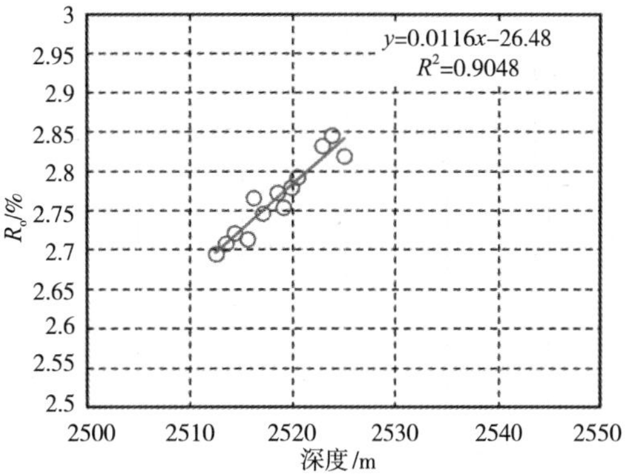

图5-2-30 R_o敏感测井曲线测定（深度）

表5-2-4 R_o敏感测井曲线测定表

类型	测井数据	R_o预测曲线模型/%	相关系数
单参数	GR/API	R_o=0.0009GR+2.6046	0.2019
	RT/（Ω·m）	R_o=−0.038ln(RT)+2.9156	0.1536
单参数	DEN/（g/cm³）	R_o=−0.5581DEN+4.1816	0.2955
	AC/（μs/m）	R_o=0.0016AC+2.3803	0.3190
	CNL/%	R_o=0.0094CNL+2.6681	0.3572
	DEPTH/m	R_o=0.0116DEPTH−26.48	0.9048
双参数	AC、DEN	R_o=0.0099AC−0.2655DEN+3.1933	0.3440
	AC、RT	R_o=0.0014AC−0.0002RT+2.4328	0.3246
	AC、DEPTH	R_O=−0.0001AC+0.0119DEP−27.2556	0.9059
	DEN、RT	R_o=−0.4715DEN−0.0004RT+3.982065	0.3116
	DEN、DEPTH	R_o=0.2034DEN+0.0133DEPTH−31.2311	0.9263
	RT、DEPTH	R_o=−0.0002RT+0.0112DEPTH−25.5062	0.9121
三参数	DEPTH、AC、DEN	R_o=0.0131DEPTH+0.0004AC+0.2998DEN−30.9492	0.9326

利用归位后的岩芯数据R_o和相应深度、声波时差及密度值，多元回归拟合出公式（5-2-19）中的a=0.000477，b=−0.002869，c=−0.651259，d=1.731275。

从上述研究表明，将三参数确定R_o敏感曲线的解释模型确定为R_o的解释计算模型。对于R_o的测井计算精度在合同中未做要求，经研究，R_o的相对误差控制在5%以内（图5-2-31、图5-2-32）。

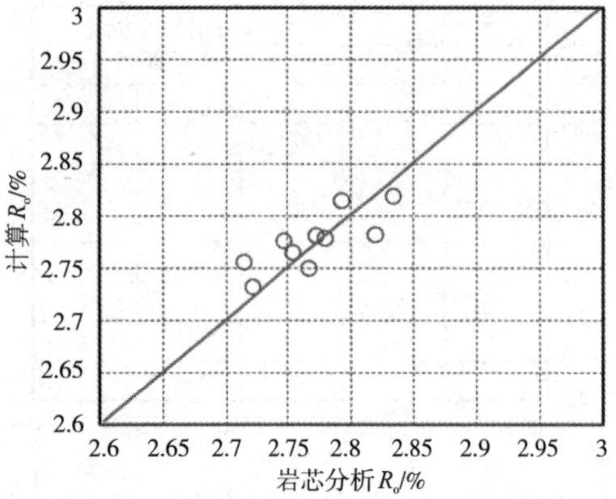

图5-2-31 测井计算R_o精度分析

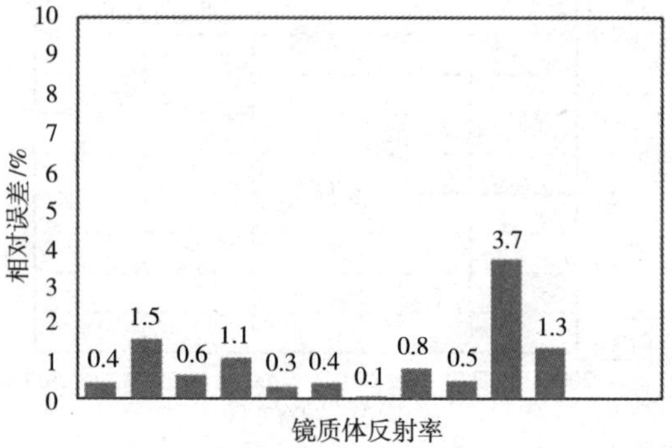

图5-2-32 测井计算R_o误差分析

四、含气性及其测井表征

1. 含气量及其评价模型

页岩气主要有游离态、吸附态两种赋存状态，游离油气是以游离状态赋存于孔隙和微裂缝中的气；吸附气则是吸附于有机质和黏土矿物表面的气，以有机质吸附为主，黏土矿物吸附可以忽略。页岩气储层既是储集层，又是烃源岩，富含有机质，储集空间类型复杂，主要孔隙类型以粒间孔隙和有机质成熟后热解生成的孔隙为主，部分储层还发育天然裂缝。

Carlos Ph.D.Professor在研究中模拟出了含气页岩在微孔隙中传播的类型（图5-2-33），气是在微孔隙中逐渐运移聚集成藏的。

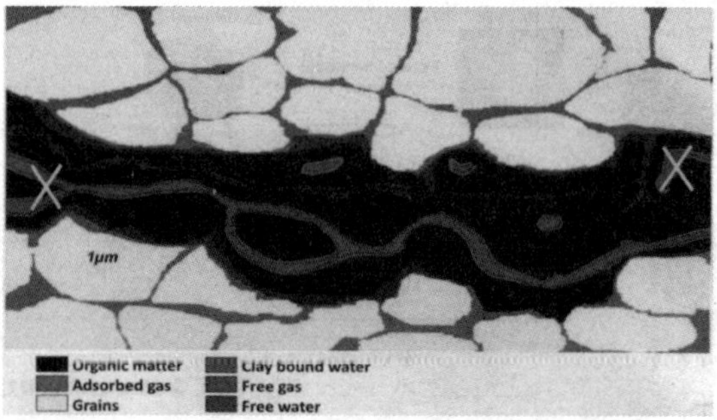

图5-2-33 油气页岩电流在微孔隙中传播的模型

从钻井取心、地质录井以及地化资料显示情况看，CH地区龙马溪—五峰组发现的页岩储层主要为暗色页岩，是目前有开采价值的页岩；另外在长兴及—龙潭组地层也有页岩发育，但都不具有商业开发价值。

1）吸附气含量GasX

吸附气含量系指单位重量泥页岩中吸附于有机质和黏土矿物表面的气在地面条件下的体积，研究提出利用朗格缪尔方程或TOC估算吸附气含量（GasX）。1916年法国化学家Langmuir（朗格缪尔）提出了基于单分子的吸附状态方程，即朗格缪尔方程。吸附于页岩储层中的气体主要为CH_4，北美地区的页岩气勘探实践也表明，以CH_4为主的页岩气吸附规律大多符朗格缪尔方程：

$$\text{GasX} = \frac{V_{1c} \times P}{P_{1c} + P} \times \frac{\text{TOC}_{\text{LOG}}}{\text{TOC}_{\text{TEST}}} \qquad (5\text{-}2\text{-}20)$$

式中，GasX为页岩气储层吸附气含量，m^3/t；V_{1c}为朗格缪尔体积，指岩样气体达到饱和时所吸附的气体量，m^3/t；P_{1c}为朗格缪尔压力，指吸附气达到饱和吸附量一半时的压力，MPa；P为页岩储层压力，MPa；TOC_{LOG}为测井计算的有机碳含量，%；TOC_{TEST}为岩芯分析确定的有机碳含量，%。

岩芯解吸获得的总气量较高的值，与30℃条件下的朗格缪尔等温吸附实验求取的饱和吸附气含量较接近，部分点大于饱和吸附值（图5-2-34）。可以认为：岩芯解吸获得的总气量基本可以代表了储层总吸附气量，且包含少量游离气（现场评价可以忽略不计），储层孔隙与裂缝游离气充足，游离气与吸附气处于动态平衡。国外研究成果显示：在地层压力达到大约12.0MPa时，游离气和吸附气的含量基本相等，吸附气达到饱和状态，之后，随着埋深的增加和地层压力的增大，游离气含量逐步增加；在地层压力达到29.4MPa左右时，游离气含量是吸附气含量的2倍以上，并且温度的变化对页岩达到最大吸附气量所需的压力没有影响；温度增加会降低富有机质页岩的吸附能力，温度升高一倍，吸附能力下降到原吸附能力的一半。

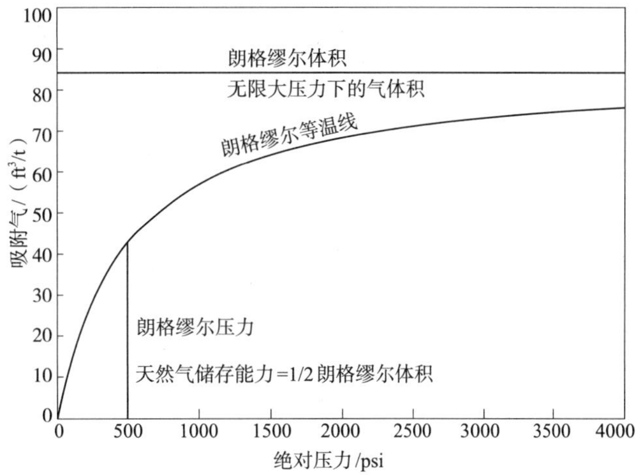

图5-2-34 朗格缪尔等温吸附实验图

G2井的等温吸附试验结果证实：龙马溪组下部—五峰组页岩气层在30℃下页岩气解吸附启动压力为12MPa，朗格缪尔压力在1.98~3.59MPa间，平均值为2.62MPa（表5-2-5）。G2井页岩气层中部地层温度为80.0℃，地层压力为34.0MPa，远远超过了启动压力和朗格缪尔压力，页岩储层中的吸附气量达到了饱和状态，压力的进一步增加只能影响游离气含量的变化。校正30℃条件下的页岩饱和吸附气量为80℃页岩气层温度环境，TOC与岩芯饱和吸附气量回归方程为Q_{gs}=0.56TOC，R=0.95，岩芯饱和吸附气量降低（图5-2-35）。可使用80℃条件下的岩芯饱和吸附气量回归方程确定焦石坝区块页岩气层吸附气含量式（5-2-21）。

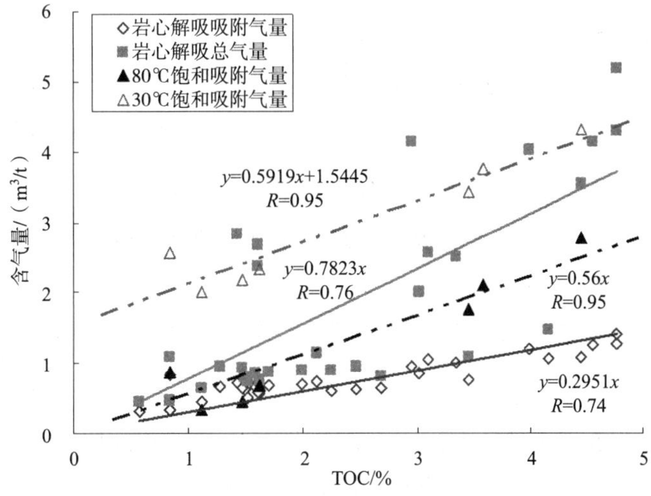

图5-2-35 四川盆地G2井Gas-TOC关系图

表5-2-5 四川盆地龙马溪—五峰组岩芯等温吸附实验数据表

序号	深度/(m)	V_L/(m^3/t)	P_L/MPa	Q_{gs}(30℃)/(m^3/t)	Q_{gs}(80℃)/(m^3/t)	TOC/%	岩性
1	2330.5	2.22	3.59	2.01	0.33	1.11	灰黑色泥岩
2	2346.5	2.76	2.66	2.56	0.87	0.84	黑色碳质页岩
3	2355.1	2.55	3.14	2.34	0.67	1.62	灰黑色碳质泥岩
4	2363.4	2.34	2.50	2.18	0.45	1.47	灰黑色碳质泥岩
5	2376.1	1.72	2.21	—	—	1.83	灰黑色粉砂质泥岩
6	2385.4	4.00	2.12	3.77	2.11	3.59	灰黑色碳质泥岩
7	2397.1	3.64	1.98	3.44	1.75	3.46	灰黑色碳质泥岩
8	2414.9	4.66	2.74	4.31	2.77	4.46	灰黑色碳质泥岩
总平均		2.99	2.62	2.94	1.28	2.30	代表岩性：灰黑色碳质泥岩

$$\mathrm{GasX} = 0.56 \times \mathrm{TOC} \tag{5-2-21}$$

2）游离气含量GasY

游离气一般赋存于泥页岩的微孔隙或裂缝中，主要与泥页岩孔隙度、含气饱和度等因素有关。游离气含量系指单位重量泥页岩中游离气在地面条件下的体积，利用岩石物理体积模型计算游离气含量（GasY），常用单位是m^3/t，计算公式为：

$$\mathrm{GasY} = \frac{1}{B_g} \cdot \phi \cdot (1 - S_g) \cdot \frac{1}{\mathrm{DEN}} \tag{5-2-22}$$

式中，GasY为页岩气储层游离气含量，m^3/t；B_g为天然气体积系数，无量纲，一般取0.0032；ϕ为页岩气储层孔隙度，%；S_g为页岩气储层含气饱和度，%；DEN为页岩气储层密度测井值，g/cm^3。

在没有密度测井资料的情况下，也可以用吸附气含量估算，具体算法如下：

$$\mathrm{GasY} = \mathrm{GSY}_1 \cdot \mathrm{GasX} + \mathrm{GSY}_2 \tag{5-2-23}$$

式中，GasY为页岩气储层游离气含量，m^3/t；GasX为页岩气储层吸附气含量，m^3/t；GSY_1、GSY_2为校正因子，无量纲，CH地区龙马溪—五峰组页岩地层GSY_1取2~3，GSY_2取1。

3）含气量Gas

页岩气储层的含气量定义为游离气含量与吸附气含量的总和，即有：

$$\mathrm{Gas} = \mathrm{GasX} + \mathrm{GasY} \tag{5-2-24}$$

在四川工区内，龙马溪—五峰组优质页岩地层仅有三个吸附气测定数据，无游离气测定实验数据，由于游离气与吸附气的正相关性，岩芯测定的吸附气在一定程度上反映了游离气含量。通过对游离气计算结果的误差分析，测井解释的游离气含量的相对误差控制在7.5%（图5-2-36）。

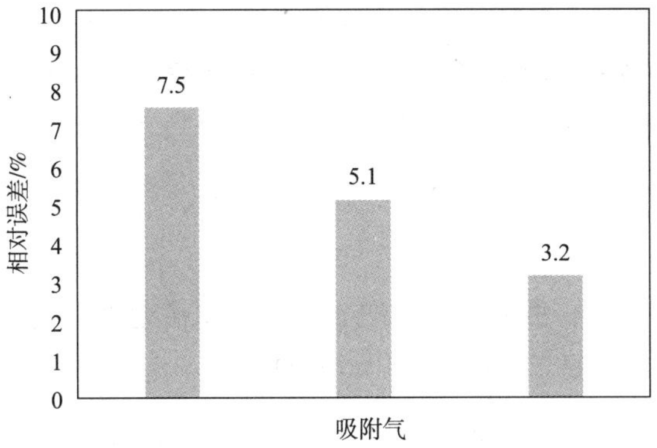

图5-2-36 吸附气含量相对误差统计

2. 含水饱和度及其评价模型

含水饱和度评价是计算页岩游离气含气量的前提式（5-2-22），虽然一些其他测井技术也能提供储集层饱和度的有关信息，但在目前测井解释中使用最多的仍然是以电阻率为基础的饱和度评价模型。

常用的饱和度计算模型主要有以下4个：

（1）典型阿尔奇公式：

$$S_w = \left(\frac{a \cdot b \cdot R_w}{R_t \cdot \phi_m}\right)^{\frac{1}{n}} \tag{5-2-25}$$

式中，S_w为含水饱和度，%；R_w为地层水电阻率，Ω·m；R_t为地层真电阻率，Ω·m；ϕ为孔隙度，%；a、b、m、n为岩电实验参数，常数。

（2）考虑泥质影响的饱和度模型，如西门杜公式：

$$S_w = \frac{1}{\phi}\left(\sqrt{\frac{0.81 \times R_w}{R_t}} - \frac{R_w \times V_{sh}}{0.4 \times R_{sh}}\right) \tag{5-2-26}$$

式中，S_w为含水饱和度，%；R_w为地层水电阻率，Ω·m；R_{sh}为泥质水电阻率，Ω·m；R_t为地层真电阻率，Ω·m；ϕ为孔隙度，%；V_{sh}为泥质含量，%。

（3）考虑骨架及多种孔隙影响的饱和度模型，如斯伦贝谢公司的Total-Shale公式：

$$\frac{1}{R_t} = \frac{\phi^m \cdot S_w^n}{a \cdot R_w \cdot (1 - V_{sh})} + \frac{V_{sh} \cdot S_w}{R_{sh}} \tag{5-2-27}$$

式中，S_w为含水饱和度，%；R_w为地层水电阻率，Ω·m；R_{sh}为泥质水电阻率，Ω·m；R_t为地层真电阻率，Ω·m；ϕ为孔隙度，%；V_{sh}为泥质含量，%；a、m、n为岩电实验参数，常数。

（4）如果岩芯分析资料丰富也可采用岩芯分析拟合法：

$$S_w = \left(\frac{TOC_o}{TOC_t}\right)^{\frac{1}{t}} \tag{5-2-28}$$

式中，S_w为页岩气储层含水饱和度、含气饱和度，小数；TOC_o为页岩有机质背景值，一般取0.2%，%；TOC_t为页岩气储层实测或计算得到的TOC，%；t为饱和度指数，无量纲，一般为2~3，龙马溪组下部—五峰组地层取2。

则页岩含气饱和度为：

$$S_g = 1 - S_w \tag{5-2-29}$$

在前面研究中已经提到，页岩储层的岩石物理体积模型是由黏土、骨架矿物、有机质、烃和水组成的。由于有机质是不导电的，因此可以把有机质等同于骨架，只有岩石中的流体和黏土物质导电。

由于斯伦贝谢公司的Total—Shale公式考虑了泥质及多种孔隙的影响，其在评价含水饱和度上优于阿尔奇公式，因此页岩储层含水饱和度采用Total—Shale公式计算。

五、破裂压力及其测井表征

国外已形成了以岩石力学参数测量、动静态弹性力学参数转换实验、构造应力系数、刻度、声波纵横波速度测量实验为基础，利用密度及多级子阵列声波提取出的纵横波进行岩石力学参数计算，在此基础上对岩石进行可压裂分析。

任何固体在外力作用下都要发生形变，当外力的作用停止时，形变随之消失，这种形变称之为弹性形变。岩石力学参数主要有：杨氏模量、切变弹性模量、体积弹性模量和泊松比等。它们当中有两个参数是独立的，即泊松比和杨氏模量，其他参数都可以通过泊松和杨氏模量转换求出。目前针对岩石力学性质的研究常用动态和静态两种方法计算。静态法是将所取岩样直接作为研究对象，在实验室内对其进行岩石力学性质测试，得到的弹性参数称为静态弹性参数；动态法是通过测定声波在岩样中的传播速度转换得到的，得到的参数称为动态弹性参数。

1. 力学参数及其评价模型

对研究区内页岩储层的力学特征进行研究，利用的是多级子阵列声波测井资料，其处理流程见图5-2-37，采用式（5-2-30）~式（5-2-33）分别计算页岩储层泊松比、体积弹性模量、杨氏模量和切变模量。

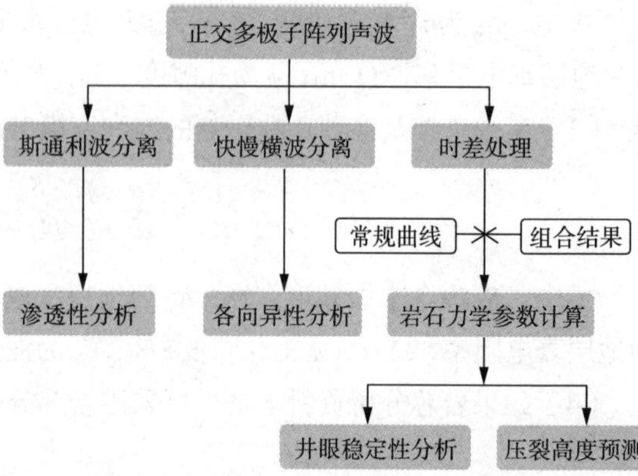

图5-2-37　多级子阵列声波测井破裂压力分析图

动态岩石力学参数。通过提取的纵、横波时差，结合常规测井曲线中的密度、泥质含量和孔隙度等曲线，可以计算地层的岩石弹性力学参数和地层压力参数等。

岩石力学参数的计算模型如下：

泊松比表征为：

$$\sigma=\frac{\Delta t_s^2-2\Delta t_c^2}{2(\Delta t_s^2-\Delta t_c^2)} \tag{5-2-30}$$

杨氏模量表征为：

$$E=a\frac{\rho}{\Delta t_s^2}\left(\frac{3\Delta t_s^2-4\Delta t_c^2}{\Delta t_s^2-\Delta t_c^2}\right) \tag{5-2-31}$$

体积弹性模量表征为：

$$K=a\rho\left(\frac{3\Delta t_s^2-4\Delta t_c^2}{3\Delta t_s^2\Delta t_c^2}\right) \tag{5-2-32}$$

剪切模量表征为：

$$G=a\frac{\rho}{\Delta t^2} \tag{5-2-33}$$

上述计算公式中，各岩石弹性力学参数的单位为：杨氏模量、体积弹性模量、切变弹性模量单位均为10^4MPa，岩石体积密度（ρ）的单位为g/cm^3，纵波时差（Δt_c）单位为μs/ft，横波时差（Δt_s）单位为μs/ft，a为单位转换系数。

利用上述模型对四川地区的60口井进行了处理，并对处理结果进行了统计分析。从表5-2-6中可以看出，分别以黏土矿物、硅质矿物、钙质矿物为主的页岩地层中，硅质矿物、黏土矿物的泊松比相当，且均小于钙质矿物；黏土矿物、硅质矿物、钙质矿物的杨氏模量、切变弹性模量、体积弹性模量则依次增大。

表5-2-6 四川盆地测井资料计算页岩模量特征统计表

页岩	取值类型	泊松比	杨氏模量/10^4MPa	体积模量/10^4MPa	切变模量/10^4MPa
黏土矿物成分为主	最小值	0.19	3.63	2.18	1.48
	最大值	0.27	5.38	3.91	2.11
	平均值	0.23	4.29	2.68	1.74
硅质矿物成分为主	最小值	0.15	4.03	2.11	1.64
	最大值	0.28	5.73	3.81	2.39
	平均值	0.23	4.75	2.98	1.93
钙质矿物成分为主	最小值	0.24	6.79	4.85	2.61
	最大值	0.31	8.48	6.45	3.38
	平均值	0.28	7.48	5.62	2.93

G1井2505.0~2525.0m井段的纵波时差在70μs/ft左右，横波时差在115μs/ft左右，纵横波速度比在1.64左右，相应计算的静态杨氏模量在13.1GPa左右，动态杨氏模量在47.0 GPa左右，泊松比在0.2左右（图5-2-38）。CH区块箱体水平段，提取的纵波时差多在60~75μs/ft，横波时差多在98~118μs/ft，纵横波速度比在1.57~1.80，多集中在1.65~1.75，计算的杨氏模量在4.75×10^4MPa左右，转换单位后为47.5GPa左右，泊松比平均在0.23左右，以硅质矿物成分为主水平段箱体与G1井优质页岩段数值一致。

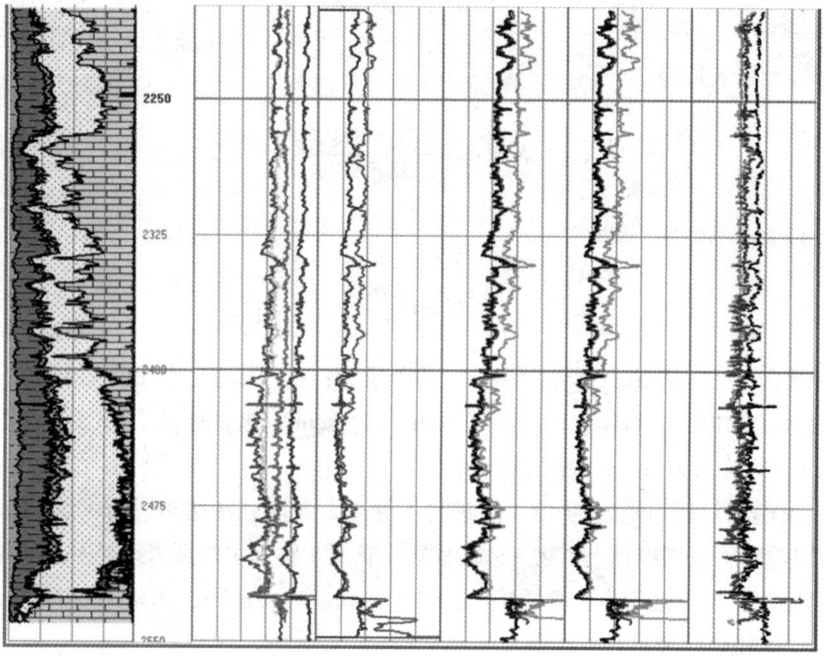

图5-2-38　G1井多级子声波岩石力学处理成果图

2. 破裂压力及其预测模型

不同岩性的岩石力学特性是不同的，所计算出的岩石力学参数也不尽相同。借助于多级子阵列声波资料所确定的岩石力学参数，可对CH地区龙马溪—五峰组优质页岩进行可压裂分析。

国内冯启宁（1983），黄荣搏（1985）、谭廷栋（1990）、姜子昂（1994）等人较好地研究过地层破裂压力的预测问题，建立了各自的预测模型，普遍得到认同的主要有以下2个：

Eaton模型：

$$\mathrm{FP}=\alpha P_{\mathrm{p}}+\frac{\mu}{1-\mu}(P_0-P_{\mathrm{p}}) \tag{5-2-34}$$

Andson模型：

$$\mathrm{FP}=\alpha P_{\mathrm{p}}+\frac{2\mu}{1-\mu}(P_0-\alpha P_{\mathrm{p}}) \tag{5-2-35}$$

式中，FP、P_{p}、P_0分别为地层破裂压力、地层孔隙压力和上覆岩层压力，MPa；μ为岩石泊松比，无量纲；α为Biot系数（大多沉积岩取1），无量纲。

α=1时，式（5–2–35）基本转变成式（5–2–34），因此，在预测破裂压力方面，Andson模型更具有普遍意义。但要用好Andson模型，算准破裂压力，关键在于三个辅助参数的确定：

（1）Biot系数（α）：

$$\alpha = 1 - \frac{\rho \cdot (3V_{\mathrm{p}} - 4V_{\mathrm{s}})}{\rho_{\mathrm{ma}} \cdot (3V_{\mathrm{map}} - 4V_{\mathrm{mas}})} \tag{5-2-36}$$

式中，ρ、ρ_{ma}分别为密度测井值及骨架密度值，g/cm^3；V_{p}、V_{s}分别为纵、横波测井速度ft/μs；V_{map}、V_{mas}分别为骨架的纵、横波速度，ft/μs；α为Biot系数，无量纲。值得注意的是：α 并不能简单地设定为1。

（2）上覆岩地层压力（P_{o}）。上覆岩地层压力是指覆盖在某一深度地层以上的地层和岩石孔隙中流体的总重量对地层的压力。上覆岩层压力应该为垂向应力，可以从密度测井信息中提取。

$$P_{\mathrm{o}} = 0.0098043 \times \left(\rho \times H_{\mathrm{o}} + \int_{Ho}^{H} \rho_{\mathrm{b}} \mathrm{d}H \right) \tag{5-2-37}$$

式中，P_{o}、H_{o}、H、ρ、ρ_{b}分别为上覆岩层压力，（MPa）研究井段起始深度（m）、目的层深度值（m）、井段顶界至井口的密度平均值（g/cm^3）、地层体积密度（g/cm^3）。

值得注意的是：上覆岩地层压力中的积分项是对垂深得积分，切勿用地层斜深积分。

（3）地层孔隙压力（P_{p}）。地层孔隙压力是指由于沉积物的压实作用，地层中孔隙流体（油、气、水）所承受的压力。采用静水柱压力公式计算：

$$P_{\mathrm{w}} = 0.0098043 \cdot \rho_{\mathrm{w}} \cdot H \tag{5-2-38}$$

在正常压力系统下，可以用静水柱压力代替地层孔隙压力，但是，如果是异常压力层，则会产生一定误差。

地层破裂压力不仅与泊松比密切相关，同时与地层孔隙压力、上覆地层压力及岩石Biot系数息息相关。在水平井中，尤其是上翘地层中，随深度的增加垂深减小，使用井眼斜深计算的破裂压力随深度增加而逐渐增大，这显然有悖于常规，这也是国内外测井同行常常忽视的。将计算上覆岩地层压力中的深度积分定为对垂深积分，并实时计算Biot系数，这样得到的破裂压力更符合地质特征，并满足工程需要（图5–2–39）。

通过对四川地区不同平台6口井进行处理评价、统计分析发现：

①四川地区龙马溪—五峰优质页岩的闭合压力多分布在48~55MPa，峰值多在51MPa左右，破裂压力多分布在49~56MPa，峰值为52MPa（图5–2–40）。

研究计算的破裂压力与实验结果吻合，也是现场压裂采用的压力。表5–2–7为G1井地应力大小实验结果，对应深度为2525.0m，实验测得地层破裂压力在48~58MPa；图5–2–39是CHX平台破裂压力直方图，箱体水平段分别对应G1井2510.0m、2515.0m和2520.0m深度，通过对比可以看出，预测结果与实验数值基本相同。同样的方法应用于长宁H9平台箱体水平段，整体预测井的破裂压力多在48~58MPa。

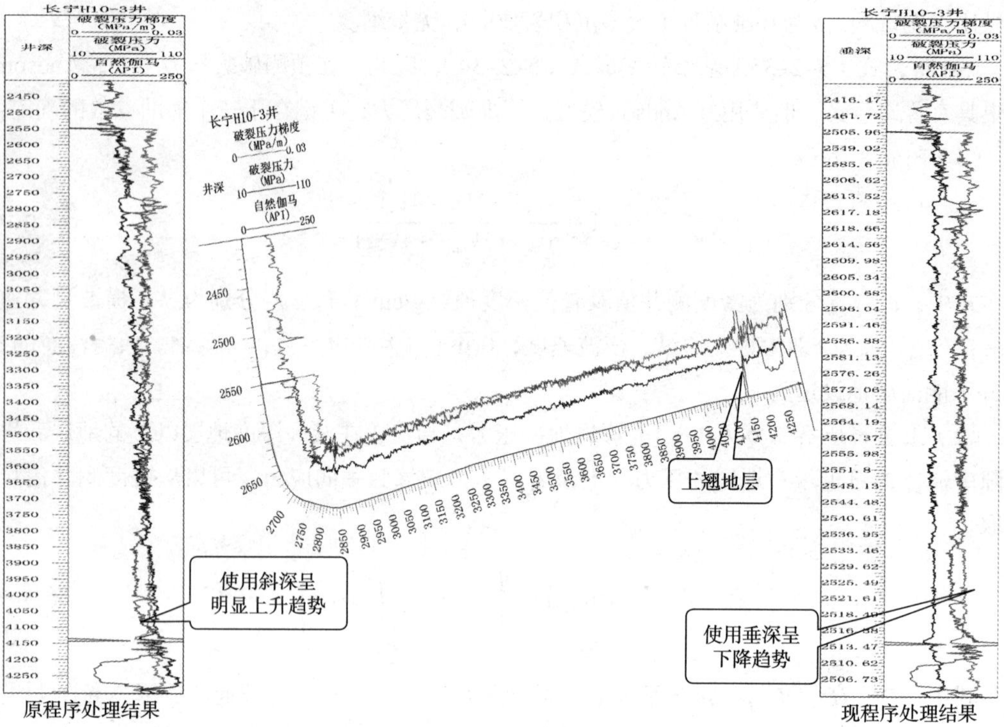

图5-2-39　CH3井破裂压力斜深与垂深计算结果对比图

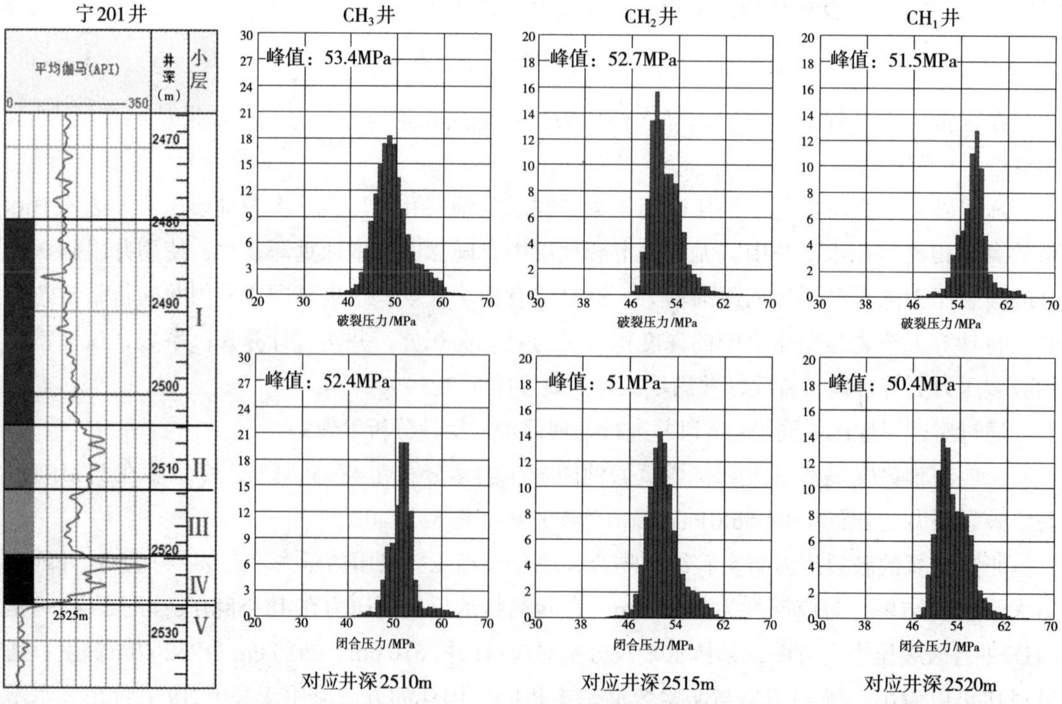

图5-2-40　CHX平台破裂压力及闭合压力直方图

表5-2-7　G1井地应力大小实验结果

井号	层位	深度/m	三向主应力梯度/（MPa/m）		闭合压力/MPa	最大主应力方向
			垂向	水平最小		
宁201	龙马溪	2525	0.023	0.019~0.023	48~58	NE115°

②破裂压力的大小与页岩矿物成分变化有关，硅质页岩破裂压力数值小，其次为黏土矿物成分为主的页岩，钙质页岩数值较大。Ⅰ类页岩气层破裂压力相对较小，其次为Ⅱ类页岩气层，Ⅲ类页岩气层破裂压力数值相对较大。从压力曲线上可以看出，井口实施压力多在70MPa左右。泵注前置液时的“最高地面泵注压力”等于“井底地层破裂压力”－“井筒静液柱压力”＋“井筒管柱摩阻”＋“射孔孔眼摩阻”，按此井底地层破裂压力推算的地面泵注压力与实际施工压力相同，说明预测的结果可靠。

第三节　优质页岩测井划分及其标准建立

通过页岩储层测井响应特征及其关系研究，在对岩芯分析资料与测试、投产资料综合分析的基础上，提出分三个步骤来对页岩储层进行识别。

第一步：利用自然伽马—声波时差交会图、铀—钍交会图、V_p/V_s—DT_S交会图、M—N交会图等四种方法来有效识别岩性，判断页岩是否发育。

第二步：计算页岩系统的硅质矿物含量（SI）、钙质矿物含量（CA）、黏土矿物含量（SSH）；有机碳含量（STOC）、镜质体反射率（R_o）；孔隙度（SPOR）、渗透率（SPER）；饱和度（SG）、含气量（Gas、GasX、GasY）；脆性指数（BR）、破裂压力（PF）等参数。

第三步：建立页岩有效储层划分标准，按照解释标准对页岩进行三级划分，划分出有利页岩层及优质页岩。

一、页岩气层快速划分方法

四川地区优质页岩主要分布在龙马溪—五峰组，根据优质页岩的测井响应特征，即：自然伽马异常高值（一般大于150API）、铀异常高值、密度低值（一般小于2.6g/cm³）、自然电位明显负异常、电阻率呈高值（多在20~100Ω·m），按此特征，提出了四川地区页岩储层的划分原则：

（1）寻找高自然伽马、低密度、高声波时差、高电阻率泥页岩地层。

（2）寻找无铀伽马与总自然伽马幅度差异明显的地层。

（3）利用元素俘获能谱或多极子阵列声波资料，寻找脆性矿物含量高的井段。

（4）对裂缝发育的泥页岩进行分层。

（5）对厚度大于5m以上有异常显示的泥页岩地层进行分层。

同时提出了四种快速划分方法，以便于现场迅速找出优质或有利页岩层，保证完井方案的及时确定。

1. 声波时差—铀反向交互快速识别法

由于四川地区龙马溪—五峰组优质页岩富含有机质致使铀测井值异常高，声波时差测井呈大值。于是将铀测井曲线、声波时差测井曲线反刻度放置，如图5-3-1中第三道，很容易在高铀、高声波时差处划分出优质页岩。

图5-3-1给出了直井G_1的快速识别页岩气层的成果图，3号层对应的是高铀、高声波时差的粉红色充填，利用该法很快将该层化为优质页岩层。

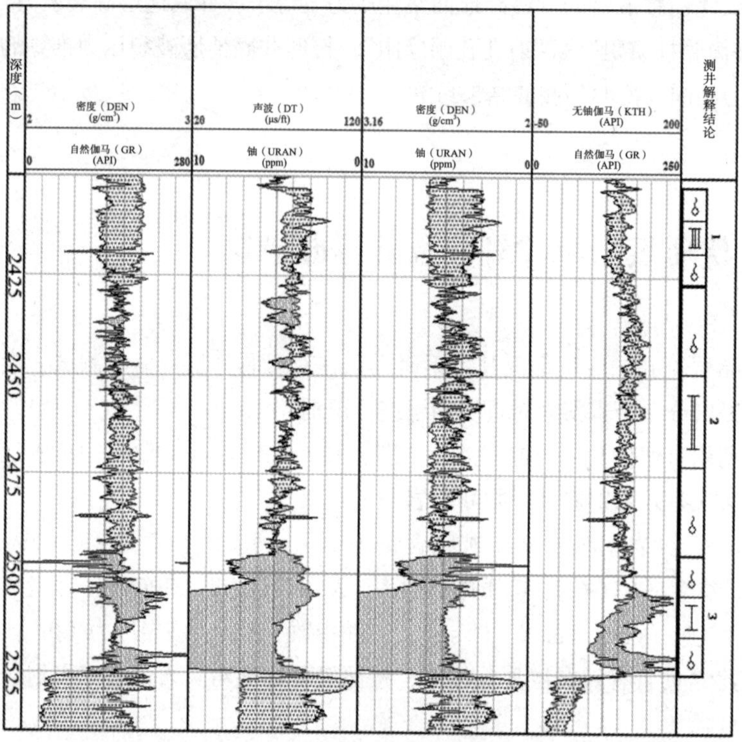

图5-3-1　G1井快速识别页岩气层成果图

在水平井段的评价，该方法的效果同样有效。图5-3-2给出了直井CH_3井的快速识别页岩气层的成果图，该法能快速将36号层化为优质页岩层。

2. 自然伽马—密度同向交互快速识别法

由于CH地区龙马溪—五峰组优质页岩富含有机质，致使自然伽马测井值异常高，密度测井呈低值。于是将铀测井曲线、密度测井曲线同向刻度放置，如图5-3-1中第二道，很容易在高自然伽马、低密度处划分出优质页岩。

图5-3-1给出了直井G_1的快速识别页岩气层的成果图，3号层对应的是高自然伽马、低密度的粉红色充填，利用该法很快将该层化为优质页岩层。

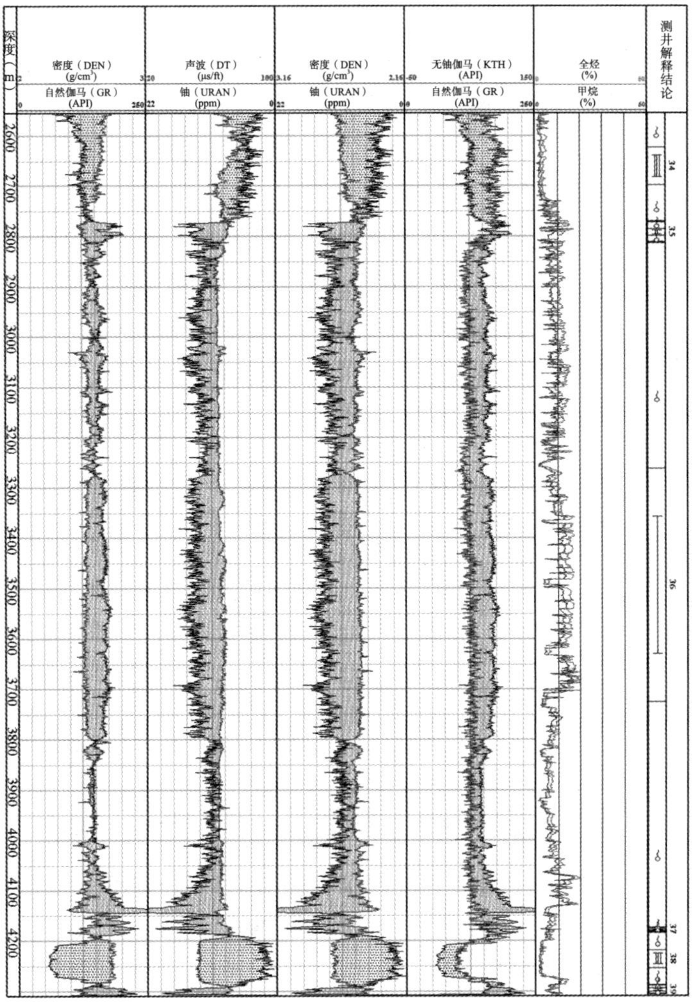

图5-3-2　CH3井快速识别页岩气层成果图

在水平井段的评价，该方法的效果同样有效。图5-3-2给出了直井CH_3井的快速识别页岩气层的成果图，该法能快速将36号层化为优质页岩层。

3. 密度—铀同向交互快速识别法

同法做“密度—铀同向交互快速识别法”，见图5-3-1、5-3-2中第四道，这里不再赘述。

4. 自然伽马—铀同向交互快速识别法

同法做“自然伽马—铀同向交互快速识别法”，见图5-3-1、5-3-2中第五道，这里不再赘述。

二、页岩气层测井解释标准

由于页岩致密，属“自生自储”的特点，决定了在划分储层上不能照搬常规砂岩或碳酸盐岩储层的方法及标准，除考虑孔隙度、含气量外，还必须考虑反映其丰度的有机碳含量，同时为判断后期压裂效果，还需考虑脆性指数、破裂压力等岩石力学参数。

为便于在生产中应用，对CH地区页岩气按三类划分，Ⅰ类页岩气层：在现有试采工艺条件下能获得高产工业气流；Ⅱ类页岩气层：在现有试采工艺条件下能获得工业气流；Ⅲ类页岩气层：在现有试采工艺条件下能获得少量气流。

参照国内外页岩气测井评价标准，结合国内页岩气测井采集与评价技术管理规定（试行）要求，提出利用“四参数”来评价页岩储层是否有开发价值，“四参数”依次是有机碳含量、孔隙度、脆性指数和含气量，这些参数标准均由一手资料刻画而来。依次优先考虑测井曲线所表现出来的地化特征（TOC）、物性特征（POR）、岩石力学特征（BR）及含气性特征参数（GAS），并参考其他的测井曲线（如密度、自然伽马）划分储层级别（表5-3-1）。

表5-3-1　CH地区龙马溪—五峰组页岩气层划分标准

储层分类	有机碳 TOC/%	孔隙度ϕ/%	脆性指数 BR/%	总含气量GAS/（m^3/t）	密度测井值 DEN/（g/cm^3）	自然伽马测井值GR/API
Ⅰ类页岩气层	TOC≥3	$\phi \geq 5$	BR≥55	GAS≥3	DEN≤2.6	GR≥150
Ⅱ类页岩气层	2≤TOC＜3	$3 \leq \phi < 5$	35≤GAS＜55	2≤GAS＜3	2.6＜DEN≤2.65	125≤GR＜150
Ⅲ类页岩气层	TOC＜2	$\phi < 3$	GAS＜35	GAS＜2	DEN＞2.65	GR＜125

1. 四川盆地CH地区龙马溪—五峰组页岩气测井解释标准

根据测试投产数据，分别做孔隙度—有机碳含量、总含气量—脆性指数等交会图（图5-3-3、图5-3-4），从而确定各类页岩气层的界限，进而确定解释标准。CH地区页岩气测井解释标准：Ⅰ类页岩气层：TOC≥3%、POR≥5%、BR≥55%、GAS≥3m^3/t、DEN≤2.6g/cm^3、GR≥150API；Ⅱ类页岩气层：2%≤TOC＜3%、3%≤POR＜5%、35%≤BR＜55%、2m^3/t≤GAS＜3m^3/t、2.6g/cm^3＜DEN≤2.65g/cm^3、125API≤GR＜150API；Ⅲ类页岩气层：TOC＜2%、POR＜3%、BR＜35%、GAS＜2m^3/t、DEN＞2.65g/cm^3、GR＜125API。

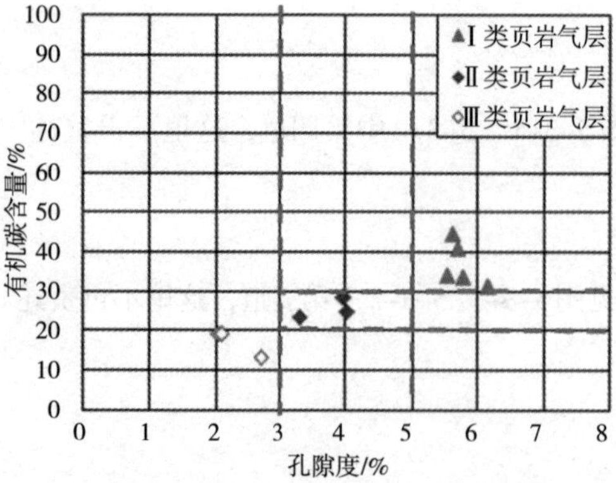

图5-3-3　有机碳含量—孔隙度交会图

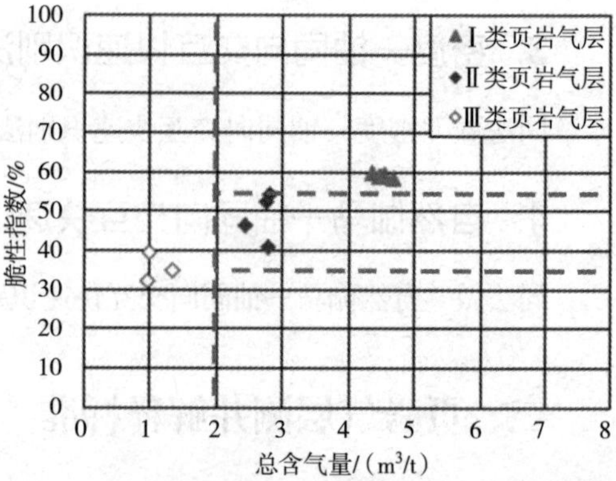

图5-3-4　脆性指数—含气量交会图

2. 四川盆地J地区龙马溪—五峰组页岩气测井解释标准

参照CH地区页岩气测井解释标准，主要根据G2井的岩芯分析结果，结合J地区的地质特点，研究中也形成了J地区页岩气测井解释标准（表5–3–2）。

表5–3–2 四川盆地J地区龙马溪页岩气层测井划分标准

储层分类	有机碳TOC/%	孔隙度ϕ/%	脆性指数BR/%	总含气量GAS/（m^3/t）	密度测井值DEN/（g/cm^3）	自然伽马测井值GR/API
Ⅰ类页岩气层	TOC ≥ 2.5	$\phi \geq 4$	BR ≥ 55	GAS ≥ 3	DEN ≤ 2.6	GR ≥ 155
Ⅱ类页岩气层	1.5 ≤ TOC < 2.5	$3 \leq \phi < 4$	40 ≤ GAS < 55	2 ≤ GAS < 3	2.6 < DEN ≤ 2.65	125 ≤ GR < 155
Ⅲ类页岩气层	TOC < 1.5	$\phi < 3$	GAS < 40	GAS < 2	DEN > 2.65	GR < 125

与CH龙马溪—五峰组相比，J页岩气测井解释标准中有机碳含量的标准界限低0.5%，孔隙度的标准界限小0.5%，其他参数界限基本相同，究其原因是龙马溪—五峰组地层CH地区要比J地区深110m。

同时，研究组也搜集了四川盆地J地区龙马溪页岩气层测井划分以前的标准，并将研究中形成的相应的页岩气测井解释标准与之比较（表5–3–2、表5–3–3），不难发现，在确定标准选取上，研究中形成及之前形成的都将有机碳含量、孔隙度、脆性指数列为关键参数；密度测井标准数值完全一致，研究中选用自然伽马作为关键参数，较之前的中子合理；脆性指数中，研究中已经量化，之前的标准尚在定性阶段；研究中将含气量作为标准的关键参数比之前的标准中不考虑含气量更合理。

表5–3–3 四川盆地J地区龙马溪页岩气层测井划分标准（以前）

储层分类	有机碳TOC/%	孔隙度ϕ/%	脆性指数BR/%	泥质含量SH/%	密度测井值DEN/（g/cm^3）	中子测井值CNL/%
Ⅰ类页岩气层	TOC ≥ 2	$\phi \geq 3.5$	较高	SH ≤ 40	DEN ≤ 2.6	CNL ≤ 15
Ⅱ类页岩气层	1 ≤ TOC < 2	$2.5 \leq \phi < 3.5$	中等	40 ≤ SH < 50	2.6 < DEN ≤ 2.65	15 < CNL ≤ 18
Ⅲ类页岩气层	TOC < 1	$\phi < 2.5$	较少	SH > 50	DEN > 2.65	CNL > 18

第六章 页岩油气藏测井处理软件

Shale_Gas是页岩气藏测井评价软件的简称，它是基于国内最好的测井处理平台Forward而开发的页岩气处理程序，它的成功开发实现了页岩气测井处理软件国产化，打破了国际知名公司的技术垄断。该软件能较好完成“复杂岩性识别及矿物成分分析”及“页岩气储层关键参数定量评价”。

第一节 源程序编写及可执行程序生成

基于Forward测井处理平台内嵌的Fortran编译系统（图6-1-1中的窗口1），利用Fortran编写页岩气藏测井评价软件源代码Shale_Gas.for（图6-1-1中的窗口2），通过编译、连接，生成页岩气藏测井评价软件可执行程序Shale_Gas.exe（图6-1-1中的窗口3）。

页岩气藏测井处理源程序（Shale_Gas.for）源代码如下：

```
 BLOCK DATA
 CHARACTER*8 NAMEC,NAMEO,NAMEI,IPARM*128,IFLNM*128
 COMMON /HD/DEP,DEPO,SDEP,EDEP,SSDEP,EEDEP,RLEV
 COMMON /DSKID/IFLNM,IPARM
 COMMON /INPC/NOI,NAMEI(22)
 COMMON /OUTC/NOO,NAMEO(25)
 COMMON /CONC/NOC,NAMEC(98)
 COMMON /INP /AC  ,ANHY,C1  ,C2  ,C3  ,C4  ,CAL ,CNL ,DEN ,DOLO,
&    GR  ,OTHR,PERM,POR ,RLLD,SALT,SAND,SH  ,SP  ,SW  ,TC  ,U
 COMMON /OUTP/AA  ,CA  ,CANH,CC1,CC2,CC3,CC4,CDOL,COTH,CSAL,
&    CSAN,FE  ,GAS ,GASX,GASY,OTHE,RO  ,SG  ,SI  ,SPER,SPOR,SSH ,
&    SSW ,STOC,TOC
 COMMON /CON /ZZ(98)
```

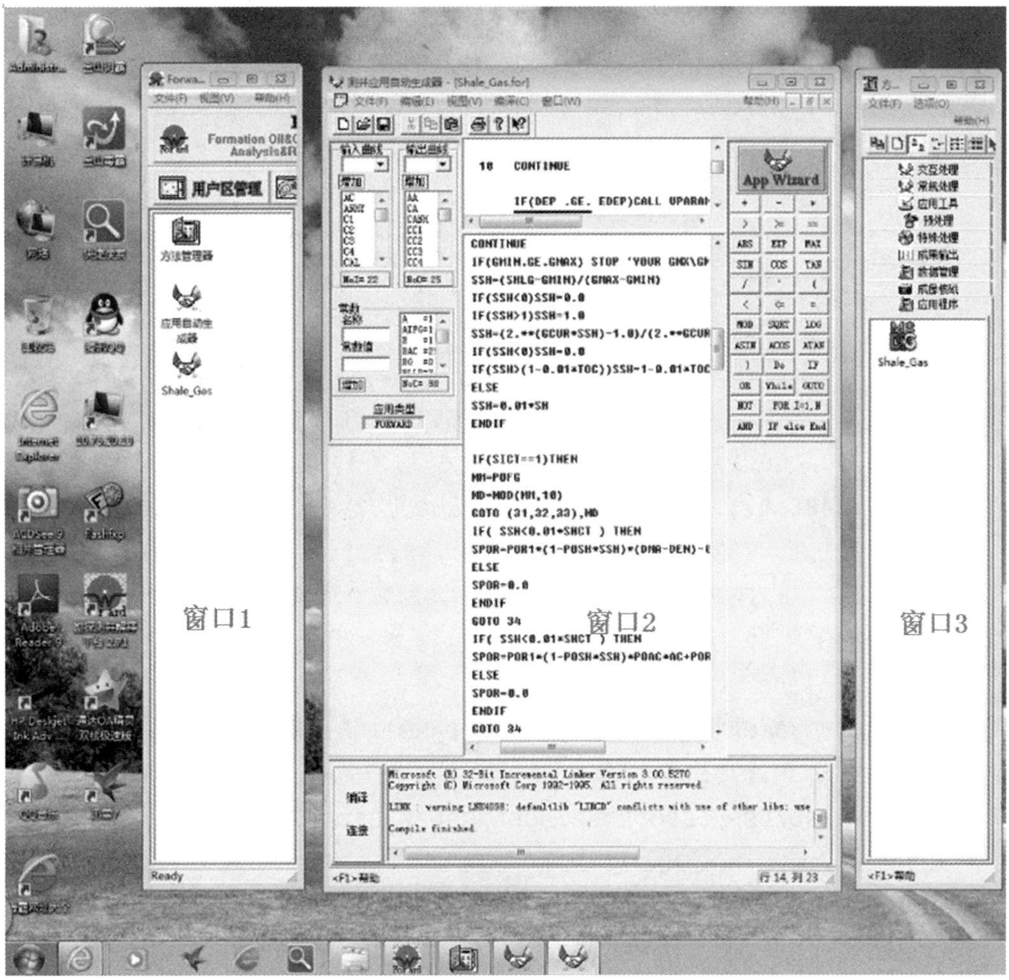

图6-1-1　页岩气藏测井评价软件源程序编写及生成

```
      DATA NOI,NOO,NOC/22,25,98/
      DATA NAMEI/'AC  ','ANHY','C1  ','C2  ','C3  ','C4  ','CAL ',
     &     'CNL ','DEN ','DOLO','GR  ','OTHR','PERM','POR ','RLLD',
     &     'SALT','SAND','SH  ','SP  ','SW  ','TC  ','U   '/
      DATA NAMEO/'AA  ','CA  ','CANH','CC1 ','CC2 ','CC3 ','CC4 ',
     &     'CDOL','COTH','CSAL','CSAN','FE  ','GAS ','GASX','GASY',
     &     'OTHE','RO  ','SG  ','SI  ','SPER','SPOR','SSH ','SSW ',
     &     'STOC','TOC '/
      DATA NAMEC/'A   ','AIFG','B   ','BAC ','BG  ','BLLD','BRO ',
     &     'BTOC','CA1 ','CA2 ','CA21','CA22','CAA ','CAB ','CACT',
     &     'CAM ','CAN ','CAP ','COFG','DF  ','DMA ','DSH ','DTOC',
     &     'FE1 ','FE2 ','FECT','FEDE','FELD','GCUR','GMN1','GMN2',
     &     'GMN3','GMN4','GMN5','GMX1','GMX2','GMX3','GMX4','GMX5',
```

```
&     'GSX1','GSX2','GSY1','GSY2','GXFG','GXPR','GXVR','GYFG',
&     'PER1','PER2','PERA','PERB','PKFG','POAC','POCN','POFG',
&     'POR1','POR2','POSH','RO1 ','RO2 ','ROAC','RODE','RODP',
&     'RSH ','RW  ','SG1 ','SG2 ','SHCT','SHFG','SI1 ','SI2 ',
&     'SI21','SI22','SIAC','SICN','SICT','SIDE','SIFG','SIM ',
&     'SINN','SIP ','SWFG','SWI ','TF  ','TOAC','TOC1','TOC2',
&     'TOCK','TOCT','TODE','TOFG','TOGR','TOLD','TOU ','XM  ',
&     'XN  ','YG1 ','YG2 '/
  DATA ZZ   /1.8,1,1,250,0.0032,2,1,0.2,1,0,-165.202,0,370,-0.05,
&     1,-6.866,2.941,11.726,0,1,2.65,2.3,1.05,3,0,1,0,1,2,30,0,10,
&     5,10,100,100,22,50,40,0.6,1.5,1,0,1,15,9,1,1,0,0.02,0.35,1,
&     0.0486,0.5,1,1,0,0.1,1,0,-0.003,-0.65,0.0005,2.3,0.03,1,0,
&     50,1,1,-3.23,28.5765,0,-0.01,-3.1,1,3.0,1,1.1691,-0.4352,
&     -1.9778,1,20,620,0.012,1,0,0.02,2,0,1,0.03,0.132,2,1.8,2,1,
&     0/
  END
  CHARACTER*8 NAMEC,NAMEO,NAMEI,IPARM*128,IFLNM*128
  COMMON /DSKID/IFLNM,IPARM
  COMMON /HD/DEP,DEPO,SDEP,EDEP,SSDEP,EEDEP,RLEV
  COMMON /INPC/NOI,NAMEI(22)
  COMMON /OUTC/NOO,NAMEO(25)
  COMMON /CONC/NOC,NAMEC(98)
  COMMON /INP /AC  ,ANHY,C1  ,C2  ,C3  ,C4  ,CAL ,CNL ,DEN ,DOLO,
&     GR  ,OTHR,PERM,POR ,RLLD,SALT,SAND,SH  ,SP  ,SW  ,TC  ,U
  COMMON /OUTP/AA  ,CA  ,CANH,CC1 ,CC2 ,CC3 ,CC4 ,CDOL,COTH,CSAL,
&     CSAN,FE  ,GAS ,GASX,GASY,OTHE,RO  ,SG  ,SI  ,SPER,SPOR,SSH ,
&     SSW ,STOC,TOC
  COMMON /CON /A   ,AIFG,B   ,BAC ,BG  ,BLLD,BRO ,BTOC,CA1 ,CA2 ,
&     CA21,CA22,CAA ,CAB ,CACT,CAM ,CAN ,CAP ,COFG,DF  ,DMA ,DSH ,
&     DTOC,FE1 ,FE2 ,FECT,FEDE,FELD,GCUR,GMN1,GMN2,GMN3,GMN4,GMN5,
&     GMX1,GMX2,GMX3,GMX4,GMX5,GSX1,GSX2,GSY1,GSY2,GXFG,GXPR,GXVR,
&     GYFG,PER1,PER2,PERA,PERB,PKFG,POAC,POCN,POFG,POR1,POR2,POSH,
&     RO1 ,RO2 ,ROAC,RODE,RODP,RSH ,RW  ,SG1 ,SG2 ,SHCT,SHFG,SI1 ,
&     SI2 ,SI21,SI22,SIAC,SICN,SICT,SIDE,SIFG,SIM ,SINN,SIP ,SWFG,
&     SWI ,TF  ,TOAC,TOC1,TOC2,TOCK,TOCT,TODE,TOFG,TOGR,TOLD,TOU ,
&     XM  ,XN  ,YG1 ,YG2
  EXTERNAL PARAME,INHEAD,INDATA,OUTDATA,OUTHEAD,VPARAM
```

```
CCCCCC INITIALIZES INPUT OUTPUT ROUTINES
       CALL IGETARG(1,IFLNM)
       CALL IGETARG(2,IPARM)
       CALL PARAME
       CALL INHEAD
 10    CONTINUE
       IF(DEP .GE. EDEP)CALL VPARAM
       CALL INDATA
       II=TOFG
       ID=MOD(II,10)
       GOTO (11,12,13,14,15),ID
11     TOC=TOC1*(TOLD*RLLD+TODE*DEN+TOAC*AC)+TOC2
       GOTO 16
12     TOC=TOC1*(TOLD*RLLD+TOGR*GR+TOAC*AC)+TOC2
       GOTO 16
13     TOC=TOC1*(TOU*U)+TOC2
       GOTO 16
14     DLOR=LOG10(RLLD/BLLD)+TOCK*(AC-BAC)
       IF(DLOR<=0)  STOP 'TOC<0 MAYBE BLLD OR BAC IS HIGH'
       TOC=TOC1*DLOR*10**(2.297-0.1688*BRO)+TOC2
       GOTO 16
15     TOC=TOC1*TC+TOC2
       GOTO 16
16     CONTINUE
       IF(TOC<0)TOC=0.0
       IF(TOC>100)TOC=100
       IF( SICT==1 ) THEN
       STOC=TOC
       ELSE
       STOC=0.0
       ENDIF
       RO = RO1*(RODP*DEP+ROAC*AC+RODE*DEN)+RO2
       IF( SICT==1 ) THEN
       NN=SHFG
       ND=MOD(NN,10)
       GOTO (21,22,23,24,25),ND
21     SHLG=GR
```

```
       GMIN=GMN1
       GMAX=GMX1
       GOTO 26
22     SHLG=SP
       GMIN=GMN2
       GMAX=GMX2
       GOTO 26
23     SHLG=CAL
       GMIN=GMN3
       GMAX=GMX3
       GOTO 26
24     SHLG=RLLD
       GMIN=GMN4
       GMAX=GMX4
       GOTO 26
25     SHLG=CNL
       GMIN=GMN5
       GMAX=GMX5
       GOTO 26
26     CONTINUE
       IF(GMIN.GE.GMAX) STOP 'YOUR GMX\GMN IS WRONG,MAYBE GMN>GMX'
       SSH=(SHLG-GMIN)/(GMAX-GMIN)
       IF(SSH<0)SSH=0.0
       IF(SSH>1)SSH=1.0
       SSH=(2.**(GCUR*SSH)-1.0)/(2.**GCUR-1.0)
       IF(SSH<0)SSH=0.0
       IF(SSH>(1-0.01*TOC))SSH=1-0.01*TOC
       ELSE
       SSH=0.01*SH
       ENDIF
       IF(SICT==1)THEN
       MM=POFG
       MD=MOD(MM,10)
       GOTO (31,32,33),MD
31     IF( SSH<0.01*SHCT ) THEN
       SPOR=POR1*(1-POSH*SSH)*(DMA-DEN)-0.01*TOC*(DMA-DTOC)+POR2
       ELSE
```

```
      SPOR=0.0
      ENDIF
      GOTO 34
32    IF( SSH<0.01*SHCT ) THEN
      SPOR=POR1*(1-POSH*SSH)*POAC*AC+POR2
      ELSE
      SPOR=0.0
      ENDIF
      GOTO 34
33    IF( SSH<0.01*SHCT ) THEN
      SPOR=POR1*(1-POSH*SSH)*(POCN*CNL)+POR2
      ELSE
      SPOR=0.0
      ENDIF
      GOTO 34
34    CONTINUE
      ELSE
      SPOR=0.01*POR
      ENDIF
      IF ( SPOR<0.0 ) SPOR=0.0000001
      IF(SPOR>(1-0.01*TOC-SSH))SPOR=1-0.01*TOC-SSH
      IF(SICT==1)THEN
      JJ=PKFG
      JD=MOD(JJ,10)
      GOTO (41,42),JD
41    IF( SSH<0.01*SHCT ) THEN
      SPER=PER1*(PERA*EXP(100*SPOR*PERB))+PER2
      ELSE
      SPER=0.0
      ENDIF
      GOTO 43
42    IF( SSH<0.01*SHCT ) THEN
      SPER=PER1*0.136*(100*SPOR)**4.4/SWI**2.2+PER2
      ELSE
      SPER=0.0
      ENDIF
      GOTO 43
```

```
43      CONTINUE
        ELSE
        SPER=PERM
        ENDIF
        IF(SICT==1)THEN
        KK=SWFG
        KD=MOD(KK,10)
        GOTO (51,52,53,54),KD
51      IF ( SPOR >0 ) THEN
        SSW=((A*B*RW)/(RLLD*SPOR**XM))**(1/XN)
        ELSE
        SSW=1.0
        ENDIF
        GOTO 55
52      IF ( SPOR >0 ) THEN
        SSW=((0.81*RW/RLLD)**0.5-RW*SSH/(0.4*RSH))/SPOR
        ELSE
        SSW=1.0
        ENDIF
        GOTO 55
53      IF ( SPOR >0 ) THEN
        SSW=(BTOC/TOC)**(1.0/XN)
        ELSE
        SSW=1.0
        ENDIF
        GOTO 55
54      IF ( SPOR>0.0 ) THEN
        EQA=SPOR**XM/(A*RW*(1.0-SSH))
        EQB=SSH/RSH
        EQC=-1.0/RLLD
        SSW=((EQB**2.0-4.0*EQA*EQC)**0.5-EQB)/(2.0*EQA)
        ELSE
        SSW=1.0
        ENDIF
55      CONTINUE
        ELSE
        SSW=0.01*SW
```

```
      ENDIF
      IF ( SSW<0.0 )SSW=0.0
      IF( SSW>1.0 )SSW=1.0
      SG=SG1*(1-SSW)+SG2
      LL=GXFG
      LD=MOD(LL,10)
      GOTO (61,62),LD
61    IF ((SPOR>0).AND.(SICT==1)) THEN
      GASX = GSX1*TOC + GSX2
      ELSE
      GASX=0.0
      ENDIF
      GOTO 63
62    IF ((SPOR>0).AND.(SICT==1)) THEN
      PR=0.0098*DEP*DF
      GASX = (PR*GXVR/(GXPR+PR))*TOC/TOCT
      ELSE
      GASX=0.0
      ENDIF
      GOTO 63
63    CONTINUE
      LM=GYFG
      LA=MOD(LM,10)
      GOTO (71,72),LA
71    IF((SPOR>0).AND.(SICT==1)) THEN
      GASY = GSY1*SPOR*SG/(BG*DEN)+GSY2
      ELSE
      GASY=0.0
      ENDIF
      GOTO 73
72    IF ((SPOR>0).AND.(SICT==1)) THEN
      GASY = GSY1*GASX+GSY2
      ELSE
      GASY=0.0
      ENDIF
      GOTO 73
73    CONTINUE
```

```
      GAS = GASY + GASX
      NM=SIFG
      NA=MOD(NM,10)
      GOTO(81,82),NA
81    IF ( SICT==1 ) THEN
      SI=SI1*(SIDE*DEN+SICN*CNL+SIAC*AC)+SI2
      ELSE
      SI=0.0
      ENDIF
      IF ( SI<0.0 ) SI=0.0
      IF(SI>(1-0.01*TOC-SSH-SPOR))SI=1-0.01*TOC-SSH-SPOR
      IF ( CACT==1 ) THEN
      CA=CA1*CAA*EXP(CAB*AC)+CA2
      ELSE
      CA=0.0
      ENDIF
      IF ( CA<0.0 ) CA=0.0
      IF(CA>(1-0.01*TOC-SSH-SPOR-SI))CA=1-0.01*TOC-SSH-SPOR-SI
      IF ( FECT==1 ) THEN
      FE=FE1*(FELD/RLLD+FEDE*DEN)+FE2
      ELSE
      FE=0.0
      ENDIF
      IF ( FE<0.0 ) FE=0.0
      IF(FE>(1-0.01*TOC-SSH-SPOR-SI-CA))FE=1-0.01*TOC-SSH-SPOR-SI-CA
      GOTO 83
82    IF ( SICT==1 ) THEN
      SICM=0.1*(TF-AC)/(DEN-DF)
      SICN=(100-100*CNL)/(DEN-DF)
      SICP=3*(TF-AC)/(100-100*CNL)
      SI=EXP(SIM*SICM+SINN*SICN+SIP*SICP+SI21)+SI22
      ELSE
      SI=0.0
      ENDIF
      IF ( SI<0.0 ) SI=0.0
      IF(SI>(1-0.01*TOC-SSH-SPOR))SI=1-0.01*TOC-SSH-SPOR
      IF ( CACT==1 ) THEN
```

```
      SICM=0.1*(TF-AC)/(DEN-DF)
      SICN=(100-100*CNL)/(DEN-DF)
      SICP=3*(TF-AC)/(100-100*CNL)
      CA=EXP(CAM*SICM+CAN*SICN+CAP*SICP+CA21)+CA22
      ELSE
      CA=0.0
      ENDIF
      IF ( CA<0.0 ) CA=0.0
      IF(CA>(1-0.01*TOC-SSH-SPOR-SI))CA=1-0.01*TOC-SSH-SPOR-SI
      IF ( FECT==1 ) THEN
      FE=FE1*(FELD/RLLD+FEDE*DEN)+FE2
      ELSE
      FE=0.0
      ENDIF
      IF ( FE<0.0 ) FE=0.0
      IF(FE>(1-0.01*TOC-SSH-SPOR-SI-CA))FE=1-0.01*TOC-SSH-SPOR-SI-CA
     GOTO 83
83    CONTINUE
      CC1=C1
      CC2=C2
      CC3=C3
      CC4=C4
      CSAN=SAND
      CDOL=DOLO
      CANH=ANHY
      CSAL=SALT
      COTH=OTHR
      IF(SICT==1) THEN
      CC1=0.0
      CC2=0.0
      CC3=0.0
      CC4=0.0
      CSAN=0.0
      CDOL=0.0
      CANH=0.0
      COTH=0.0
      OTHE=1-SPOR-0.01*TOC-CA-SI-SSH-FE
```

```
AA=SPOR+0.01*TOC+SSH+SI+CA+FE+OTHE
SSH=SSH
SPOR=SPOR
SPER=SPER
SSW=SSW
ELSE
SI=0.0
CA=0.0
FE=0.0
OTHE=0.0
STOC=0.0
SSH=0.01*SH
SPOR=0.01*POR
SPER=PERM
SSW=0.01*SW
ENDIF
IF((COFG==1).AND.(SICT==1)) THEN
SI=0.0
CA=0.0
FE=0.0
OTHE=0.0
STOC=0.0
SSH=0.01*SH
SPOR=0.01*POR
SPER=PERM
SSW=0.01*SW
ELSE
ENDIF
SPOR=100.0*SPOR
SSH=100.0*SSH
SI=100.0*SI
CA=100.0*CA
FE=100.0*FE
OTHE=100.0*OTHE
SG=100.0*SG
SSW=100.0*SSW
CALL OUTDATA
```

```
IF(DEP.LE.EEDEP)GO TO 10
CALL OUTHEAD
STOP
END
```

第二节 页岩气藏测井处理软件功能

由于Shale-Gas处理与成果显示的即时性，Shale-Gas实现了同步可视化处理，在同一屏幕上可边处理、边调参数。Shale-Gas具有较高的兼容性，和很好的人机交互界面（图6-2-1、图6-2-2），便于解释人员掌握。

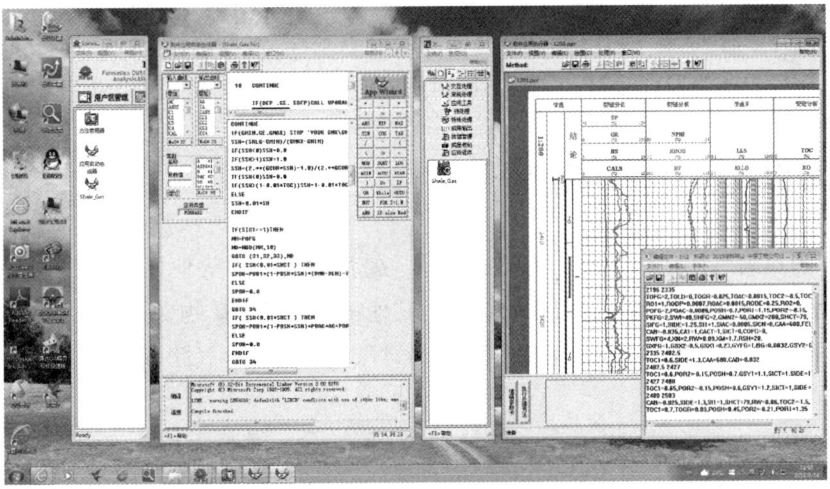

图6-2-1 页岩气藏测井评价程序的编制及操作处理界面

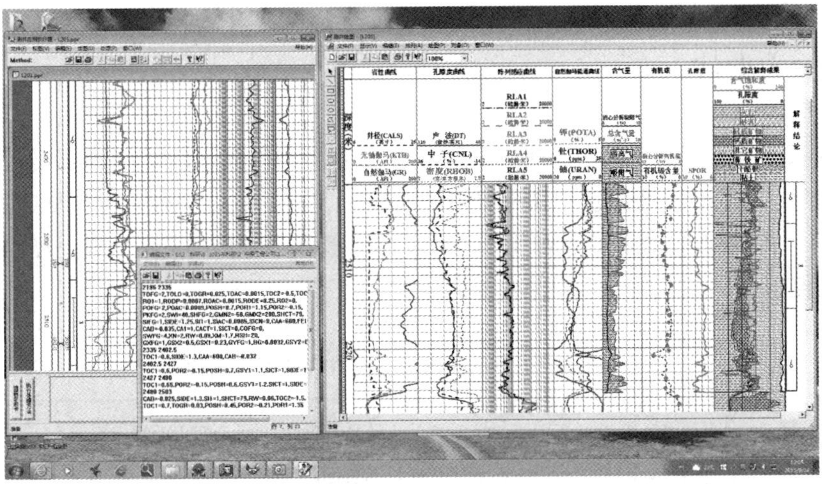

图6-2-2 页岩气藏测井评价程序人机交互的友好界面

一、测井资料环境校正

当实际测井条件与仪器刻度的标准条件不同时，就需要对测井资料进行环境校正，以减小测井环境对测井资料的影响程度，使测井信息更加接近于地层实际。根据本井的具体特点，采用以井眼校正为主、其余校正为辅的思路，分别对密度、中子、电阻率、自然伽马等曲线进行了环境校正。

二、数据预处理及深度校正

每次测井组合系列中均附带有自然伽马曲线，深度校正时选用一条自然伽马曲线作为基准校深曲线，将其他曲线深度根据自然伽马曲线统一校到基准曲线深度上，以保证所有测井曲线的深度一致性，在将校好后的曲线深度与钻井工程深度（如套管下深、测时井深等）相匹配，同时结合录井资料对曲线深度进行检查，确保曲线深度准确无误。

一般情况下，工程测井则以组合测井曲线深度为基准,将自然伽马曲线进行拉压和平移，使之与组合测井自然伽马曲线深度一致，同时将磁定位、变密度等曲线相应进行深度校正。

三、页岩气层关键参数评价

能计算的页岩气层的参数有：有机碳含量、镜质体反射率等地化参数，硅质矿物含量、黏土矿物含量、钙质矿物含量、黄铁矿含量、其他矿物含量等矿物含量，孔隙度、渗透率等物性参数，含气量、吸附气含量、游离气含量及含气饱和度等含气性参数。

第三节 页岩气藏测井处理软件操作说明

一、输入曲线

页岩气藏测井处理需要输入的曲线主要有声波时差、中子、密度、自然伽马、井径、自然电位、自然伽马能谱、深感应电阻率等测井曲线（表6-3-1）。另外，为与复杂岩性处理程序CRA兼容，提高Shale_Gas的兼容性，可输入CRA程序处理后的成果曲线，经Shale_Gas处理后将自动保留CRA的成果，成果曲线前加“S”。

表6-3-1 处理前要输入的测井曲线及其名称

英文代号	测井曲线名称	单位	英文代号	测井曲线名称	单位
AC	声波时差测井	μs/ft	OTHR	CRA其他矿物含量	%

续表

英文代号	测井曲线名称	单位	英文代号	测井曲线名称	单位
ANHY	CRA硬石膏含量	%	PERM	CRA渗透率	$10^{-3}\mu m^2$
C1	CRA可加矿物1	%	POR	CRA孔隙度	%
C2	CRA可加矿物2	%	RILD	深感应电阻率	Ω·m
C3	CRA可加矿物3	%	SALT	CRA盐岩含量	%
C4	CRA可加矿物4	%	SH	CRA泥质含量	%
CAL	井径测井值	cm	SP	自然电位测井值	mv
CNL	中子测井值	p.u	SW	CRA含水饱和度	%
DEN	密度测井值	g/cm^3	TC	附加曲线	备用
DOLO	CRA白云岩含量	%	U	自然伽马能谱测井铀值	ppm（1×10^{-6}）
GR	自然伽马测井值	API			

二、处理参数卡片的编辑

开始处理前，必须在参数卡片中输入合适的参数值，参数卡片输入格式为：

```
1671 2849.5
TOFG=2,TOLD=0,TOGR=0.008,TOAC=0.001,TOC2=0,TOC1=0.95,
RO1=1,RODP=0.0005,ROAC=0.001,RODE=0.35,RO2=0,
POFG=2,POAC=0.0005,POSH=1.5,POR1=0,
PKFG=2,SWI=40,SHFG=2,GMN2=-50,GMX2=260,SHCT=79,
SIFG=1,SIDE=1.4,SI1=1.05,SIAC=0.0005,SICN=0,CAA=500,FELD=0.3,
FEDE=0,CAB=-0.04,CA1=1,CACT=1,SICT=0,COFG=0,
SWFG=4,XN=2,RW=0.08,XM=1.7,RSH=20,
GXFG=1,GSX2=0,GSX1=0.23,GYFG=1,BG=0.0032,GSY2=0.5,GSY1=0.6
2849.5 2850
TOC1=0.97
END
```

参数卡片中，第一行是分段处理的始深、终深，第二行是计算有机碳含量的控制参数，第三行是计算镜质体反射率的控制参数，第四行是计算孔隙度的控制参数，第五行是计算渗透率的控制参数，第六、七行是计算主要矿物的控制参数，第八行是计算含气饱和度的控制参数，第九行是计算含气量的控制参数；第十行是下一个处理段的始深、终深。Shale_Gas处理参数卡片中的控制参数见表6-3-2。

另外，程序中有4个截止值，一是SHCT，当SSH＜SHCT时，计算SPOR、SPER，此时当SPOR＞0时，计算SW、SG、GAS、GASX、GASY；当SSH＞SHCT时，不计算SPOR、

SPER、SW、SG、GAS、GASX、GASY。二是SICT，当SICT=1时，计算页岩主要矿物的SI；当SICT=其他时，不计算SI。三是CACT，当CACT=1时，计算页岩主要矿物的CA；当CACT=其他时，不计算CA。四是FECT，当FECT=1时，计算页岩主要矿物的FE；当FECT=其他时，不计算FE。

表6-3-2　Shale_Gas处理参数卡片中的控制参数表

控制参数	含义	选取值	模型算法	微调系数
TOFG	有机碳含量STOC控制符	1	电阻率—密度—声波时差三参数拟合法	TOLD、TODE、TOAC、TOGR任意置0，则变为其他两参数的拟合
		2（默认）	电阻率—自然伽马—声波时差三参数拟合法	
		3	铀值拟合法	TOU控制
		4	Δlg*R*法	电阻率背景值BILD 声波背景值BAC
		5	其他方法	任选敏感曲线
POFG	孔隙度SPOR控制符	1（默认）	经泥质及有机碳校正后的密度孔隙度	DMA、DTOC、DOSH、POSH
		2	经泥质校正后的声波时差孔隙度	POSH、SSH、POAC
		3	中子拟合孔隙度	POCN
PKFG	渗透率SPER控制符	1（默认）	指数法	PERA、PERB
		2	束缚水饱和度—孔隙度法	PER1、PER2
SHFG	黏土矿物含量SSH控制符	1（默认）	GR法	GMXi、GMNi
		2	SP法	
		3	CAL法	
		4	RLLD法	
		5	CNL法	
SIFG	矿物含量控制符	1（默认）	三孔隙度法	SICT、CACT、FECT
		2	M—N—P法	
SWFG	SW控制符	1	阿尔奇公式	XA、XB、XM、XN、XRW
		2	西门杜公式	XRW、RSH
		3	TOC背景值法	TOC0
		4（默认）	Total—Shale公式	XA、XM、XN、XRW、RSH
GXFG	GASX控制符	1	有机碳含量拟合法	GSX1、GSX2
		2（默认）	朗氏公式	GXVR、GXPR、TOCT
GYFG	GASY控制符	1（默认）	岩石物理体积法	BG=0.0032
		2	吸附气拟合法	GSY1、GSY2

三、成果输出

Shale_Gas程序运行完毕后，自动生成有机碳含量、镜质体反射率等地化参数，硅质矿物含量、黏土矿物含量、钙质矿物含量、黄铁矿含量、其他矿物含量等矿物含量，孔隙度、渗透率等物性参数，含气量、吸附气含量、游离气含量及含气饱和度等含气性参数。具体生成曲线及其含义见表6-3-3。

表6-3-3　页岩气处理后输出曲线及含义

英文代号	测井曲线名称	单位	英文代号	测井曲线名称	单位
AA	岩石体积检验系数	%	GAS	含气量	m^3/t
CA	钙质矿物含量	%	GASX	吸附气含量	m^3/t
CANH	硬石膏含量	%	GASY	游离气含量	m^3/t
CC1	可加矿物1	%	OTHE	其他矿物含量	%
CC2	可加矿物2	%	RO	镜质体反射率	%
CC3	可加矿物3	%	SG	含气饱和度	%
CC4	可加矿物4	%	SI	硅质矿物含量	%
CDOL	白云岩含量	%	SPER	渗透率	$10^{-3}\mu m^2$
COTH	石膏含量	%	SPOR	孔隙度	%
CSAL	盐岩含量	%	SSH	黏土矿物含量	%
CSAN	砂岩含量	%	SSW	含水饱和度	%
FE	黄铁矿含量	%	STOC	有机碳含量	%

形成了不同地区的绘图模板及统一的页岩气符号库，为便于在生产中应用，对CH地区页岩气按三类划分（图6-3-3），即：

Ⅰ类页岩气层：在现有试采工艺条件下能获得高产工业气流；

Ⅱ类页岩气层：在现有试采工艺条件下能获得工业气流；

Ⅲ类页岩气层：在现有试采工艺条件下能获得少量气流。

同时，为拓宽研究成果在陆相页岩油的应用，符号成库时也形成了页岩油的符号（图6-3-1）。

Ⅰ类页岩油层：在现有试采工艺条件下能获得商业油流；

Ⅱ类页岩油层：在现有试采工艺条件下能获得低产油流；

Ⅲ类页岩油层：在现有试采工艺条件下能获得少量油。

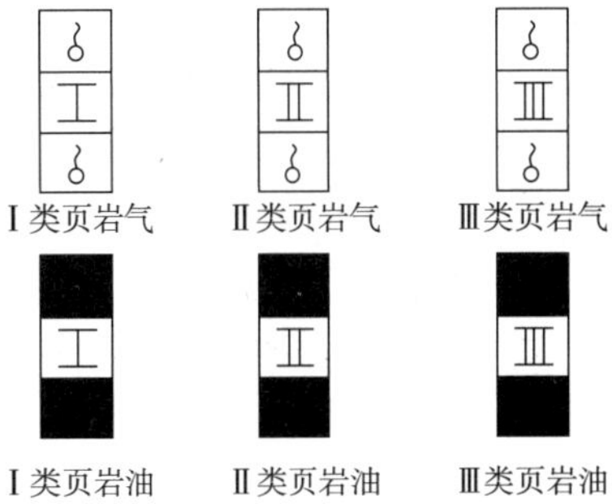

图6-3-1　页岩油气成果输出符号库

四、处理中常见错误提示

①SDEP OR EDEP ERROR

可能的错误是参数卡片行太长或者参数间缺“,”。

②run-time error M6201: MATH

- **: DOMAIN error

主程序运行不正确，重新安装。

③ONST ERROR DSH=0.1 IN LINE10 PRINT RETURN TO EXIT

参数卡片中，参数.DSH=0.1错误，因为DSH不为输入参数，实际应该是PDSH=0.1。

④YOUR GMX\GMN IS WRONG,MAYBE GMN＞GMX

在求泥质含量时，输入的GMX小于或等于GMN。

⑤RUN-TIME ERROR M6103：MATH FLOTING-POINT ERROR：DIVIDE BY ZERO

可能是处理井段中电阻率为零（比如电阻率过早遇阻）或所选求孔隙度的测井曲线不存在（比如，选密度曲线求取孔隙度，但测井没有测量密度曲线），或者是测井输入数据没有按照要求输入（比如电阻率用RILD，而实际却用了ILD）。

第四节 页岩气藏测井处理结果成图

通过Shale-Gas软件的处理，获得页岩气关键参数、矿物组分含量、岩石力学、井眼轨迹等成果数据，根据需要，主要通过以下四种图件展示处理结果。

一、页岩气水平井实钻井眼轨迹图

软件能够实现实钻井眼轨迹刻画与分析（图6-4-1），借助于大地坐标、实钻井斜方位及测井曲线，精细描绘井眼轨迹、刻画地层剖面，进而对钻遇地层及其空间展布进行分析，有益于勘探开发方案的及时调整与完善。

二、岩石力学参数分析及可压裂预测图

软件能够进行岩石力学参数分析及压裂参数预测，利用密度及多极子极阵列声波提取出的纵横波进行泊松比、杨氏模量、破裂压力、脆性指数等计算，采用非均质模型实现了水平井压裂预测的国产化（图6-4-2）。

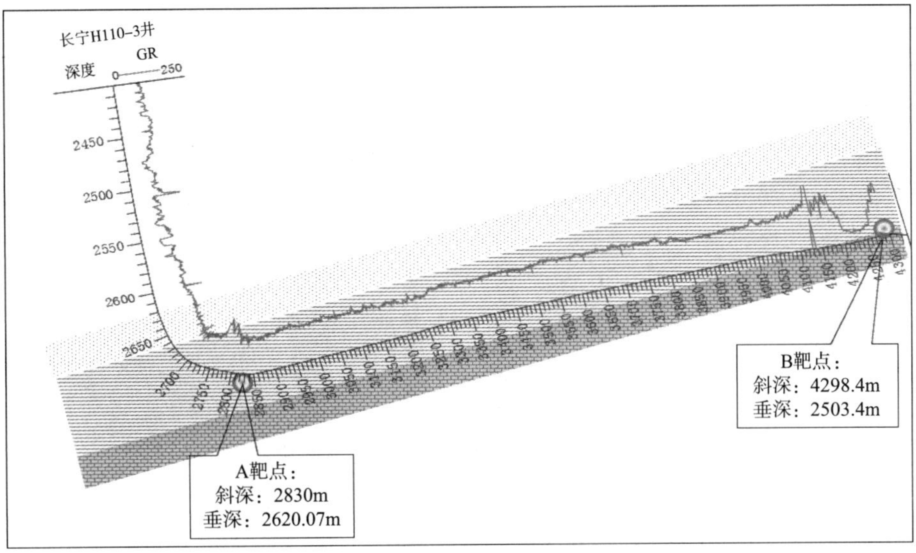

图6-4-1　页岩气水平井实钻井眼轨迹图

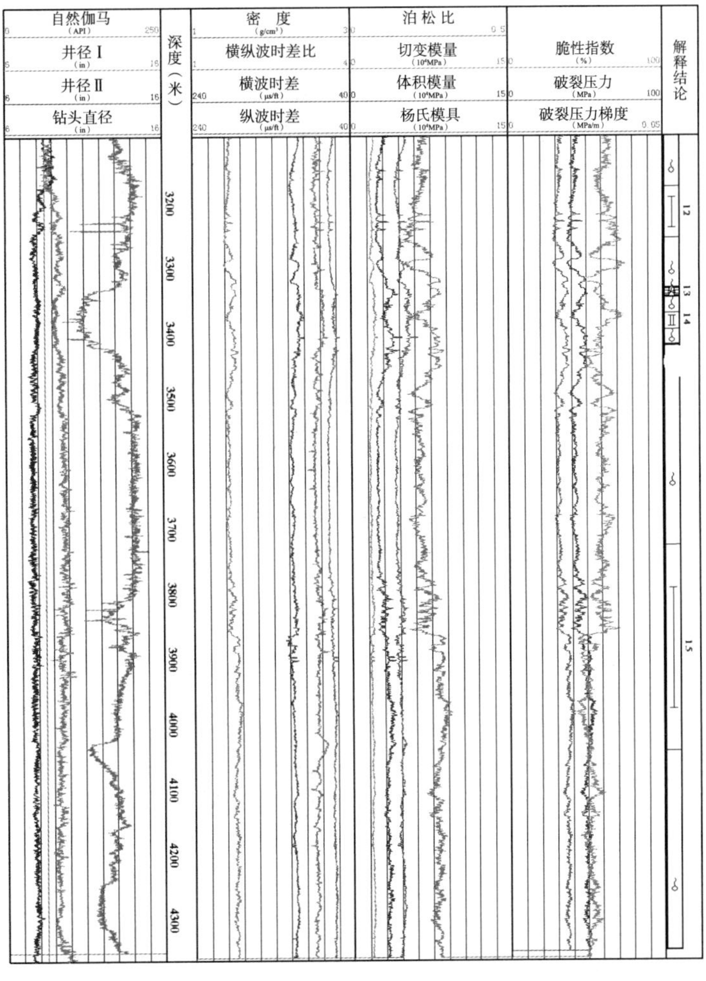

图6-4-2　岩石力学参数分析及可压裂预测图

三、页岩气测井综合解释成果图

通过复杂岩性识别及矿物成分分析，创建合适的岩石物理体积模型，进而计算页岩矿物成分；利用多参数拟合法计算总有机碳含量、经黏土和干酪根校正后的孔隙度作为有效孔隙度、岩石物理体积模型计算游离气含量，关键参数评价方法适应性更强（图6-4-3）。

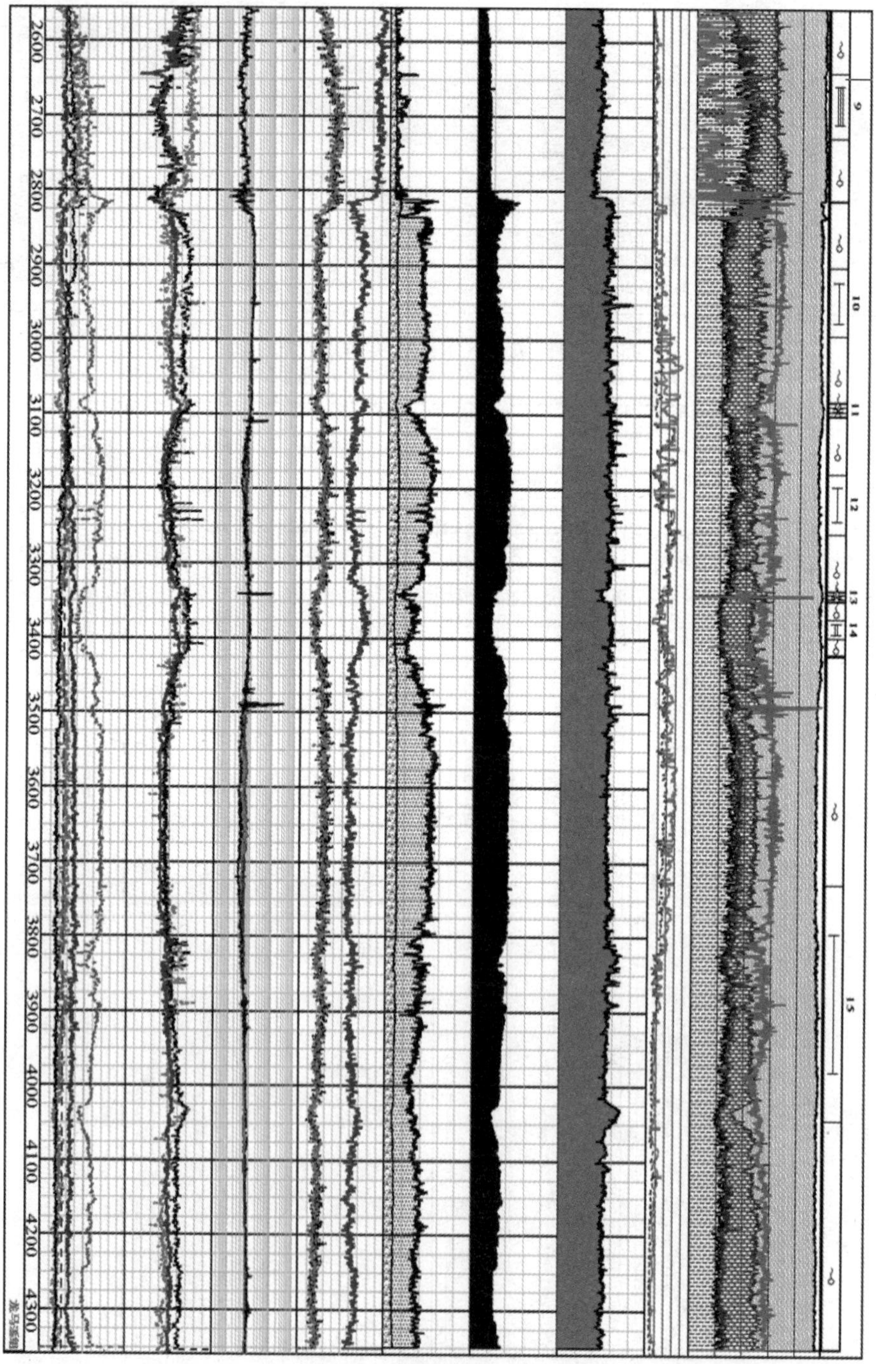

图6-4-3　页岩气测井综合解释成果图

四、分段压裂优化选层及产能评价

软件通过依次优先考虑有机碳含量、孔隙度、脆性指数和含气量对其产能预测；根据页岩气地质特征及“泵送桥塞—射孔联作”工程特点，利用解释结果优选压裂层及桥塞位置（图6-4-4）。

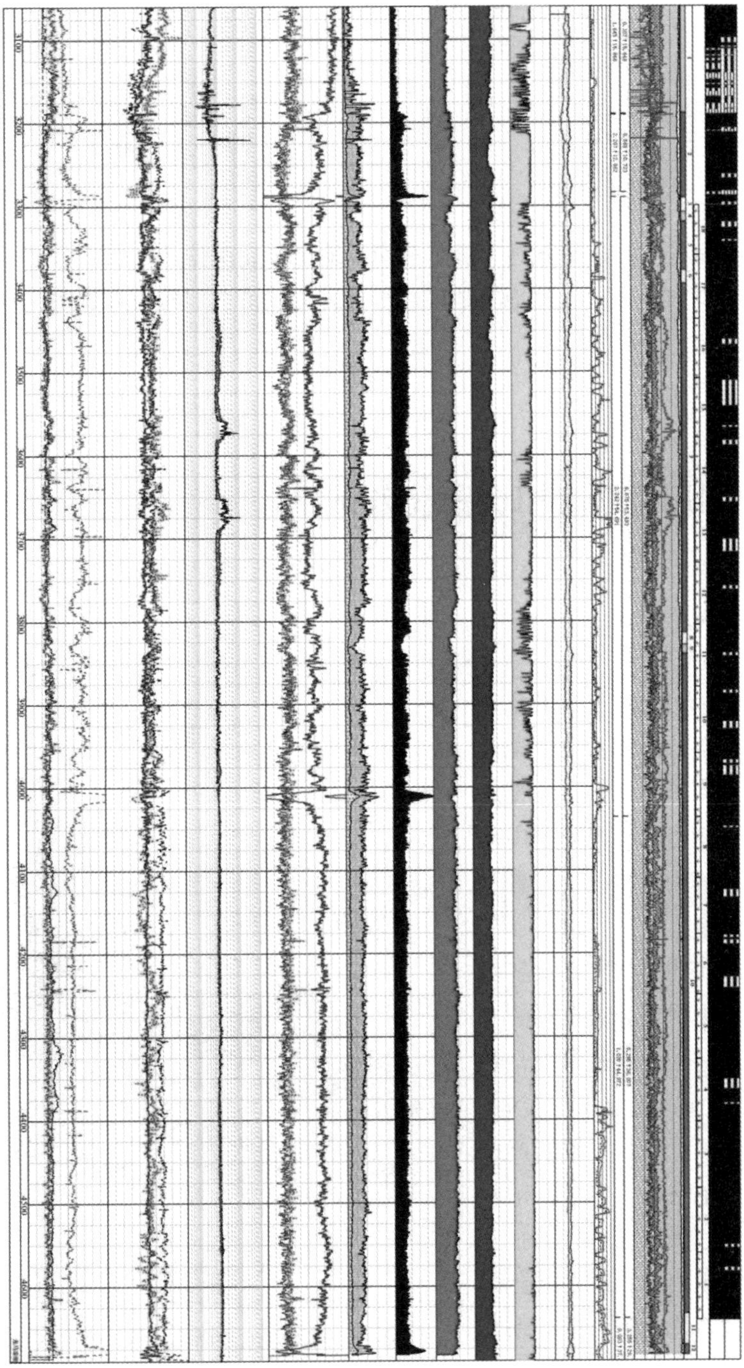

图6-4-4　页岩气水平井分段压裂优化选层及产能预测图

第七章 应用实例

利用该套技术先后在四川盆地、鄂尔多斯盆地、华北南盆地、修武盆地等地区进行页岩气评价，在渤海湾盆地及松辽盆地等地区进行页岩油评价，地质效果显著，取得了较好的应用效果。

第一节 四川盆地海相页岩气实例

一、G1井

CH背斜构造位置位于四川盆地与云贵高原结合部，川南古坳中隆低陡构造区与娄山褶皱带之间，北受川东褶皱冲断带西延影响，南受娄山褶皱带演化控制，其构造特征集二者于一体的构造复合体（图7–1–1）。

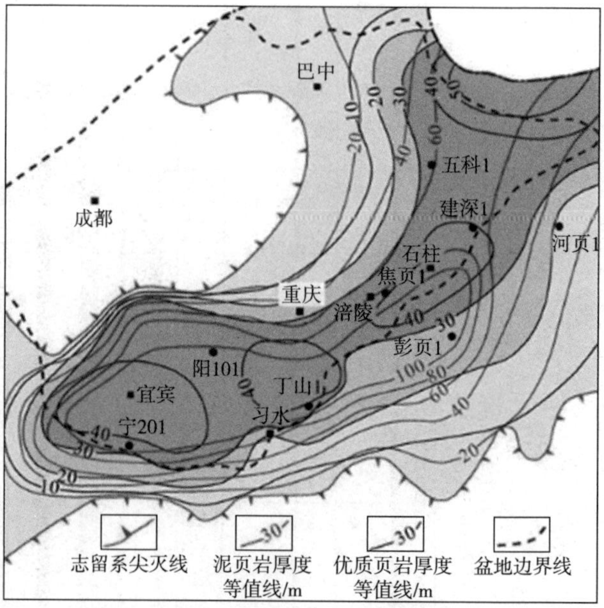

图7–1–1 四川盆地及周缘五峰—龙马溪组优质页岩分布图（据中国石化勘探南方分公司，郭彤楼，2014年）

G1井是位于四川盆地CH背斜构造、中奥陶统顶上罗场鼻突东翼的一口评价井（图7–1–1），钻探目的是获取龙马溪组黑色页岩的地化、岩矿、物性、岩石力学等资料，了解志留系龙马溪组页岩含油气性。该井完钻井深2555.00m，钻达层位宝塔组。

主要利用常规测井资料并结合微电阻率扫描等成像测井资料进行综合分析，将龙马溪组页岩分为三段，即：

2400~2479m、2479~2504m及2504~2525m，并认为2504~2525m为优质页岩气层段；同时给出了主要矿物含量、有机碳含量、孔隙度、含气量等参数的评价值（表7-1-1）。

表7-1-1　G1井测井一次解释成果表

序号	井段/m	厚度/m	钙质含量/%	硅质含量/%	黏土含量/%	有机碳含量/%	脆性指数/%	孔隙度/%	吸附气含量/(m^3/t)	含气量/(m^3/t)	解释结论
1	2400.0~2479.0	79.0	10.0	45.0	40.0	0.7	/	3.0	0.25	2.25	页岩气层
2	2479.0~2504.0	25.0	3.0	51.2	37.2	2.0	/	3.0	0.6	3.4	页岩气层
3	2504.0~2525.0	21.0	15.0	47.0	26.0	3.5	/	5.0	1.3	5.8	优质页岩气层

但由于测井一次解释结果未经岩芯刻画，加之钻井资料少、试气资料少，其解释的结论和实际存在一定误差，存在层界面不合理、关键参数与岩芯分析结果差距较大等问题。如3号层测井一次解释的孔隙度为5.0%、有机碳含量为3.5%、吸附气含量为1.3 m^3/t、含气量为5.8m^3/t；而岩芯分析的孔隙度为6.0%、有机碳含量最低为3.5%、吸附气含量为1.6m^3/t、含气量为5.5m^3/t。

运用研究成果G1井进行了测井二次解释，由于所建解释模型经岩芯分析数据刻画，其关键参数的计算更科学、准确（图7-1-2及表7-1-1），这个测井解释结果也被CH地区地质研究人员所认同。

表7-1-2　G1井测井二次解释成果表

序号	井段/m	厚度/m	钙质含量/%	硅质含量/%	黏土含量/%	有机碳含量/%	脆性指数/%	孔隙度/%	吸附气含量/(m^3/t)	含气量/(m^3/t)	解释结论
1	2402.5~2427.0	24.5	17.01	32.75	37.48	1.83	37.52	2.08	1.0	1.05	Ⅲ类页岩气层
2	2427.0~2495.0	68.0	8.08	34.62	40.31	2.08	41.71	3.81	1.2	2.40	Ⅱ类页岩气层
3	2495.0~2525.4	30.4	10.93	57.45	22.11	4.03	63.49	6.01	1.6	5.50	Ⅰ类页岩气层

根据研究成果，主要对CH地区的10口井进行了再评价及认识，根据岩芯分析及试气结果建立了该区的页岩气测井解释标准。

Ⅰ类页岩气层：TOC ≥ 3%、POR ≥ 5%、BR ≥ 55%、GAS ≥ 3m^3/t、DEN ≤ 2.6g/cm^3、GR ≥ 150API。

Ⅱ类页岩气层：2% ≤ TOC < 3%、3% ≤ POR < 5%、35% ≤ BR < 55%、2m^3/t ≤ GAS < 3m^3/t、2.6g/cm^3 < DEN ≤ 2.65g/cm^3、125API ≤ GR < 150API。

Ⅲ类页岩气层：TOC < 2%、POR < 3%、BR < 35%、GAS < 2m^3/t、DEN > 2.65g/cm^3、GR < 125API。

1号层（2402.5~2427.0m）：测井二次解释主要矿物含量中的硅质含量为32.75%、钙质含量为17.01%、黏土含量为37.48%，地化参数中的有机碳含量为1.83%、镜质体反射率为2.73%，物性评价参数中的孔隙度为2.08%、渗透率为$0.002 \times 10^{-3}\mu m^2$，脆性指数为37.52%，含气量为1.05m^3/t（图7–1–2及表7–1–2）。依据研究形成的CH地区页岩气测井解释标准，该层评价为Ⅲ类页岩气层，目前尚不具备工业开采价值。

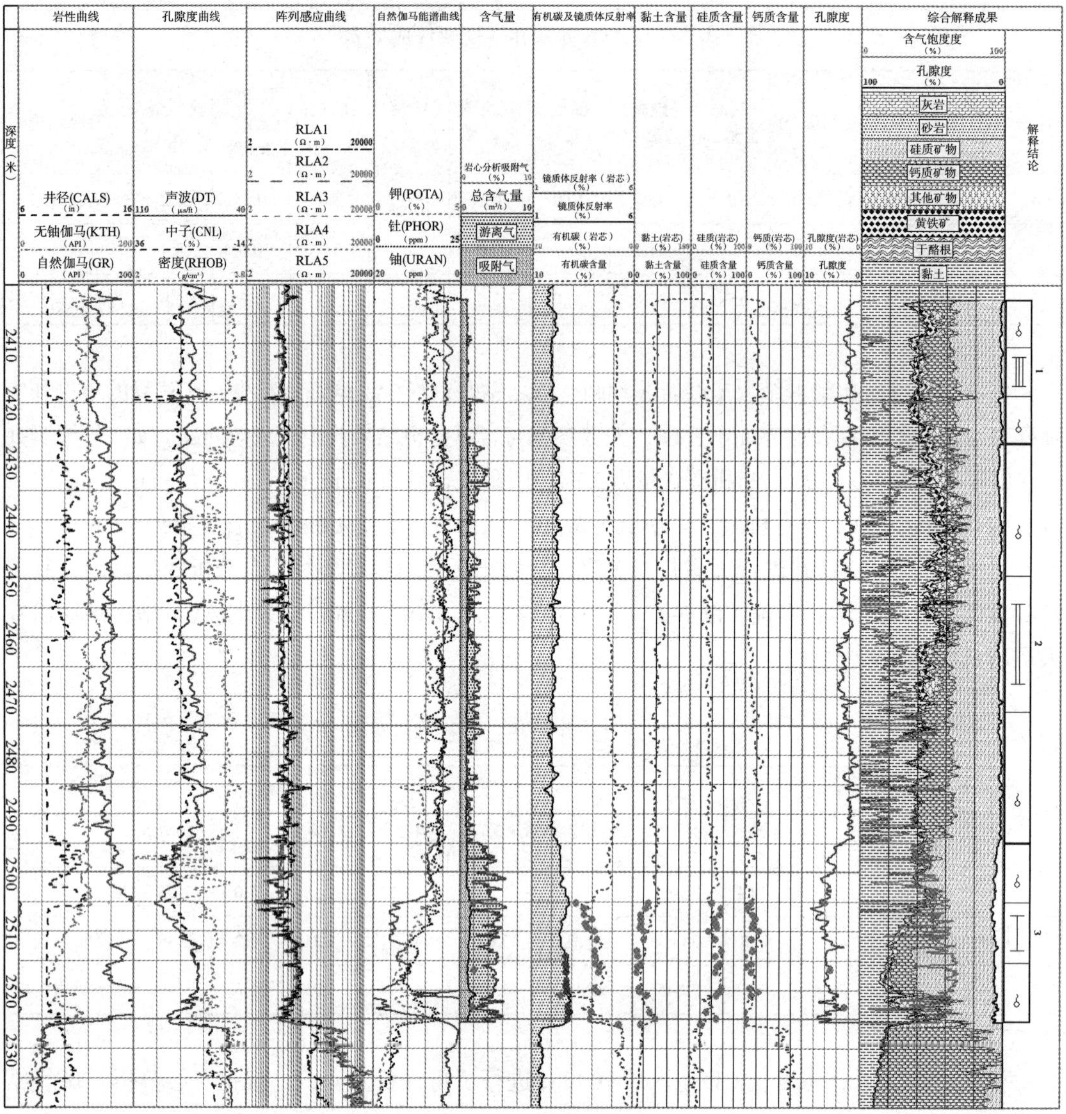

图7–1–2　G1井测井二次解释成果图

2号层（2427.0~2495.0m）：测井解释主要矿物含量中的硅质含量为34.62%、钙质含量为8.08%、黏土含量为40.31%，地化参数中的有机碳含量为2.08%、镜质体反射率为2.78%，物性评价参数中的孔隙度为3.81%、渗透率为0.0147×10^{-3}μm^2，可压性评价参数中的脆性指数为41.71%，含气量为2.4 m^3/t（图7–1–2及表7–1–2）。依据研究形成的CH地区页岩气测井解释标准，该层评价为Ⅱ类页岩气层，采用水平井钻探及大型压裂工艺能够获得工业气流。

3号层（2495.0~2525.4m）：测井二次解释主要矿物含量中的硅质含量为57.45%、钙质含量为10.93%、黏土含量为22.11%，地化参数中的有机碳含量为4.03%、镜质体反射率为2.77%，物性评价参数中的孔隙度为6.01%、渗透率为0.0898×10^{-3}μm^2，可压性评价参数中的脆性指数为63.49%，含气量为5.5 m^3/t（图7–1–2及表7–1–2）。依据研究形成的CH地区页岩气测井解释标准，该层评价为Ⅰ类页岩气层，采用水平井钻探及大型压裂工艺能够获得高产工业气流。

后对G1井龙马溪组的2513~2516m、2505~2508m、2495~2498m井段进行射孔，日产页岩气$1.0\times10^4m^3$，测井二次解释的Ⅰ类页岩气层与试气结果吻合。对2433~2436m、2429~2431m、2424~2427m井段进行射孔，日产页岩气$0.72\times10^4m^3$，测井二次解释的Ⅱ类页岩气层与试气结果吻合。

二、G2井

A地区龙马溪组页岩气田位于四川盆地东部，处于北东向构造向近南北向构造转化的过渡部位。A构造位于四川盆地东部川东隔挡式褶皱带、盆地边界断裂齐岳山断裂以西。其特殊性表现在：与其两侧的北东向或近南北向狭窄高陡背斜不同，A构造为一个受北东向和近南北向两组断裂控制的轴向北东的菱形断背斜，以断隆、断凹与齐岳山断裂相隔。A构造主体变形较弱，上、下构造层形态基本一致，表现出似箱状断背斜形态，即顶部宽缓、地层倾角小、断层不发育，两翼陡倾、断层发育（图7–1–3）。

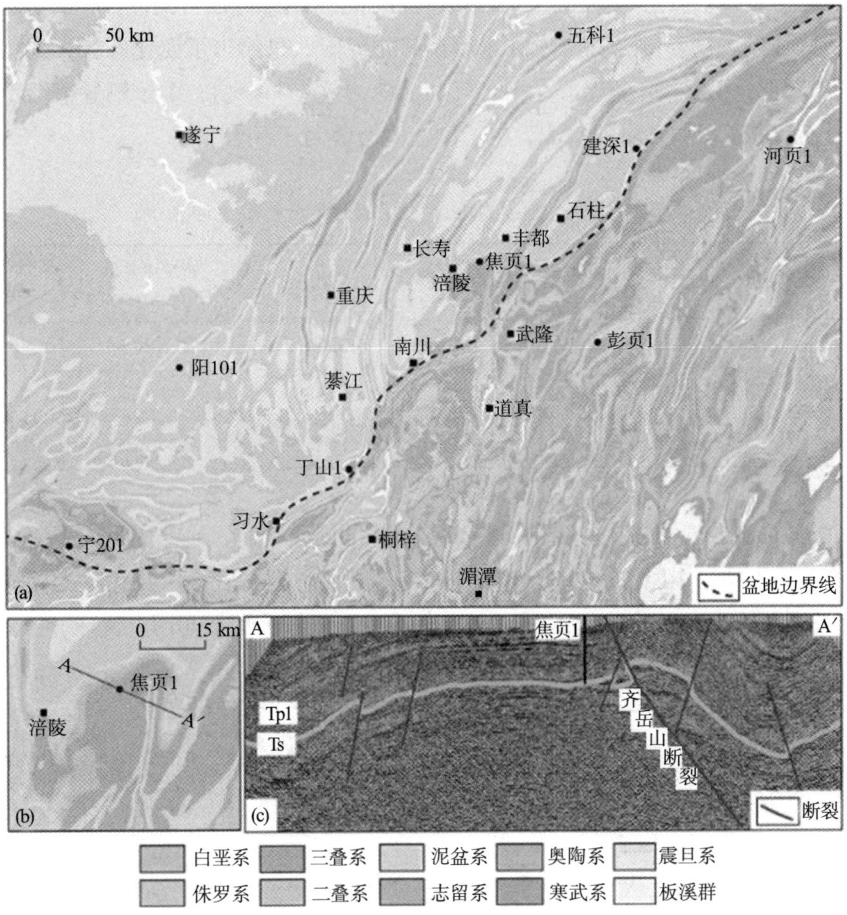

图7–1–3 A页岩气田区域位置图

奥陶纪末和志留纪初，发生了2次全球性海侵，形成了A地区五峰组—龙马溪组页岩，A地区下志留统龙马溪组页岩层系从下向上依次由深水陆棚逐渐过渡为浅水陆棚沉积。从海侵体系域到高位体系域，保持了长时间的深水缺氧环境，为有机质富集、保存提供了有利场所，沉积了岩性较单一、细粒、厚度大、分布广泛、富含生物化石的富有机质泥页岩。龙马溪组上部主要为一套浅水陆棚相浅灰色、灰色泥岩，中部发育一套盆地边缘上斜坡相的灰色—深灰色泥质粉砂岩、灰色粉砂岩，下部为一套深水陆棚相深灰色—黑色炭质泥页岩。龙马溪组高丰度烃源岩发育在龙马溪组下部，向上随着含砂量增大，TOC值迅速减小。龙马溪组—五峰组地层大致可分为3段：上部灰色泥质砂岩厚116m，中部灰黑色粉砂质泥岩夹泥质粉砂岩厚61m，中上部砂质含量高，未进行有机碳含量分析；对下部89 m地层全部进行了取芯，主要为含炭质硅质泥页岩，有机碳含量全部大于0.5%，平均TOC值为2.54%，TOC值大于2%的优质泥页岩厚38m（平均TOC值为3.50%），R_o值为2.20%~3.06%，有机质类型为Ⅰ型。

G2井位于重庆市涪陵地区A构造，是针对海相页岩气部署的一口参数井，当年11月28日，该井试气获日产气量为$2.03\times10^5m^3$，是国内页岩油气勘探的突破井之一。该井的测井一次解释是采用的解释标准见表7-1-3，一次解释在2326~2415m划分出3个页岩气层，厚度和测井二次解释的结果相当，但测井一次解释存在3个问题：①Ⅲ类页岩气层与Ⅱ类页岩气层的孔隙度界限定为1%不合理，宜定为1.5%，这从岩芯分析结果可以得到佐证；②脆性指数是页岩气层品质好坏的关键参数，标准中并未给出量化界限，只给出了变化态势；③将中子测井值纳入页岩气划分标准不尽合理，受页岩气的“挖掘效应”影响，中子测井值会不同程度减小，但同时，随黏土矿物含量的增大，中子测井值会增大。

表7-1-3　A地区马溪页岩气层测井划分标准（原来）

储层分类	有机碳TOC/%	孔隙度ϕ/%	脆性指数BR/%	泥质含量SH/%	密度测井值DEN/（g/cm^3）	中子测井值CNL/%
Ⅰ类页岩气层	TOC≥2	$\phi\geq3.5$	较高	SH≤40	DEN≤2.6	CNL≤15
Ⅱ类页岩气层	1≤TOC＜2	$2.5\leq\phi<3.5$	中等	40≤SH＜50	2.6＜DEN≤2.65	15＜CNL≤18
Ⅲ类页岩气层	TOC＜1	$\phi<2.5$	较少	SH＞50	DEN＞2.65	CNL＞18

参考CH地区页岩气测井划分方法，结合A地区的地质特点，研究中形成了A页岩气测井解释标准（表7-1-4）。根据岩芯分析结果，标准中微调了有机碳含量及孔隙度界限，量化了脆性指数，将自然伽马测井值（或铀值）纳入标准中，新标准更加实用、快捷。

表7-1-4　A地区龙马溪页岩气层测井划分标准（研究成果）

储层分类	有机碳TOC/%	孔隙度ϕ/%	脆性指数BR/%	总含气量GAS/（m^3/t）	密度测井值DEN/（g/cm^3）	自然伽马测井值GR/API
Ⅰ类页岩气层	TOC≥2.5	$\phi\geq4$	BR≥55	GAS≥3	DEN≤2.6	GR≥155
Ⅱ类页岩气层	1.5≤TOC＜2.5	$3\leq\phi<4$	40≤GAS＜55	2≤GAS＜3	2.6＜DEN≤2.65	125≤GR＜155
Ⅲ类页岩气层	TOC＜1.5	$\phi<3$	GAS＜40	GAS＜2	DEN＞2.65	GR＜125

1号层（2326.0~2352.5m）：测井二次解释主要矿物含量中的硅质含量为33.25%、钙质含量为12.63%、黏土含量为48.20%，地化参数中的有机碳含量为1.68%，物性评价参数中的孔隙度为3.00%、渗透率为0.0126×10^{-3}μm^2，脆性指数为40.37%，含气量为1.58m^3/t（图7-1-4及表7-1-5）。依据研究形成的焦石坝页岩气测井解释标准（表7-1-4），该层评价为Ⅲ类页岩气层，目前尚不具备工业开采价值。

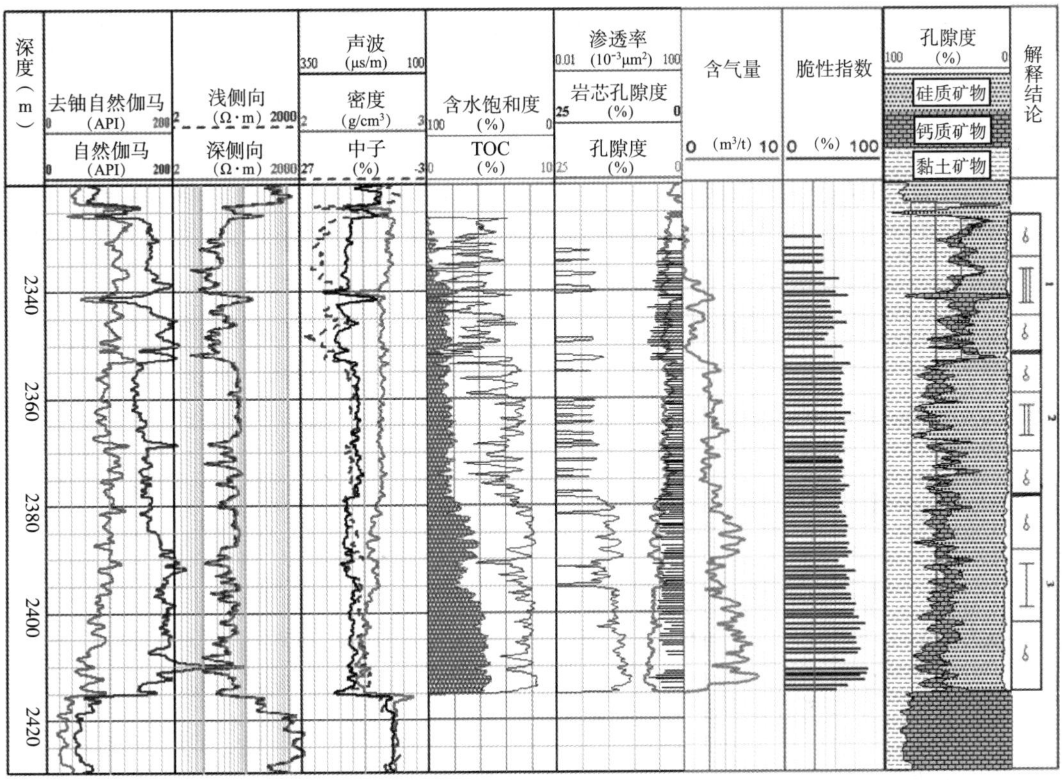

图7-1-4 G2井测井二次解释成果图

表7-1-5 G2井测井二次解释成果表

序号	井段/m	厚度/m	钙质含量/%	硅质含量/%	黏土含量/%	有机碳含量/%	脆性指数/%	孔隙度/%	渗透率/10^{-3}μm^2	含气量/(m^3/t)	解释结论
1	2326.0~2352.5	26.5	12.63	33.25	48.20	1.68	40.37	3.00	0.0126	1.58	Ⅲ类页岩气层
2	2352.5~2378.5	26.0	7.82	45.34	40.10	2.01	54.62	4.46	0.0363	2.95	Ⅱ类页岩气层
3	2378.5~2415.0	36.5	11.36	43.65	32.21	6.61	65.43	5.67	0.1005	5.09	Ⅰ类页岩气层

2号层（2352.5~2378.5m）：测井解释主要矿物含量中的硅质含量为45.34%、钙质含量为7.82%、黏土含量为40.10%，地化参数中的有机碳含量为2.01%，物性评价参数中的孔隙度为4.46%、渗透率为0.0363×10^{-3}μm^2，可压性评价参数中的脆性指数为54.62%，含气量为2.95m^3/t（图7-1-4及表7-1-5）。依据研究形成的CH地区页岩气测井解释标准（表7-1-4），该层评价为Ⅱ类页岩气层，采用水平井钻探及大型压裂工艺能够获得工业气流。

3号层（2378.5~2415.0m）：测井二次解释主要矿物含量中的硅质含量为43.65%、钙质含量为11.36%、黏土含量为32.21%，地化参数中的有机碳含量为6.61%，物性评价参数中的孔隙度为5.67%、渗透率为$0.1005 \times 10^{-3}\mu m^2$，可压性评价参数中的脆性指数为65.43%，含气量为$5.09m^3/t$（图7-1-4及表7-1-5）。依据研究形成的CH地区页岩气测井解释标准（表7-1-4），该层评价为Ⅰ类页岩气层，采用水平井钻探及大型压裂工艺能够获得高产工业气流。

依据G2井测井二次解释结果及岩芯分析数据，可以得出如下结论，以便于日后区域上的的规模测井解释。

（1）龙马溪—五峰组下部（2326~2415m）为富有机质页岩层，页岩层关键参数中的有机碳含量、孔隙度、含气量、脆性指数依次增大，至底部2378.5~2415.0m优质页岩层为最大，底部2378.5~2415.0m页岩气层页是当前焦石坝产能建设的层段。

（2）龙马溪—五峰组下部页岩气层的含气量与有机碳含量、脆性矿物含量呈明显的正相关关系，测井二次解释的含气量与岩芯测试含气量（$0.89\text{~}5.19m^3/t$）结果吻合。

（3）龙马溪—五峰组脆性矿物含量由上而下总体呈升高趋势，其中龙马溪组底部优质页岩层的石英脆性矿物含量为43.65%、方解石平均含量为11.36%、黏土矿物含量平均为32.21%、黏土矿物以伊蒙混层和伊利石为主。

三、G3井

G3井为四川盆地CH地区的一口开发水平井，构造位置位于CH背斜构造中奥顶构造南翼，以志留系龙马溪组为主要目的层；钻探目的为开发CH地区龙马溪组页岩气资源。

该井完钻井深4330.0m，完钻层位为奥陶系五峰组。根据测井系列优化选取的结果，作为开发井的目的层段，测得了自然伽马能谱、双井径、岩性密度、中子、井斜方位、高分辨率阵列感应、多极子阵列声波和元素俘获等测井资料。

利用研究成果，对G3井进行页岩气层测井评价（图7-1-5），在该井1476.3m（*A*点2830m至井底4306.3m）的水平段中，测井解释出Ⅰ类页岩气层1344.8m、Ⅱ类页岩气层26.5m、Ⅲ类页岩气层105.0m，优质页岩气层钻调率高达92.9%。

36号层：测井解释主要矿物含量中的硅质含量为44.73%、钙质含量为7.32%、黏土含量为27.63%，地化特性评价参数中的有机碳含量为3.58%、镜质体反射率为2.87%，物性评价参数中的孔隙度为6.33%、渗透率为$0.1365 \times 10^{-3}\mu m^2$，可压性评价参数中的脆性指数为56.14%，含气量为$4.5m^3/t$。依据研究形成的CH地区页岩气测井解释标准，该层评价为Ⅰ类页岩气层（表7-1-6）。

表7-1-6　G3井页岩储层解释参数成果表

序号	井段/m	厚度/m	钙质含量/%	硅质含量/%	黏土含量/%	有机碳含量/%	脆性指数/%	孔隙度/%	渗透率/$10^{-3}\mu m^2$	含气量/(m^3/t)	解释结论
34	2550.1~2771.8	221.7	24.48	32.83	39.87	1.38	33.78	1.44	0.0002	1.0	Ⅲ类页岩气层

续表

序号	井段/m	厚度/m	钙质含量/%	硅质含量/%	黏土含量/%	有机碳含量/%	脆性指数/%	孔隙度/%	渗透率/$10^{-3}\mu m^2$	含气量/(m^3/t)	解释结论
35	2771.8~2813.0	41.2	14.55	34.17	45.25	2.79	36.36	3.24	0.0072	2.4	Ⅱ类页岩气层
36	2813.0~4174.8	1361.8	7.32	44.73	27.63	3.58	56.14	6.33	0.1365	4.5	Ⅰ类页岩气层
37	4174.8~4183.8	9.0	16.5	20.41	43.46	3.86	25.39	4.72	0.0374	2.3	Ⅱ类页岩气层

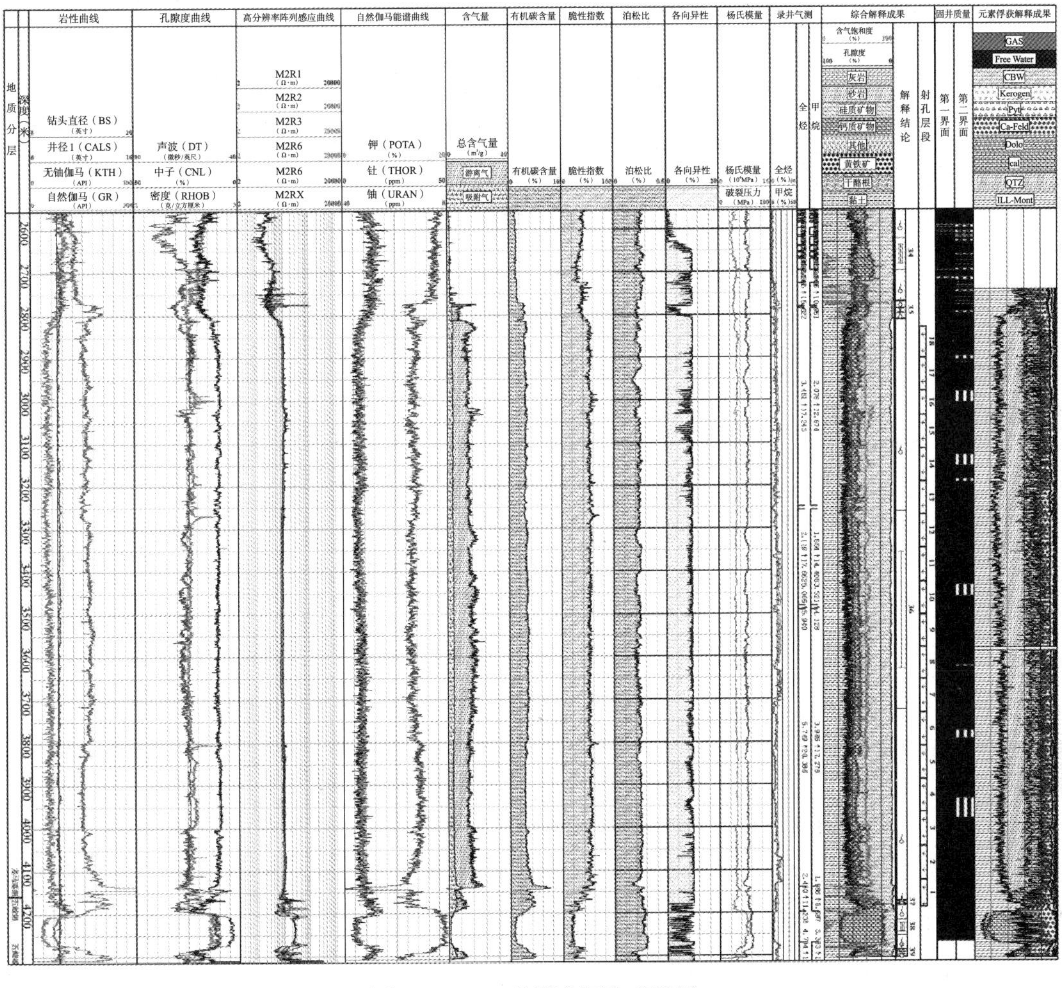

图7-1-5 G3井测井评价成果图

35号、37号层：测井解释主要矿物含量中的硅质含量分别为34.17%、20.41%，钙质含量分别为14.55%、16.5%，黏土含量分别为45.25%、43.46%，地化特性评价参数中的有机碳含量分别为2.79%、3.86%，镜质体反射率分别为2.5%、3.2%，物性评价参数中的孔隙度分别为3.24%、4.72%，渗透率分别为$0.0072\times10^{-3}\mu m^2$、$0.0374\times10^{-3}\mu m^2$，可压性评价参数中的脆性指数分别为36.36%、25.39%，含气量分别为$2.4m^3/t$、$2.3m^3/t$。依据研究形成的CH地区页岩气测井解释标准，两层评价为Ⅱ类页岩气层（表7–1–6）。

34号层：测井解释主要矿物含量中的硅质含量为32.83%、钙质含量为24.48%、黏土含量为39.87%，地化特性评价参数中的有机碳含量为1.38%、镜质体反射率为2.46%，物性评价参数中的孔隙度为1.44%、渗透率为$0.0002 \times 10^{-3}\mu m^2$，可压性评价参数中的脆性指数为33.78%，含气量为$1.0m^3/t$。依据研究形成的CH地区页岩气测井解释标准，该层评价为Ⅲ类页岩气层（表7–1–6）。

依据研究形成的“射孔—压裂分段选层技术”，对该井提出18段分簇射孔—压裂（表7–1–7），预测地层破裂压力多在50~53MPa。对G3井龙马溪组的水平段进行压裂，日产页岩气量为$45 \times 10^4m^3$，该井成为当年CH地区单井日产页岩气最高的井。

表7–1–7　G3井水平段“泵送桥塞—射孔联作”分段选层建议表

分段序号	始深/m	终深/m	厚度/m	桥塞位置/m	有机碳含量/%	孔隙度/%	脆性指数/%	总含气量/(m^3/t)	破裂压力/MPa
18	2830.0	2903.0	73.0	/	3.17	5.46	51.92	3.86	51.66
17	2903.0	2981.0	78.0	2903.0	3.03	5.03	54.11	3.43	54.18
16	2981.0	3037.5	56.5	2981.0	3.02	5.11	56.59	3.43	53.82
15	3037.5	3115.5	78.0	3037.5	3.13	5.45	56.05	3.91	54.35
14	3115.5	3193.0	77.5	3115.5	3.30	5.17	54.14	3.65	53.31
13	3193.0	3270.5	77.5	3193.0	3.25	5.28	51.67	3.72	52.16
12	3270.5	3348.0	77.5	3270.5	3.46	6.19	55.95	4.35	47.83
11	3348.0	3427.0	79.0	3348.0	3.22	6.38	56.45	4.47	49.18
10	3427.0	3504.0	77.0	3427.0	3.22	6.10	56.78	4.18	51.55
9	3504.0	3581.0	77.0	3504.0	3.51	5.97	55.38	4.24	48.66
8	3581.0	3655.0	74.0	3581.0	3.39	6.52	56.54	4.54	48.11
7	3655.0	3734.0	79.0	3655.0	3.29	5.67	51.46	3.95	51.18
6	3734.0	3811.5	77.5	3734.0	3.13	5.38	51.53	3.78	51.85
5	3811.5	3889.0	77.5	3811.5	3.06	5.02	50.87	3.51	48.29
4	3889.0	3966.5	77.5	3889.0	2.83	5.09	53.73	3.44	53.47
3	3966.5	4046.0	79.5	3966.5	3.11	5.12	50.27	3.64	54.18
2	4046.0	4125.5	79.5	4046.0	3.57	5.60	52.23	4.10	52.65
1	4125.5	4189.0	63.5	4125.5	4.11	5.49	54.80	4.22	45.81

四、G4井

G4井为四川盆地CH地区的一口开发水平井，构造位置位于CH背斜构造中奥顶构造南翼，以志留系龙马溪组为主要目的层；钻探目的为开发CH地区龙马溪组页岩气资源。该井完钻井深4380.0m，完钻层位为奥陶系五峰组。根据测井系列优化选取的结果，作为开发井的目的层段，测得了自然伽马能谱、双井径、岩性密度、中子、井斜方位、高分辨率阵列感应、多极子阵列声波和元素俘获等测井资料。

图7–1–6~图7–1–8是利用关键参数分别作的交会图，图7–1–9是利用项目研究成果G4井进行的测井评价，表7–1–8是相应的测井解释成果表，成果图、表中给出了各页岩气层的厚度、主要矿物含量、地化、脆性指数、物性及含气性等参数，在该井1470.4m（*A*点2880m至井底4350.4m）的水平段，测井综合解释Ⅰ类页岩气层1364.6m、Ⅱ类页岩气层93.0m、Ⅲ类页岩气层12.8m，优质页岩气层钻遇率达99.1%。

表7–1–8 CH9–6井页岩储层解释参数成果表

序号	井段/m	厚度/m	钙质含量/%	硅质含量/%	黏土含量/%	有机碳含量/%	脆性指数/%	孔隙度/%	渗透率/$10^{-3}\mu m^2$	含气量/(m^3/t)	解释结论
9	2555.5~2812.0	256.5	16.07	29.26	39.52	1.41	34.49	1.98	0.0011	1.4	Ⅲ类页岩气层
10	2812.0~3081.5	269.5	18.76	50.95	22.21	3.00	55.17	5.09	0.0521	4.3	Ⅰ类页岩气层
11	3081.5~3100.0	18.5	25.09	48.02	21.35	2.09	50.97	3.45	0.0094	2.5	Ⅱ类页岩气层
12	3100.0~3334.5	234.6	14.02	47.57	26.14	3.88	54.22	5.96	0.1051	5.1	Ⅰ类页岩气层
13	3334.5~3347.5	12.8	31.14	45.14	19.91	1.97	46.92	1.83	0.0006	1.2	Ⅲ类页岩气层
14	3347.5~3421.9	74.5	24.31	50.01	19.76	2.23	53.09	3.69	0.0128	2.8	Ⅱ类页岩气层
15	3421.9~4350.4	928.5	12.06	47.13	25.83	4.10	55.44	6.51	0.1545	5.4	Ⅰ类页岩气层

10号、12号、15号层：测井解释的主要矿物中硅质含量47.13%~50.95%、钙质含量12.06%~18.76%、黏土含量22.21%~26.14%，地化参数中的有机碳含量3.0%~4.1%、镜质体反射率2.63%~2.92%，物性评价参数中的孔隙度5.09%~6.51%、渗透率0.0521×10^{-3}~$0.1545\times10^{-3}\mu m^2$，脆性指数54.22%~55.44%，含气量4.3~5.4m^3/t。依据研究形成的CH地区页岩气测井解释标准，三层均评价为Ⅰ类页岩气层，三层累计厚1432.6m。

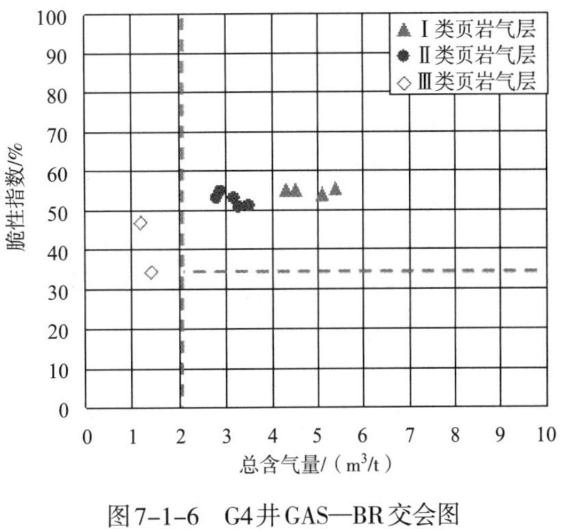

图7–1–6 G4井GAS—BR交会图

11号、14号层：测井解释主要矿物含量中的硅质含量分别为48.02%、50.01%，钙质含量分别为25.09%、24.31%，黏土含量分别为21.35%、19.76%，地化参数中的有机碳含量分别为2.09%、2.23%，镜质体反射率分别为2.65%、2.79%，物性参数中的孔隙度分别为3.45%、3.69%、渗透率分别为$0.0094\times10^{-3}\mu m^2$、$0.0128\times10^{-3}\mu m^2$，

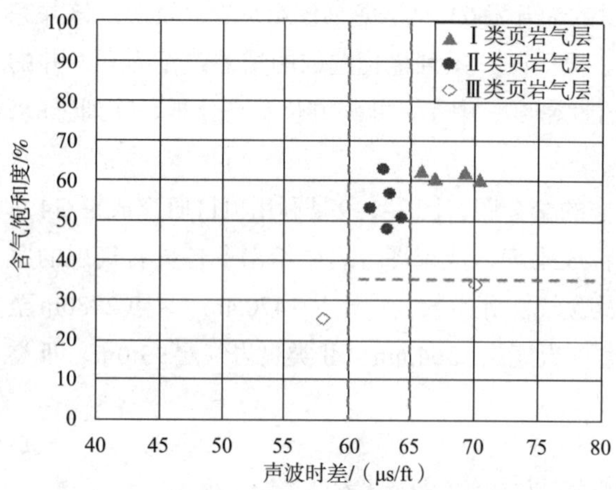

图7-1-7　G4井AC—SG交会图

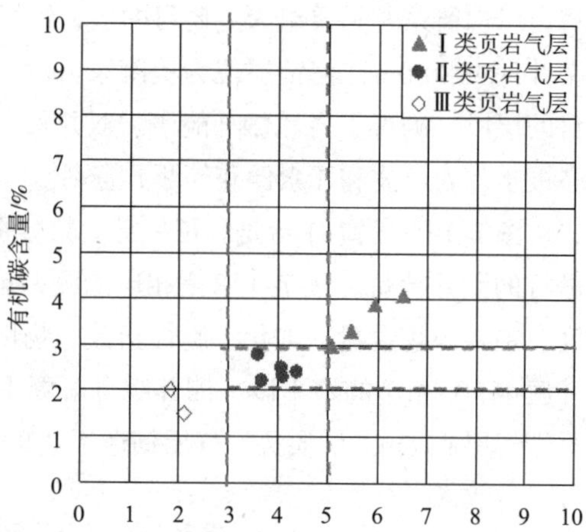

图7-1-8　G4井POR—TOC交会图

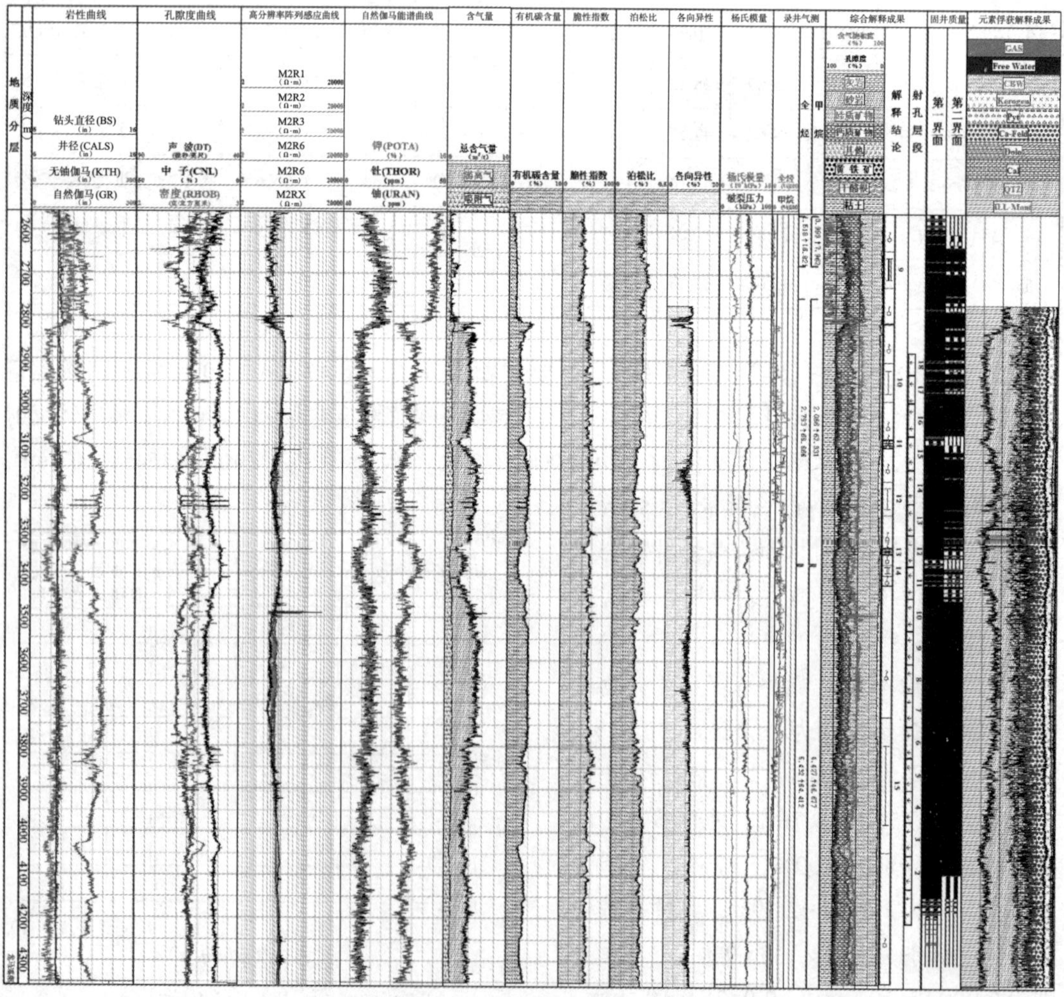

图7-1-9　G4井页岩储层测井解释评价图

可压性评价参数中的脆性指数分别为50.97%、53.09%，含气量分别为$2.5m^3/t$、$2.8m^3/t$。依据研究形成的CH地区页岩气测井解释标准，两层均评价为Ⅱ类页岩气层，两层累计厚93.0m。

9号、13号层：测井解释主要矿物含量中的硅质含量分别为29.26%、45.14%，钙质含量分别为16.07%、31.14%，黏土含量分别为39.52%、19.91%，地化参数中的有机碳含量分别为1.41%、1.97%，物性参数中的孔隙度分别为1.98%、1.83%、渗透率分别为$0.0011\times10^{-3}\mu m^2$、$0.0006\times10^{-3}\mu m^2$，可压性评价参数中的脆性指数分别为34.49%、46.92%，含气量分别为$1.4m^3/t$、$1.2m^3/t$。依据研究形成的CH地区页岩气测井解释标准，两层均评价为Ⅲ类页岩气层。

依据研究形成的"射孔—压裂分段选层技术"该井提出18段分簇射孔—压裂（表7-1-9），预测地层破裂压力多在51~56MPa。本井经射孔、压裂后，获得高产工业气流。

表7-1-9 G4井水平段"泵送桥塞—射孔联作"分段选层建议

分段序号	始深/m	终深/m	厚度/m	桥塞位置/m	有机碳含量TOC/%	孔隙度ϕ/%	脆性指数BR/%	总含气量GAS/(m^3/t)	破裂压力/Mpa
18	2880	2930	50	/	2.03	5.01	56.02	4.13	58.22
17	2930	2996	66	2930	2.98	5.24	55.09	4.46	59.00
16	2996	3074	78	2996	3.00	5.10	55.93	4.29	55.69
15	3074	3152.5	78.5	3074	3.55	5.27	57.62	4.12	50.78
14	3152.5	3231	78.5	3152.5	3.93	5.66	55.91	4.83	52.16
13	3231	3303.5	72.5	3231	3.41	5.37	56.61	4.26	50.76
12	3303.5	3377	73.5	3303.5	2.54	3.64	50.17	2.93	56.62
11	3377	3451	74	3377	2.20	3.22	53.34	2.16	59.29
10	3451	3526	75	3451	3.49	5.21	57.50	4.11	50.04
9	3526	3604	78	3526	3.95	6.39	58.64	5.16	47.69
8	3604	3671	67	3604	3.81	5.80	53.40	5.00	51.17
7	3671	3750	79	3671	3.91	6.17	54.51	5.18	52.81
6	3750	3823	73	3750	3.72	5.44	54.95	4.34	54.29
5	3823	3899	76	3823	3.48	5.15	55.59	4.12	51.02
4	3899	3972.5	73.5	3899	3.51	5.01	54.78	4.25	58.45
3	3972.5	4051	78.5	3972.5	3.05	4.50	53.63	3.42	62.88
2	4051	4129	78	4051	3.30	5.05	55.06	3.93	57.02
1	4129	4210	81	4129	3.12	5.48	54.59	4.44	55.94

五、G5井

G5井为重庆市涪陵区的一口开发水平井，该井完钻井深5478m，水平井段长2000m，构造位置位于川东南地区川东陡褶皱带包鸾—焦石坝背斜带焦石坝构造，以上奥陶统五峰组—下志留统龙马溪组为主要目的层；钻探目的是动用焦石坝地区上奥陶统五峰组—下志留统龙马溪组页岩气资源，新建焦石坝地区上奥陶统五峰组—下志留统龙马溪组页岩气产能。

利用项目研究成果对G5井页岩储层进行测井解释，图7-1-10为G5井页岩储层测井解释评价成果图，表7-1-10为相应的测井解释成果表。

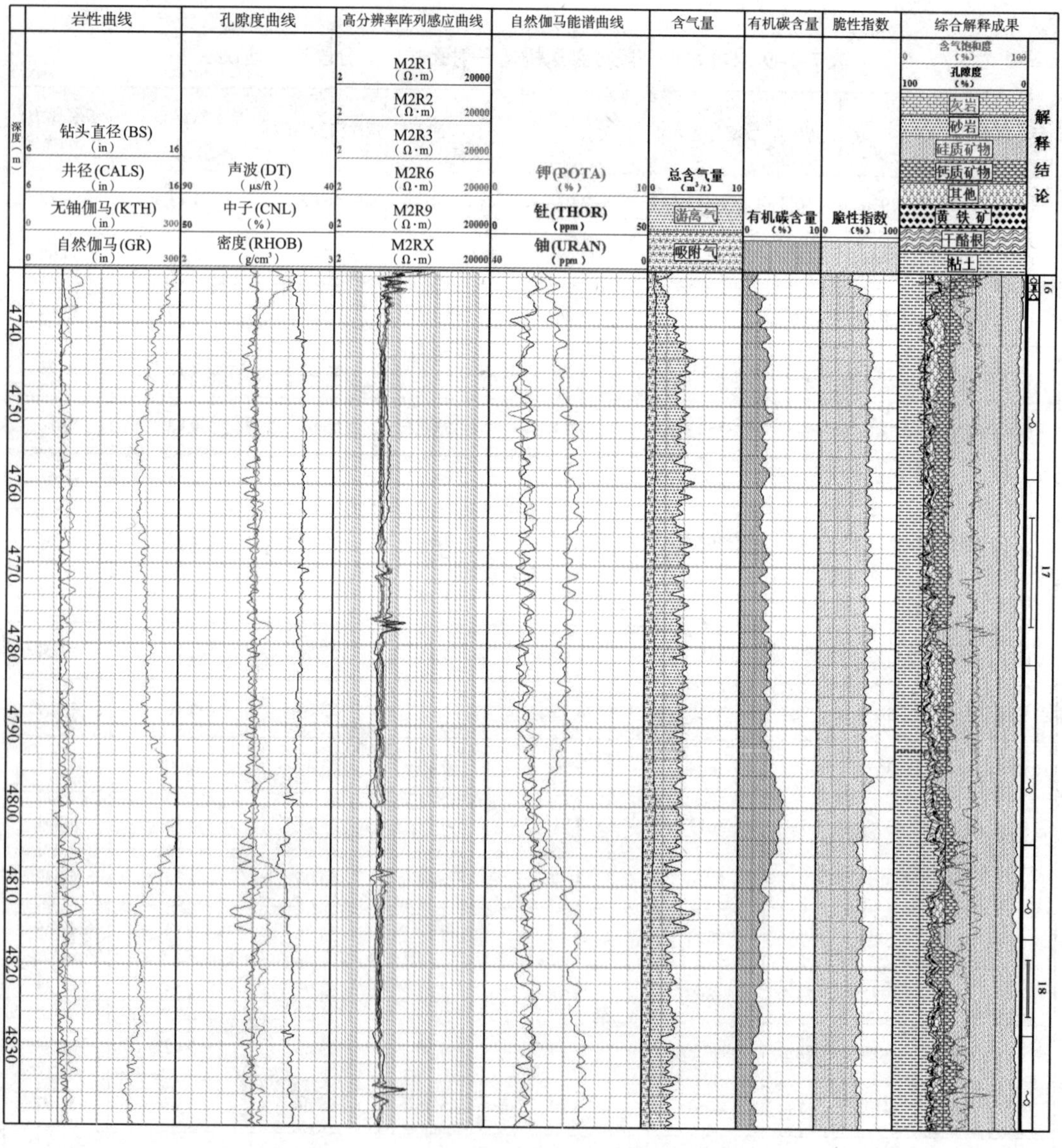

图7-1-10　G5井页岩储层测井解释评价图

表7-1-10 G5井页岩储层解释参数成果表

序号	井段/m	厚度/m	钙质含量/%	硅质含量/%	黏土含量/%	有机碳含量/%	脆性指数/%	孔隙度/%	渗透率/$10^{-3}\mu m^2$	含气量/(m^3/t)	解释结论
16	4733.3~4736.3	3.0	19.80	30.04	33.69	1.29	35.88	2.42	0.0021	1.5	Ⅲ类页岩气层
17	4736.3~4804.4	68.1	13.46	50.99	19.33	3.32	60.86	5.63	0.0864	4.0	Ⅰ类页岩气层
18	4804.4~4840.0	35.6	16.64	44.62	27.89	2.52	50.05	4.04	0.0193	2.6	Ⅱ类页岩气层

16号层（4733.3~4736.3m）：测井二次解释的硅质含量为30.04%、钙质含量为30.04%、黏土含量为33.69%，地化参数中的有机碳含量为1.29%，物性参数中的孔隙度为2.42%、渗透率为$0.0021 \times 10^{-3}\mu m^2$，脆性指数为35.88%，含气量为$1.5m^3/t$（图7-1-10及表7-1-10）。依据研究形成的焦石坝地区页岩气测井解释标准，该层评价为Ⅲ类页岩气层，目前尚不具备工业开采价值。

17号层（4736.3~4804.4m）：测井二次解释的硅质含量为50.99%、钙质含量为13.46%、黏土含量为19.33%，地化参数中的有机碳含量为3.32%，物性参数中的孔隙度为5.63%、渗透率为$0.0864 \times 10^{-3}\mu m^2$，可压性评价参数中的脆性指数为60.86%，含气量为$4.0m^3/t$。依据研究形成的焦石坝地区页岩气测井解释标准，该层评价为Ⅰ类页岩气层。

18号层（4804.4~4840.0m）：测井二次解释的硅质含量为44.62%、钙质含量为16.64%、黏土含量为27.89%，地化参数中的有机碳含量为2.52%，物性参数中的孔隙度为4.04%、渗透率为$0.0193 \times 10^{-3}\mu m^2$，脆性指数为50.05%，含气量为$2.6m^3/t$（图7-1-10及表7-1-10）。依据研究形成的焦石坝地区页岩气测井解释标准，该层评价为Ⅱ类页岩气层。

第二节 海陆过渡相页岩气实例

一、E1井

E1井是部署在鄂尔多斯盆伊陕斜坡北部的一口参数井，钻探目的是以页岩气勘察为主，兼探致密砂岩气、煤层气等非常规天然气，该井完钻井深3568.0m，完钻层位为奥陶系马家沟组（图7-2-1）。

根据测井系列优化选取的结果，作为页岩气探井的目的层段，测得了自然伽马能谱、井径、岩性密度、补偿中子、声波时差、井斜方位、高分辨率阵列感应、多极子阵列声波、电成像和核磁测井资料。

利用研制成果，对该井进行了全井段测井解释，在太原组发现海陆过渡相的Ⅱ类页岩气层2层13.2m、致密砂岩气1层3.2m及煤层气1层8.0m（表7-2-1、图7-2-2）。根据我方所坚持的意见，对79号致密砂岩气层压裂投产，获日产$5 \times 10^4 m^3$天然气的工业气流。

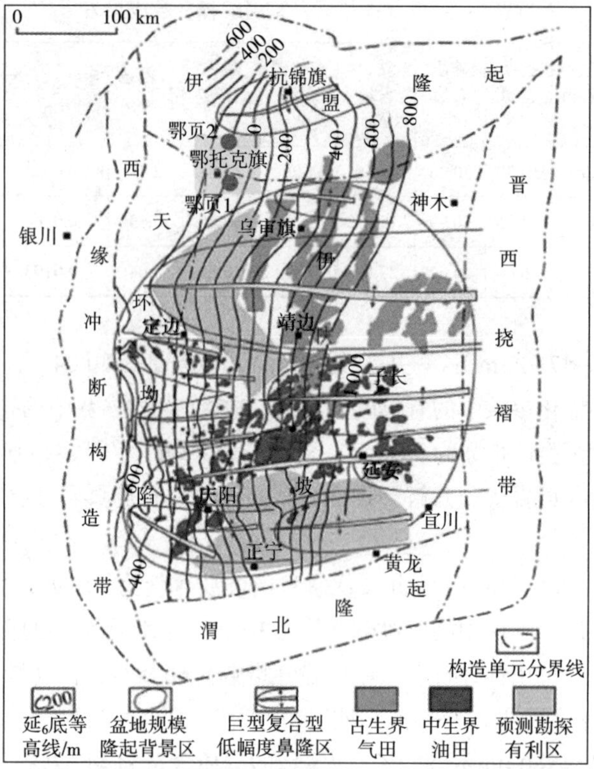

图 7-2-1　鄂尔多斯盆地伊陕斜坡油气分布图

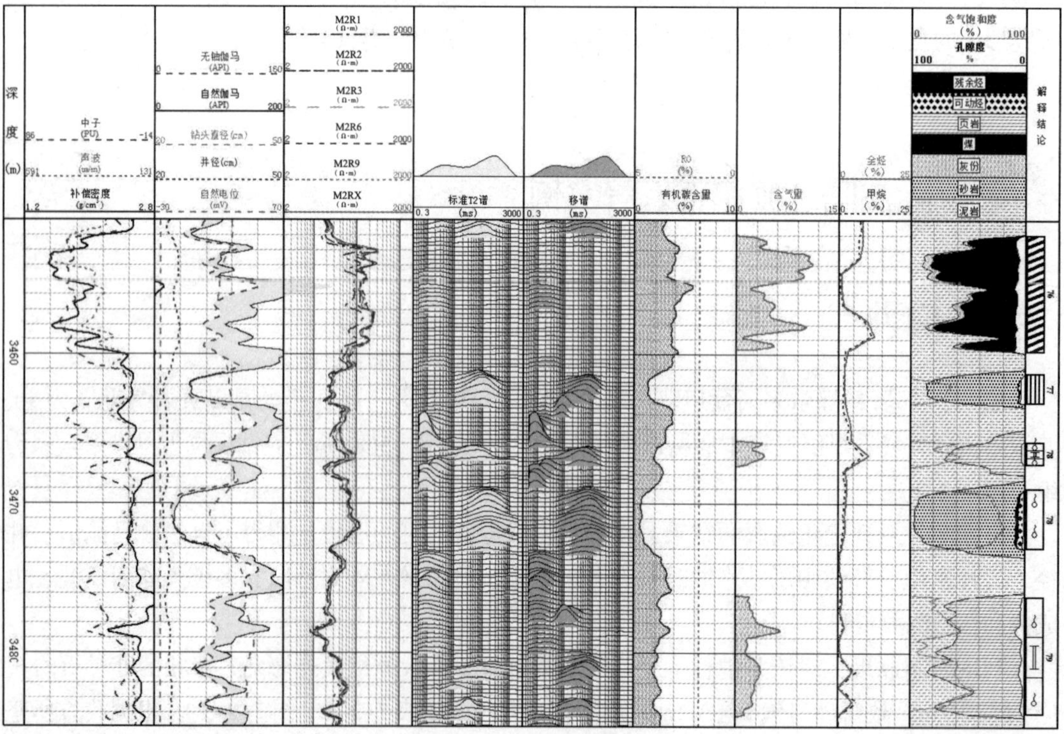

图 7-2-2　E1井测井解释成果图

78号、80号层（3465.9~3467.4m、3476.2~3484.3m）两层岩性为泥页岩（图7–2–2），地化参数中的有机碳含量分别为2.11%、2.54%、镜质体反射率均为1.77%；物性参数中的孔隙度分别为3.10%、4.12%，渗透率分别为$0.0080\times10^{-3}\mu m^2$、$0.0213\times10^{-3}\mu m^2$；含气量分别为$2.3m^3/t$、$2.2m^3/t$。综合评价认为，这两层有机质丰度较高、有机质成熟度较高、含气量较高，均评价为Ⅱ类页岩气层，该层具有一定的勘探潜力（表7–2–1）。

表7–2–1 E1井页岩储层解释参数成果表

序号	井段/m	厚度/m	黏土含量/%	镜质体反射率	有机碳含量/%	孔隙度/%	渗透率/$10^{-3}\mu m^2$	含气量/(m^3/t)	解释结论
78	3465.9~3467.4	1.5	35.60	1.77	2.11	3.10	0.0080	2.3	Ⅱ类页岩气层
80	3476.2~3484.3	8.1	32.72	1.77	2.54	4.12	0.0213	2.2	Ⅱ类页岩气层

二、ZD2井

ZD2井位于河南省开封市尉氏县，是南华北地区通许隆起尉北凸起带上的一口预探井，完钻井深2973m。钻探目的是获取页岩气评价参数，估算页岩气资源量，验证页岩气有利目标区，为下一步勘查工作提供地质依据。

ZD2井除常规测井项目外，还进行了多极子阵列声波、电成像和核磁测井。目的层太原组2843.6~2921.1m，地层岩性为泥质灰岩、泥页岩与煤层交互，泥页岩较发育，利用研究成果，该段测井解释Ⅱ类页岩含气层3层17.9m、Ⅲ类页岩含气层1层6.5m（图7–2–3、表7–2–2）。后期对2859.0~2902.0m、2843.0~2921.0m段试气，日产气$3000\sim4000m^3$，少量出水，与解释结果吻合。

39号层（2845.1~2851.6m）：主要矿物含量中的硅质含量为48.99%、钙质含量为6.41%、黏土含量为39.8%，地化参数中的有机碳含量为1.15%，物性参数中的孔隙度为1.9%，渗透率为$0.0028\times10^{-3}\mu m^2$，可压性评价参数中的脆性指数为57.06%，含气量为$1.84m^3/t$，该层评价为Ⅲ类页岩气层。

表7–2–2 ZD2井页岩储层解释参数成果表

序号	井段/m	厚度/m	硅质含量/%	钙质含量/%	黏土含量/%	有机碳含量/%	孔隙度/%	渗透率/$10^{-3}\mu m^2$	脆性指数/%	含气量/(m^3/t)	解释结论
39	2845.1~2851.8	6.5	48.99	6.41	39.8	1.15	1.9	0.0028	57.06	1.84	Ⅲ类页岩气层
40	2859.5~2865.9	6.4	46.3	2.65	43.6	2.08	3.2	0.0247	51.82	2.17	Ⅱ类页岩气层
44	2879.0~2887.3	8.3	37.85	4.77	50.6	2.84	3.0	0.0212	45.46	2.55	Ⅱ类页岩气层
45	2889.4~2892.6	3.2	31.58	5.26	54.2	2.79	2.9	0.0223	39.28	2.45	Ⅱ类页岩气层

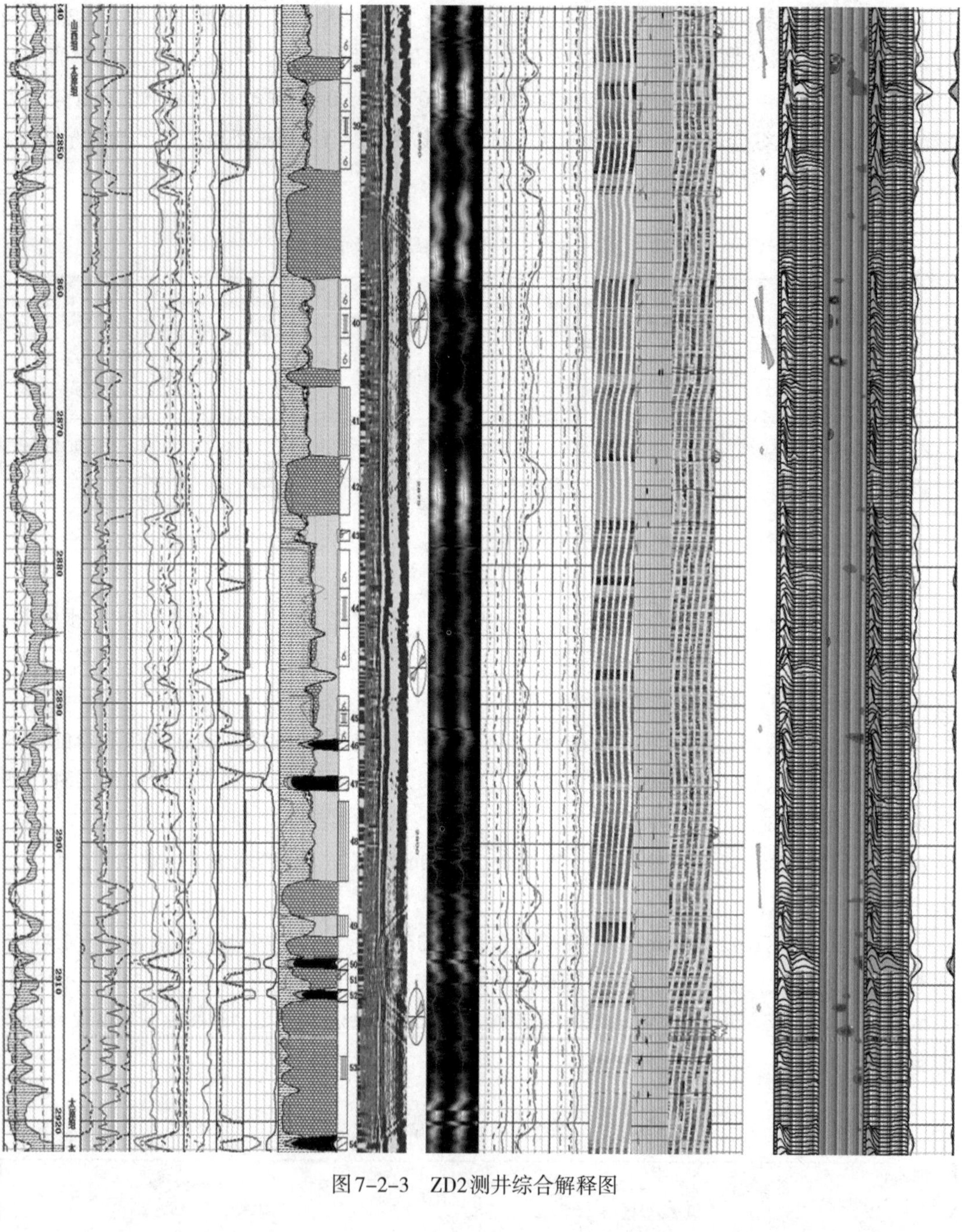

图7-2-3　ZD2测井综合解释图

40号层（2859.5~2865.9m）：主要矿物含量中的硅质含量为46.3%、钙质含量为2.65%、黏土含量为43.6%，地化参数中的有机碳含量为2.08%，物性参数中的孔隙度为3.2%、渗透率为$0.0247 \times 10^{-3} \mu m^2$，可压性评价参数中的脆性指数为51.82%，含气量为$2.17m^3/t$，评价为Ⅱ类页岩气层。

44号层（2879.0~2887.3m）：44号层黏土含量为50.6%，有机碳含量为2.84%，孔隙度为3.0%，脆性指数为45.46%，含气量为$2.55m^3/t$，测井评价为Ⅱ类页岩气层。

45号层（2889.4~2892.6m）：主要矿物含量中的硅质含量为31.56%、钙质含量为5.26%、黏土含量为54.2%，地化参数中的有机碳含量为2.79%，孔隙度为2.9%，脆性指数为39.28%，含气量为2.45m^3/t，评价为Ⅱ类页岩气层。

三、J2井

J2井是江西修武盆地的一口预探井，完钻井深3192m（斜深）。根据二维地震勘探构造解释分析，工区主要分为南部和北部冲断带以及中部向斜带，J2井所处的南部向斜带为构造稳定区，下寒武统地层较稳定，断层不发育，对页岩气成藏有利。本区地层发育较全，除侏罗系、新近系地层缺失之外，其他均有分布，其中，下寒武统王音铺组、观音堂组为本区页岩气主要目的层段。钻探目的：①进一步落实目的层页岩含气性及流体性质；②获取目的层段有关评价页岩气的各项地质参数；③丰富钻探资料，深化页岩气勘探各项专题研究；④探索适应于修武盆地页岩气勘探工程工艺技术。

测井计算结果结合岩芯资料分析，J2井有机质丰度较高，下寒武统页岩有机碳主要集中在1%~10%，均值在6%~7%，随埋藏深度增加，有机碳含量整体有增高趋势，符合下寒武统岩性纵向变化（图7-2-4）。根据测井资料响应特征，结合岩芯分析，依据研究成果，J2井未解释有效储层，与完井结果相一致。

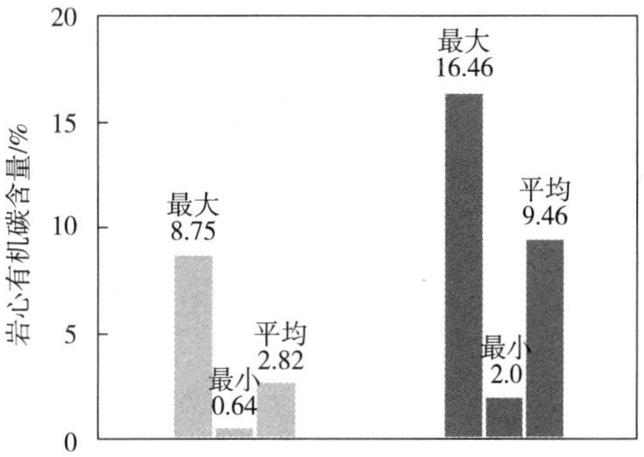

图7-2-4 岩芯分析有机碳含量统计图

目的层观音堂组3026.0~3052.0m段地层岩性以泥岩为主，夹灰质泥岩，自然伽马为中高值，裂缝较发育，无充填或黄铁矿充填，岩芯浸水试验局部见针孔状气泡缓慢溢出，气测见异常显示2层4.0m，测井曲线反映页岩较发育，但整体物性差。王音铺组岩性为灰质泥岩、碳质泥岩和硅质泥岩，自然伽马高值，铀含量相对较高，硅质泥岩和碳质泥岩电阻率小于0.5Ω·m。岩芯出筒时浸水试验多处见针孔状气泡缓慢溢出，但累计厚度薄，共2.75m，气测见异常2层8.0m，测井显示物性差（表7-2-3）。

表7-2-3 J2井部分储层解释参数成果表

序号	井段/m	厚度/m	硅质含量/%	钙质含量/%	黏土含量/%	黄铁矿含量/%	孔隙度/%	有机碳含量/%	脆性指数/%	含气量/(m^3/t)	解释结论
12	3025.6~3029.4	3.8	21.9	31.0	38.6	3.8	1.5	3.1	23.0	0.37	干层
13	3030.8~3088.0	57.2	54.7	29.9	6.2	2.3	2.8	4.1	58.4	0.43	干层
14	3088.0~3119.4	31.4	61.7	14.9	4.6	3.1	3.5	12.3	72.8	1.40	干层
15	3124.0~3131.9	7.9	57.9	17.8	8.0	1.5	3.1	11.3	67.4	1.26	干层
16	3135.5~3136.6	1.1	68.4	15.0	12.5	0.6	0.4	3.3	70.8	0.31	干层

13号层（3030.8~3088.0m）：岩性矿物含量中的硅质含量为54.7%、钙质含量为29.9%、黏土含量为6.2%，地化参数中的有机碳含量为3.1%，物性参数中的孔隙度为1.5%，可压性评价参数中的脆性指数为23.0%，含气量为0.37m³/t，总体显示储层品质较差，依据研究形成的页岩气测井解释标准，该层评价为干层。

14号层（3088.0~3119.4m）：岩性矿物含量中的硅质含量为61.7%、钙质含量为14.9%、黏土含量为4.6%，地化参数中的有机碳含量为12.3%，物性参数中的孔隙度为3.5%，可压性评价参数中的脆性指数为72.8%，含气量为1.4m³/t，达不到页岩气层标准，测井解释为干层。

15号层（3124.0~3131.9m）：有机碳含量平均为11.3%，孔隙度为3.1%，脆性指数为67.4%，含气量平均1.26m³/t。总体上看，含气量低，物性差，为干层。

总体显示，观音堂组—王音铺组3026.0~3131.9m页岩储层TOC含量高，储层厚度大，其中14号与15号层是本井较好的页岩储层，可在下一步井位部署中列为页岩气勘探目标，进行重点追踪。未来随着页岩气勘探和开发工艺的不断成熟，可对本井王音铺—观音堂的页岩层进行择机试气（图7-2-5）。

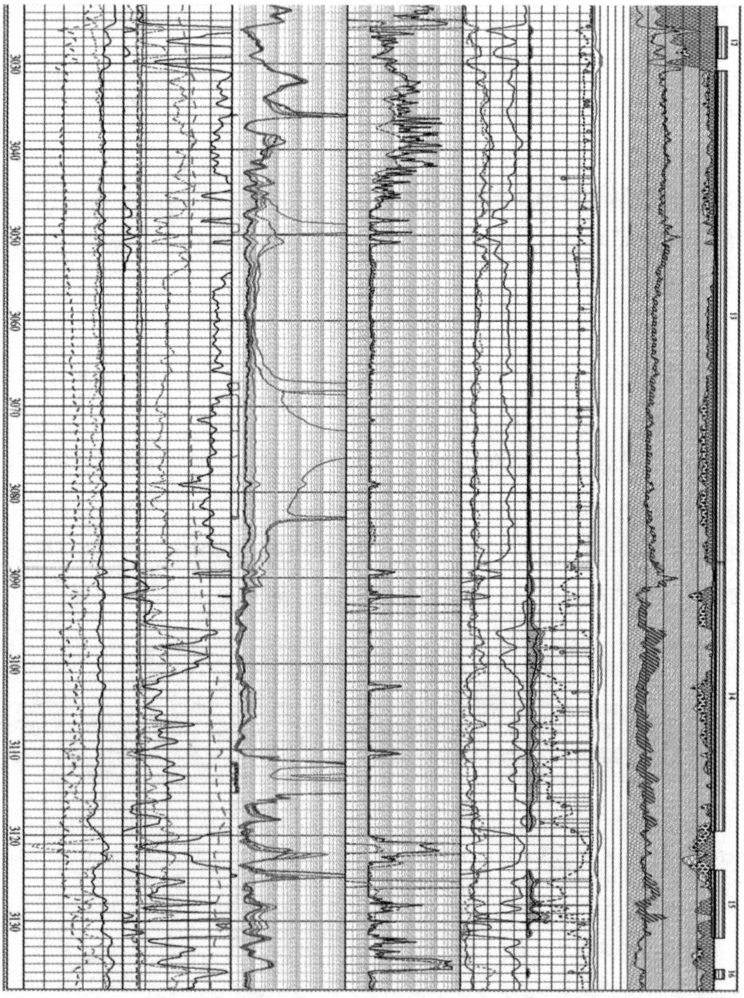

图7-2-5　J2井测井组合成果图

第三节 东濮凹陷页岩油实例

该套技术先后在中原油田分公司勘探开发科学研究院及中原石油工程公司测井公司得到应用，地质应用效果良好，主要体现在以下4个方面：

（1）指导新型油层测井评价，解释符合率得以提升。及时跟进勘探开发进程，研究成果及时应用于生产，先后在文古4、卫68-FP1、文88-FP1等井中得到应用。通过对这些井的应用，测井解释符合率提升至89.5%，有效保证了科学投产，节减了后续工程及地层测试费用。

（2）老井复查页岩油层有发现，助推东部老区效益开发。利用成果对濮卫等地区30口老井进行复查，在中原油田2017年及2018年储量申报中得到应用，其中部12、卫320、卫79-1、卫68-8、文90-侧52、濮90等7口井均有望获得油流，复查结果得到中原油田分公司勘探开发专家认可。

（3）核心区已有油气产出，必会落实一定储量。卫68块的濮86、卫68-8等井陆续在沙三中页岩油地层获得油气，这必会落实一定的探明石油地质储量。

（4）丰富了地质认识、有利于规避风险。东濮凹陷页岩油气不宜照搬美国页岩气水平井压裂技术，更宜采用直井（定向）压裂技术；井位部署时可将页岩油气与常规油气作为兼探目标。沿用砂岩常规储层的测井评价方法去识别以“低孔低渗”为特征的页岩油层是不可取的，这有助于地质家及时调整油气勘探开发方案。

一、文90—C52井

文90—侧52井是位于东濮凹陷中央隆起带文濮结合部文90块的一口开发井，钻探目的是开发沙三中^{7}段油层。该井于2011年10月29日开钻，2011年12月13日完钻，完钻井深3170.0m，钻达层位沙三中亚段。该井测井包括常规测井资料的自然伽马、自然电位、井径、补偿声波、双感应—八侧向、微电极。

图7-3-1中1-3号层，储层自然伽马中高值，电阻率值在1.94~4.10Ω·m之间，相对围岩明显高值，自然电位基本无异常显示，三孔隙度略高于围岩层。录井见油迹和荧光显示。测井一次未做储层划分解释，根据该研究成果，结合地层对比岩性特征，认为3088.5~3131.9m段地层为页岩油储层，非干层。

1号层（3088.5~3095.0m）经储层“五性”参数评价为Ⅲ类页岩油层。岩性评价参数中的硅质含量为39.47%，钙质含量为7.54%，黏土含量为47.54%；地化特性评价参数中的有机碳含量为1.21%，镜质体反射率为0.80%；物性评价参数中的孔隙度为5.33%，渗透率为$3.67 \times 10^{-2} \mu m^2$；可压性评价参数中的脆性指数为42.24%；含油性评价参数中的含油饱和度为23.38%（表7-3-1）。

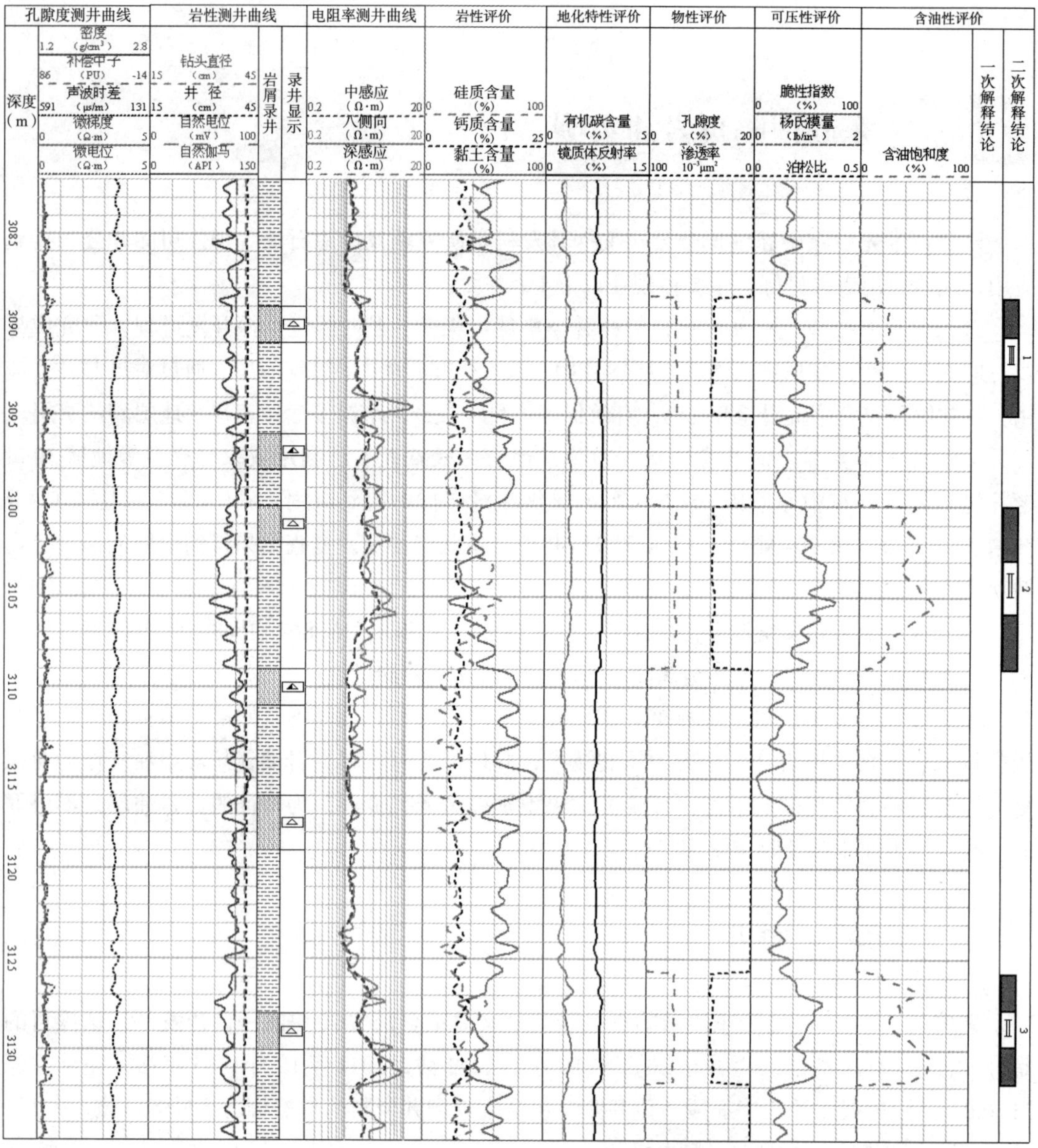

图7-3-1　文90-侧52井页岩储层五性参数评价成果图

表7-3-1　东濮凹陷部分测井二次解释成果表

井号	层号	深度/m	钙质含量/%	硅质含量/%	黏土含量/%	镜质体反射率/%	有机碳含量/%	脆性指数/%	孔隙度/%	渗透率/$10^{-3}\mu m^2$	含油饱和度/%	解释结论
卫68-8	1	3127.0~3131.0	7.85	51.43	32.72	0.85	1.42	51.82	7.73	22.22	40.88	Ⅱ类油层
	2	3131.9~3134.1	6.98	58.33	24.34	0.80	1.92	58.07	10.01	39.86	46.98	Ⅱ类油层
	3	3152.0~3156.0	7.66	51.88	32.12	0.81	1.53	57.44	7.83	30.21	40.33	Ⅱ类油层
	4	3165.5~3168.5	8.21	49.92	34.25	0.81	1.41	56.76	7.48	27.66	40.46	Ⅱ类油层
	5	3170.4~3175.0	8.43	51.81	31.05	0.83	1.73	59.44	8.17	33.25	42.89	Ⅱ类油层

续表

井号	层号	深度/m	钙质含量/%	硅质含量/%	黏土含量/%	镜质体反射率/%	有机碳含量/%	脆性指数/%	孔隙度/%	渗透率/$10^{-3}\mu m^2$	含油饱和度/%	解释结论
卫320	1	3362.8~3364.0	9.51	60.25	21.56	0.98	1.65	60.91	9.40	53.85	47.61	Ⅰ类油层
	2	3364.5~3369.5	8.05	52.39	31.31	0.92	1.40	52.68	7.77	33.81	40.70	Ⅱ类油层
	3	3369.5~3370.3	5.92	61.31	21.88	0.91	2.58	60.95	10.23	57.60	53.24	Ⅰ类油层
文90—C52	1	3088.5~3095.0	7.54	39.47	47.54	0.80	1.21	42.24	5.33	36.73	23.38	Ⅲ类油层
	2	3100.0~3109.0	7.69	43.52	43.28	0.84	1.23	54.07	5.34	36.68	42.61	Ⅱ类油层
	3	3125.8~3131.9	7.94	40.57	46.05	0.84	1.26	51.04	5.27	36.15	43.96	Ⅱ类油层
濮90	1	3306.8~3312.0	8.09	54.95	24.72	1.09	2.21	61.55	10.21	58.72	50.67	Ⅰ类油层
	2	3328.0~3335.6	9.67	50.39	29.16	1.12	2.46	57.41	8.43	35.04	40.77	Ⅱ类油层
文古4	1	3438.4~3442.5	3.41	35.72	56.40	0.73	1.02	40.02	3.48	35.08	/	普通页岩

2号层（3100.0~3109.0m）、3号层（3125.8~3131.9m）经储层“五性”参数评价为Ⅱ类页岩油层。岩性评价参数中的硅质含量分别为43.52%和40.57%，钙质含量分别为7.69%和7.94%，黏土含量分别为43.28%和46.05%；地化特性评价参数中的有机碳含量分别为1.23%和1.26%，镜质体反射率均为0.84%；物性评价参数中的孔隙度分别为5.34%和5.27%，渗透率分别为$36.68\times10^{-3}\mu m^2$和$36.15\times10^{-3}\mu m^2$；可压性评价中的脆性指数分别为54.07%和51.04%；含油饱和度分别为42.61%和43.96%；根据解释标准，评价为Ⅱ类页岩油层（表7-3-1）。

本段测井一次未解释，根据页岩油测井识别方法及解释标准，共解释Ⅱ类页岩油层2层15.1m、Ⅲ类页岩油层1层6.5m（图7-3-1）。

对沙三中^{8}段地层3088.5~3095.0m和3100.0~3109.0m井段进行射孔，日产油0.5t、气72m^3。测井二次解释结果与投产结论吻合。如对1~2号层进行压裂投产，预计会获得更高的油气产量。3号层（3125.8~3131.9m）预计亦能获得油流。

二、濮90井

图7-3-2中1号、2号层，储层自然伽马中等值，电阻率特征值为4.61Ω·m和6.47Ω·m，相对围岩明显高值，自然电位基本无异常显示，三孔隙度略高于围岩层，录井见油迹和荧光显示。根据该研究成果，结合地层对比岩性特征，认为3088.5~3131.9m段地层为页岩油储层，非干层。

1号层（3306.8~3312.0m）经储层“五性”参数评价为Ⅰ类页岩油层。岩性评价参数中的硅质含量为54.95%，钙质含量为8.09%，黏土含量为24.72%；地化特性评价参数中的有机碳含量为2.21%，镜质体反射率为1.09%；物性评价参数中的孔隙度为10.21%，渗透率为

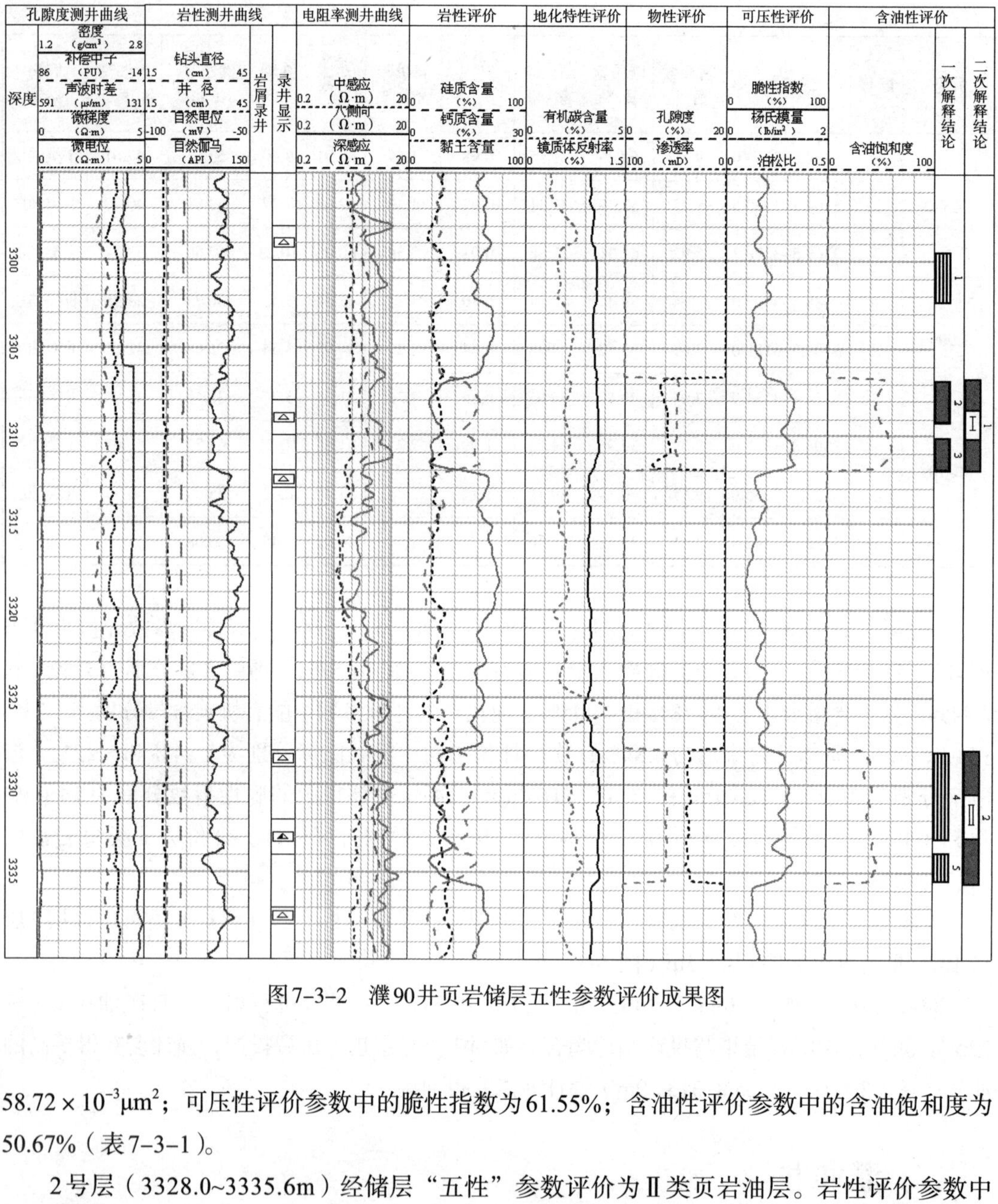

图7-3-2　濮90井页岩储层五性参数评价成果图

$58.72\times10^{-3}\mu m^2$；可压性评价参数中的脆性指数为61.55%；含油性评价参数中的含油饱和度为50.67%（表7-3-1）。

2号层（3328.0~3335.6m）经储层"五性"参数评价为Ⅱ类页岩油层。岩性评价参数中的硅质含量为50.39%，钙质含量为9.67%，黏土含量为29.16%；地化特性评价参数中的有机碳含量为2.46%，镜质体反射率为1.12%；物性评价参数中的孔隙度为8.43%，渗透率为$35.04\times10^{-3}\mu m^2$；可压性评价参数中的脆性指数为60.41%；含油性评价参数中的含油饱和度为40.77%（表7-3-1）。

根据页岩油测井识别方法及解释标准，对3306.8~3335.6m段地层进行二次解释，共解释Ⅰ类页岩油层1层5.2m，Ⅱ类页岩油层1层7.6m。

对沙三中^{8}段地层3299.5~3336.0m（测井一次解释的1~5号层）井段进行射孔，没获得产能。随着技术的进步，该套层如采用现今的压裂技术，预计会获得工业油流。

三、文古4井

成果及时应用于完井方案、测试选层，对文古4、卫68-FP1、文88-FP1等井完钻新井跟踪评价，有效解决了页岩储层的测井识别与划分难题。文古4井是位于东濮凹陷文卫下古生界潜山的一口评价井，钻探目的是评价文卫下古生界潜山以及沙三上[8~10]泥岩裂缝的含油气情况及地层构造储层特征，为储量计算和该区下一步评价提供资料依据。该井于2011年9月13日开钻，2012年6月3日完钻，完钻井深4600.0m，钻达层位寒武系。该井测井包括常规测井资料的自然电位、自然伽马、井径、声波时差、密度、补偿中子、微球形聚焦、双侧向、井斜及方位外，特殊测井项目还测有电成像、高分辨率阵列感应、正交偶极声波、自然伽马能谱。

利用该研究成果首次在东濮凹陷进行页岩储层测井评价，图7-3-3为文古4井页岩储层五性参数评价成果图。1号层页岩储层“五性”测井评价后认为页岩为普通页岩，目前无动用价值。岩性评价参数中的硅质含量为35.72%、钙质含量为3.41%、黏土含量为56.40%；地化特性评价参数中的有机碳含量为1.02%、镜质体反射率为0.73%；物性评价参数中的孔隙度为

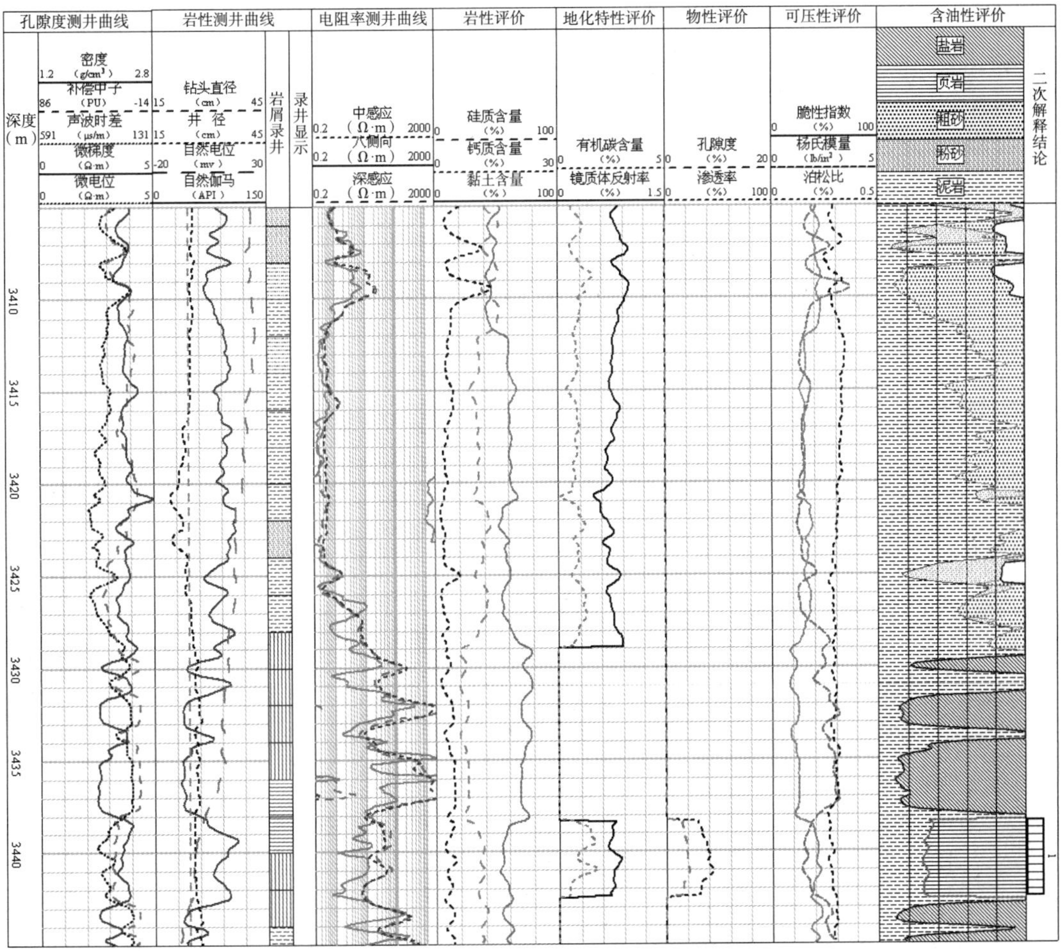

图7-3-3 文古4井页岩储层五性参数评价成果图

3.48%、渗透率为35.08 × $10^{-3}\mu m^2$；可压性参数评价中的脆性指数为40.02%、泊松比为0.29，反映该层有一定的可压性（图7–3–2）。

四、卫68–8井

卫68–8井位于河南省濮阳县户部寨乡（地面位于濮86井北西约270m），构造上位于东濮凹陷中央隆起带北部户部寨构造。钻探目的是探户部寨构造北翼沙三下、沙四上含油气情况；认识储层变化情况，并取得储量计算参数。该井于2006年7月20日开钻，2006年8月19日完钻，完钻井深3595.28m，完钻地层沙四下亚段。该井测井项目包括常规测井方法中的自然伽马、自然电位、井径、三孔隙度、双感应—八侧向、微电极、4米梯度和2.5米梯度。

图7–3–4中1号层（3127.0~3131.0m）、2号层（3131.9~3134.1m）的自然伽马曲线值较低，自然电位微弱异常，电阻率高值，径向有一定幅度差，为油页岩测井响应特征。测井“五性”评价中岩性评价参数为：硅质含量分别为51.43%和58.33%，钙质含量分别为7.85%和6.98%，黏土含量分别为32.72%和24.34%；地化特性评价参数：有机碳含量分别为1.42%和1.92%，镜质体反射率分别为0.85%和0.80%；物性评价参数：孔隙度分别为7.73%和10.01%，渗透

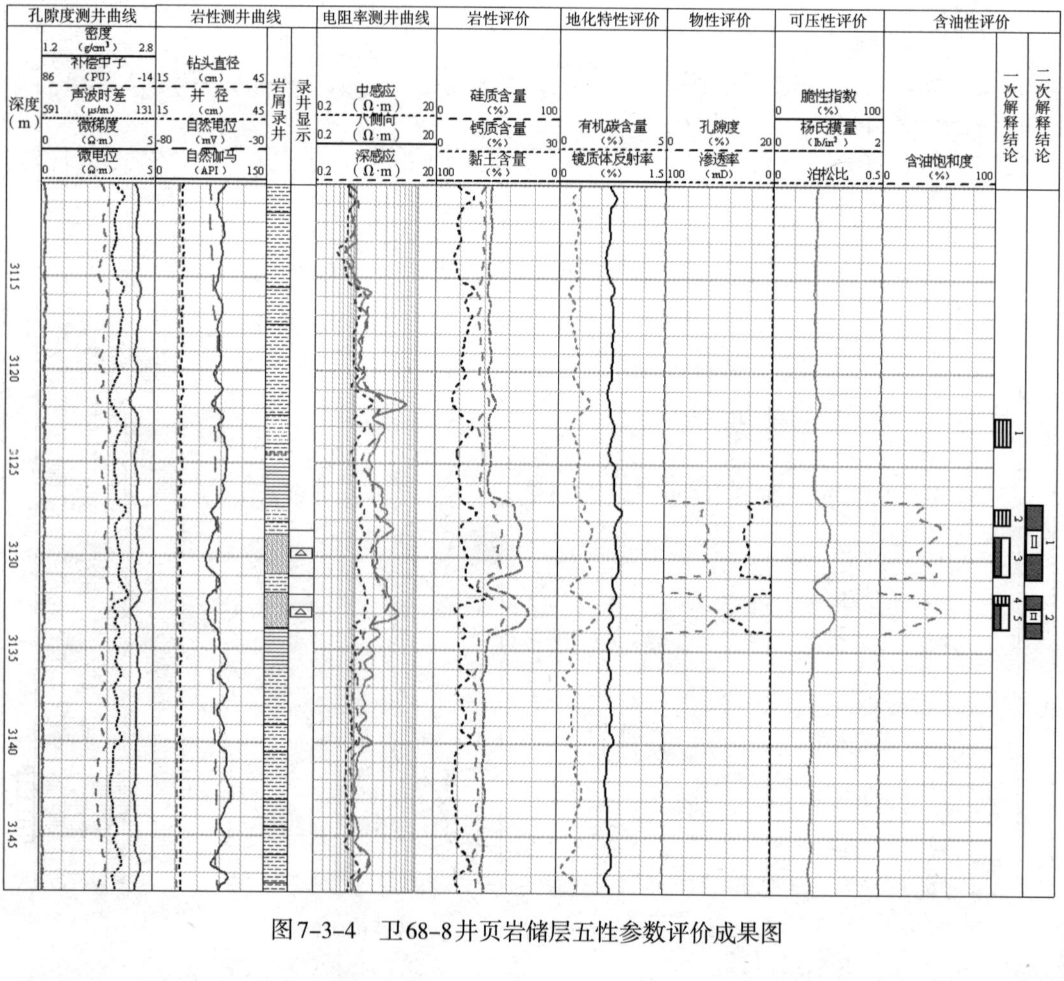

图7–3–4　卫68–8井页岩储层五性参数评价成果图

率分别为$22.22\times10^{-3}\mu m^2$和$39.86\times10^{-3}\mu m^2$；可压性评价中脆性指数分别为51.82%和58.07%；含油饱和度分别为40.88%和46.98%；根据解释标准两层均评价为Ⅱ类页岩油层。

对3122.4~3133.8m井段地层进行压裂，获日产1.0t油流。经地层对比，该井沙三中$^{8-10}$地层对应于卫68-FP1井油页岩地层，且岩屑录井证实本井相应井段为页岩油。

图7-3-5中3号层（3152.0~3156.0m）、4号层（3165.5~3168.5m）、3号层（3170.4~3175.0m）的自然伽马测井曲线中等值，电阻率测井曲线值相对围岩较高，自然电位基本无异常显示，三孔隙度略高于围岩层，测井响应模式指示为油页岩发育地层。录井见荧光显示，测井一次解释均为干层。

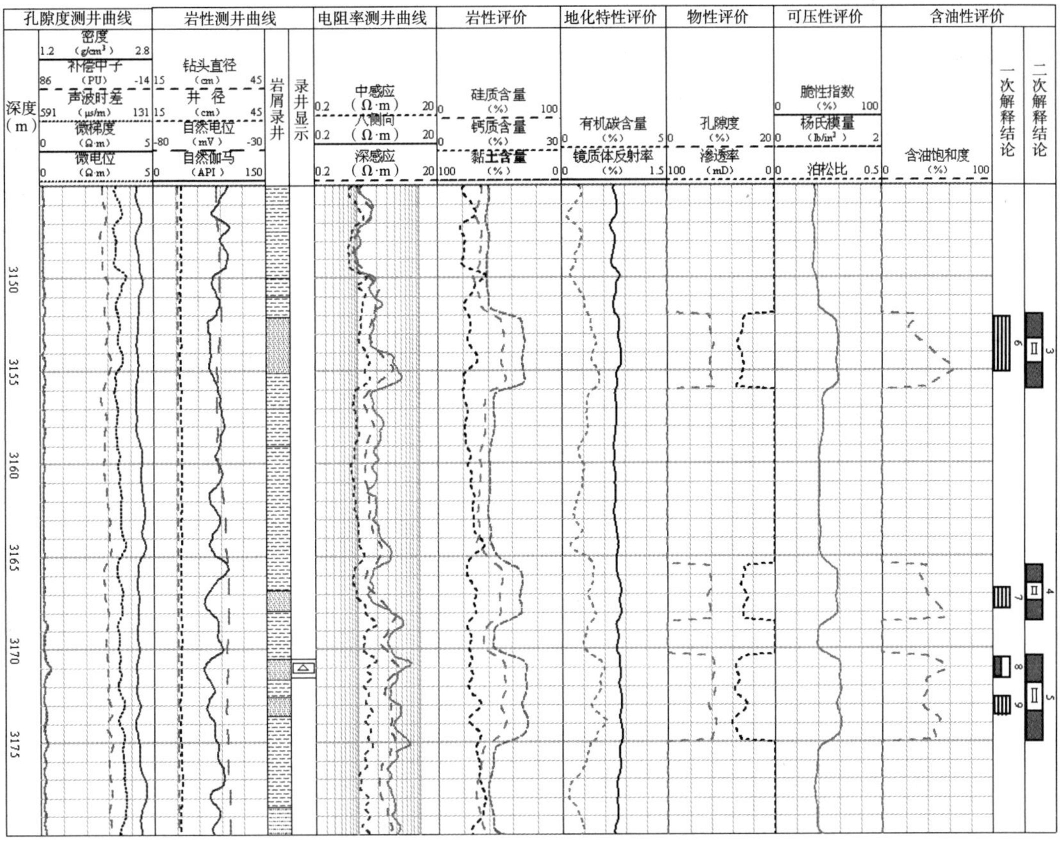

图7-3-5 卫68-8井页岩储层五性参数评价成果图

储层“五性”评价的岩性评价参数为：硅质含量平均值在49.92%~51.88%，钙质含量平均值在7.66%~8.43%，黏土含量平均值在31.05%~34.25%；地化特性评价参数：有机碳含量平均值在1.41%~1.73%，镜质体反射率平均值在0.81%~0.83%；物性评价参数：孔隙度平均值在7.48%~8.17%，渗透率平均值在$27.66\sim33.25\times10^{-3}\mu m^2$；可压性评价中脆性指数平均值在56.76%~59.4%；含油饱和度平均值在40.33%~42.89%；根据解释标准，3~5号层均评价为Ⅱ类页岩油层，预计该三层会获得油流。

五、卫320井

卫320井是部署在东濮凹陷中央隆起带文卫结部卫79断块的一口探井，钻探目的是追踪卫79井和卫68井的油层段，扩大含油面积，认识卫东断层，落实构造。该井于1990年12月27日开钻，1991年3月6日完钻，完钻井深3545m。该井测井包括常规测井资料的自然伽马、自然电位、井径、三孔隙度和双感应—八侧向。

图7–3–6中1~3号层（3362.8~3370.3m）的储层自然伽马测井曲线中等值，电阻率数值在3.55~5.96Ω·m，相对围岩明显高值，自然电位基本无异常显示，三孔隙度高于围岩层，为典型油页岩测井响应特征。

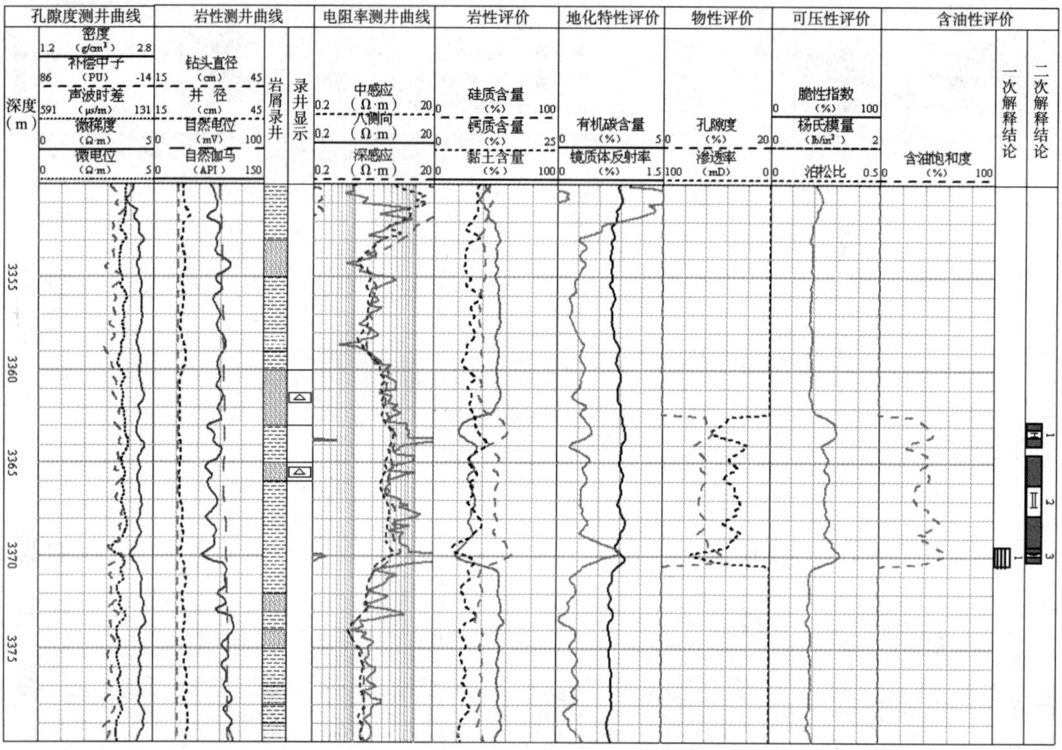

图7–3–6　卫320井页岩储层五性参数评价成果图

根据储层“五性”评价结果，1号、3号岩性评价参数中的硅质含量分别为60.25%和61.31%，钙质含量分别为9.51%和5.92%，黏土含量分别为21.56%和21.88%；地化特性评价参数中的有机碳含量分别为1.65%和2.58%，镜质体反射率分别为0.98%和0.91%；物性评价参数中的孔隙度分别为9.40%和10.23%，渗透率分别为$53.85\times10^{-3}\mu m^2$和$57.60\times10^{-3}\mu m^2$；可压性评价中的脆性指数分别为60.91%和60.95%；含油饱和度分别为47.61%和53.24%；根据解释标准，两层均评价为Ⅰ类页岩油层。

2号层的硅质含量为52.39%，钙质含量为8.05%，黏土含量为31.31%；有机碳含量为1.40%，镜质体反射率为0.92%；孔隙度为7.77%，渗透率为$33.81\times10^{-3}\mu m^2$；脆性指数为52.68%；含油饱和度为40.70%；根据解释标准，该层评价为Ⅱ类页岩油层。

对沙三中^{8}段地层3359.0~3370.5m井段进行投产，日产油14.0t。测井解释结论与试油结果吻合。

第四节 松辽盆地页岩油实例

S1井位于黑龙江省大庆市大同区，构造上位于松辽盆地中央坳陷区齐家凹陷南部（图7-4-1），由中国地质调查局沈阳地质调查中心科技处组织管理和承担。钻探目的为：①实现松辽盆地青山口组页岩油获工业油流的战略突破；②系统取全取准各项参数资料，深化成藏机理与赋存规律认识；③探索和完善页岩油钻完井与试油压裂技术工艺。

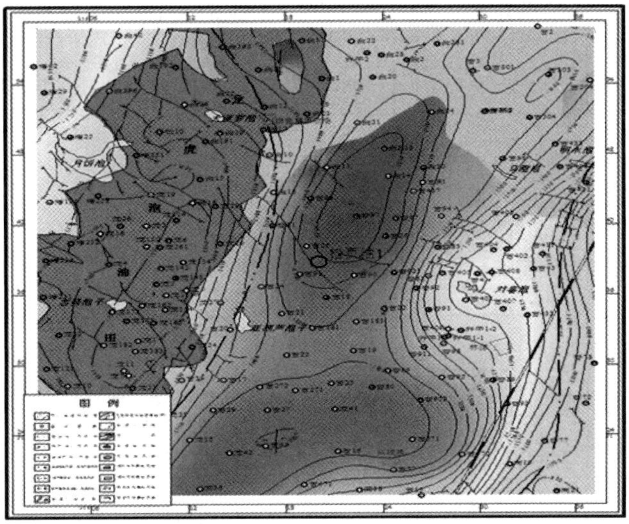

图7-4-1 松辽盆地局部构造图

S1井于完钻井深2547.0m，目的层青一段TOC最大值5.32%，S1最大值19.36×10^{-3}；优选青一段85号、87号进行压裂试油，抽汲求产获得工业油流（表7-4-1）。

表7-4-1 S1井储层解释参数成果表

解释层号	井段/m	地层厚度/m	有效孔隙度/%	渗透率/$10^{-3}\mu m^2$	含油饱和度/%	黏土矿物含量/%	硅质矿物含量/%	钙质矿物含量/%	有机碳含量/%	热解S1/(mg/g)	解释结论
84	2320.9~2394.0	73.1	3.9	0.098	0.8	41.9	48.8	1.8	1.6	4.5	Ⅲ类页岩油层
85	2394.0~2413.5	19.5	6.2	0.580	21.8	40.5	42.6	3.0	3.4	11.4	Ⅱ类页岩油层
86	2413.5~2418.8	5.3	3.8	0.069	7.4	47.8	41.5	1.2	2.8	9.3	Ⅲ类页岩油层
87	2418.8~2446.3	27.5	7.2	0.526	37.3	40.6	45.3	0.8	3.8	12.9	Ⅱ类页岩油层

85号层（2394.0~2413.5m）：岩性参数中的硅质含量在46.6%之间、钙质含量在3.0%~4.0%，物性参数中的有效孔隙度为6.2%，地化参数中的TOC均值为3.0%、估算的热解

S1数值6.0~10.0mg/g，脆性指数为30.14%。综合评价为Ⅱ类页岩油层（图7–4–2）。

87号层（2418.8~2446.3m）：岩性参数中的硅质含量在20%~30%、钙质含量低，储层物性参数中的有效孔隙度为7.2%，地化参数中的TOC均值为3.5%，估算的热解特征值为12.9mg/g，脆性指数为27.67%，综合评价为Ⅱ类页岩油层（图7–4–2）。

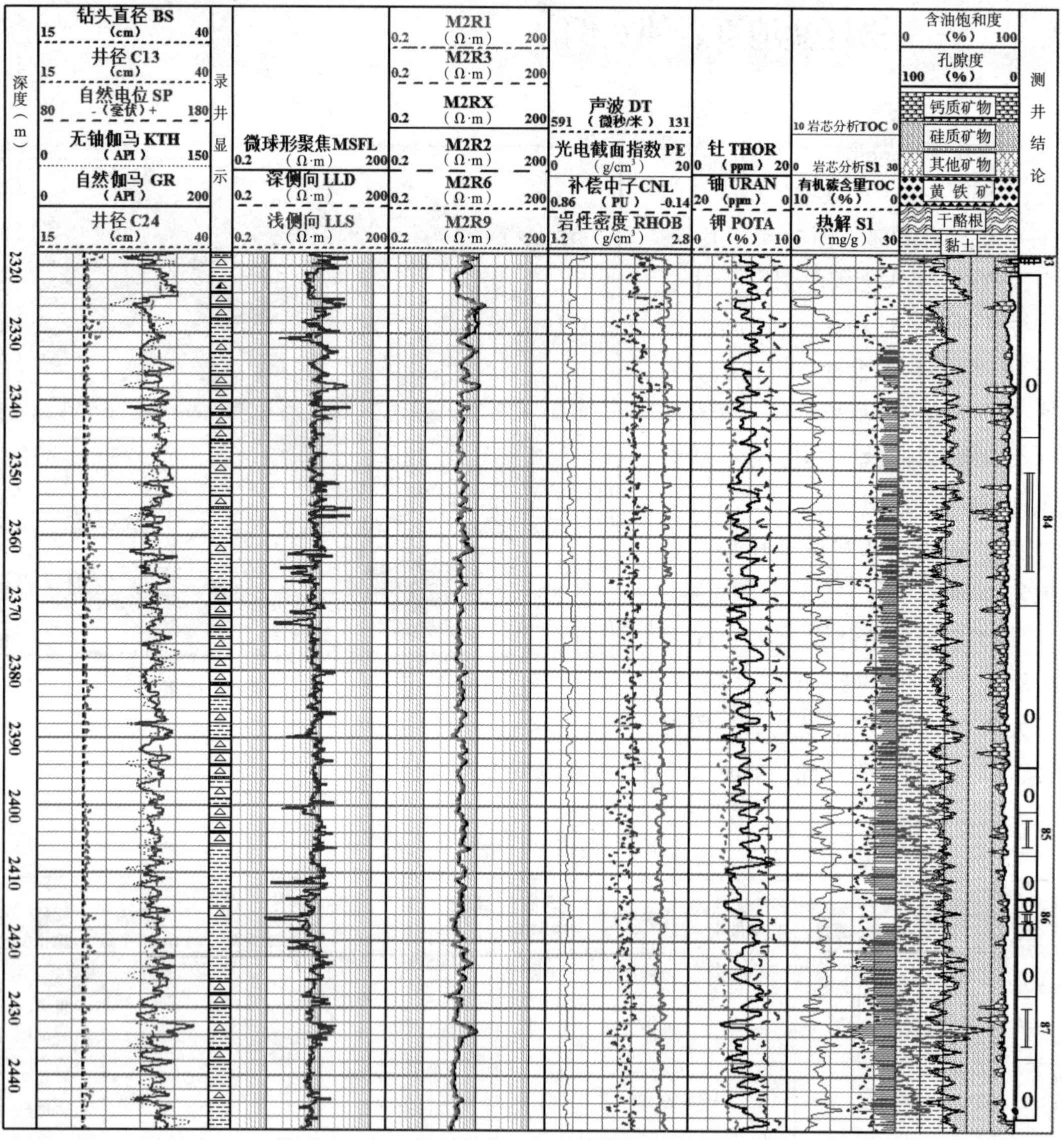

图7–4–2　S1井2980.0~3165.0m地层及岩性特征

参考文献

REFERENCES

[1] 吴海燕，朱留方．成像、核磁共振测井在埕北裂缝性储层评价中的应用[J]. 石油与天然气地质，2002,23(1): 45–48.

[2] 赵俊峰，纪友亮，陈汉林，等．电成像测井在东濮凹陷裂缝性砂岩储层评价中的应用[J]. 石油与天然气地质，2008,29(3): 383–390.

[3] 许长春．国内页岩气地质理论研究进展[J]. 特种油气藏，2012,19(1): 107–123.

[4] 张大伟．加速我国页岩气资源调查和勘探开发战略构想[J]. 石油与天然气地质，2010,31(2): 135–139.

[5] Dvorkin Jack, Derzhi Naum, Diaz Elizabeth.Rrelevance of Computational Rock Physics [J]. Geophysics, 2011,76(5): 141–153.

[6] 齐宝权，杨小兵，张树东，等．应用测井资料评价四川盆地南部页岩气储层[J]. 天然气工业，2011,31(4): 44–47.

[7] 张培先．页岩气测井评价研究——以川东南海相地层为例[J]. 特种油气藏，2012,19(2): 12–15.

[8] 刘双莲，陆黄生．页岩气测井评价技术特点及评价方法探讨[J]. 测井技术，2011,35(2): 112–116.

[9] 东濮凹陷页岩油测井评价中的关键问题及对策[J]. 特种油气藏，2014,04.

[10] 罗蓉，李青．页岩气测井评价及地震预测、监测技术探讨[J]. 天然气工业，2011,31(4): 34–39.

[11] 赵俊峰．白云质泥岩缝洞型储层测井评价技术[J]. 测井技术，2014,10.

[12] 孙建孟．基于新“七性”关系的煤层气、页岩气测井评价[J]. 测井技术，2013,05.

[13] 孙建孟，王永刚．地球物理资料综合应用[M]. 山东东营：石油大学出版社，2001: 173–177.

[14] 张龙海，周灿灿，刘国强，等．不同类型低孔低渗储集层的成因、物性差异及测井评价对策[J]. 石油勘探与开发，2007,34(6): 702–710.

[15] 秦积舜，李爱芬．油层物理学[M]. 山东东营：石油大学出版社，2005: 211–234.

[16] 欧阳键，石油测井解释与油层描述[M]. 北京：石油工业出版社，1994: 206–213.

[17] 王允诚．油气储层评价[M]. 北京：石油工业出版社，1999: 26–76.

[18] 雍世和．张超谟．测井数据处理与综合解释[M]. 山东东营：石油大学出版社，2001.

[19] 曹嘉，刘士安，高敏等．测井资料综合解释[M]. 北京：石油工业出版社，2001: 177–198.

[20] 沈平平．油层物理实验技术[M]. 北京：石油工业出版社，1995.

[21] 孙建孟，王永刚．地球物理资料综合应用[M]. 山东东营：石油大学出版社，2001.
[22] 张庚骥．电法测井[M]. 山东东营：石油大学出版社，1996: 1–20.
[23] 王贵文，郭荣坤．测井地质学[M]. 北京：石油工业出版社，2000.
[24] 肖立志，George Coates, Manfred Prammer. 核磁共振测井原理与应用[M]. 北京：石油工业出版社，2007.
[25] 魏斌，王绿水，傅永强．页岩气测井评价综述[M]. 北京：石油工业出版社，2014: 1–21.
[26] 蔡希源．现代测井技术应用[M]. 北京：中国石化出版社，2009.